TRAITÉ

DE

PERSPECTIVE.

Paris. — Imprimé par E. Thunot et Cᵉ, 26, rue Racine.

TRAITÉ

DE

PERSPECTIVE

PAR

J. ADHÉMAR.

TROISIÈME ÉDITION, CORRIGÉE ET AUGMENTÉE.

PARIS.

LACROIX-COMON ET BAUDRY, LIBRAIRES,
QUAI MALAQUAIS, 15.

HACHETTE, LIBRAIRE,
RUE PIERRE-SARRASIN, 14.

DALMONT ET DUNOD, LIBRAIRES,
QUAI DES AUGUSTINS, 49.

1859

1860

PRÉFACE.

Toutes les opérations de la perspective se réduisent à *trouver l'intersection d'un rayon visuel avec le tableau*, ou, plus géométriquement, à *construire l'intersection d'une ligne droite avec un plan*.

Mais, de l'énoncé de ce principe à son application, il y a loin ; aussi, un traité pratique de perspective n'est-il, en quelque sorte, qu'un recueil d'exemples destinés à mettre en évidence les méthodes particulières les plus commodes dans chaque cas.

On sait, en effet, qu'un point se détermine par l'intersection de deux lignes ; qu'une ligne est connue lorsque l'on a deux de ses points : de sorte que tout consiste à savoir choisir sans hésitation les deux lignes les plus favorablement placées pour déterminer un point, les deux points les plus commodes pour déterminer une droite, etc. C'est le but vers lequel j'ai cherché à con-

a

duire le lecteur par une série de questions dont les difficultés vont en augmentant.

J'ai cru devoir rendre aussi complète que possible l'explication de chaque planche, parce que l'habileté du praticien consiste essentiellement dans le choix des moyens d'abréviation et dans la disposition de l'épure.

De toutes les difficultés qui se présentent dans la pratique de la perspective, la plus grande est celle qui résulte de l'éloignement de certains points de concours. Je crois avoir résolu complétement cette question en donnant les moyens de faire toutes les constructions sans sortir de la planche à dessiner ou de la toile sur laquelle on opère.

L'importance de cette méthode sera surtout appréciée dans l'étude des perspectives obliques.

On obtient par ce genre de perspectives des effets qui ne peuvent pas être produits par des vues de front; quelquefois au contraire ces dernières donnent de meilleurs résultats que les vues obliques. On ne doit donc pas accorder de préférence exclusive à l'une de ces deux dispositions. L'habitude et la pratique de la perspective mettront le lecteur en état de choisir, dans chaque cas, celle qui convient le mieux.

J'ai dû cependant consacrer un plus grand nombre

de planches à l'étude des vues obliques, parce que ces sortes de questions avaient été presque entièrement négligées, et que d'ailleurs elles présentent plus de difficultés que les perspectives de front.

Les résultats défectueux donnés pour exemples de perspectives obliques, dans la plupart des traités purement géométriques, proviennent surtout, de ce que les auteurs de ces traités ne se préoccupent pas assez des conditions artistiques de l'application. Ainsi, pour éviter la confusion des lignes nécessaires à l'explication de l'épure, ils adoptent un point de vue trop près de l'objet qu'ils veulent mettre en perspective.

Or il est évident que, dans la pratique, on pourra toujours obtenir l'effet désiré en plaçant le spectateur à une distance convenable. Mais alors il se présente une autre difficulté. En effet, lorsque le spectateur s'éloigne de l'objet qu'il veut mettre en perspective, les points de concours des différents systèmes de lignes parallèles se meuvent sur la ligne d'horizon en s'écartant du point de vue, et se trouvent souvent hors de la portée du dessinateur. C'est pour éviter cet éloignement des points de concours que les artistes rapprochent les objets ; ce qui produit alors les abominables anamorphoses dont nous venons de parler.

Toutes ces difficultés disparaissent *complétement* par la méthode que j'ai donnée, en 1836, dans le chapitre IV de la 1re édition. Ce principe que j'ai toujours employé depuis cette époque, et que je rappelle ici par les figures 1 et 4 de la planche A, permet de tracer avec rapidité toute espèce de perspective, sans employer un seul point en dehors du cadre, et quelle que soit la distance entre le spectateur et l'objet.

M. de la Gournerie, dans un ouvrage qu'il vient de publier, a pensé qu'il simplifierait cette méthode, en inclinant l'échelle de fuite sur le plan du tableau, c'est-à-dire qu'au lieu de prendre pour échelle de fuite la droite *ay*, fig. 4, il la remplace par la droite *a'y'* de la figure 5.

En inclinant ainsi l'échelle de fuite sur le plan du tableau, M. de la Gournerie s'est laissé séduire par l'avantage *apparent* qu'il y aurait à prendre cette échelle parallèle à la face de l'un des monuments que l'on veut mettre en perpective. Mais *c'est précisément cela que j'ai voulu éviter*, et voici pourquoi.

J'examinais un jour avec M. Girard, professeur à l'École des Beaux-Arts, le programme qu'il venait de proposer pour sujet de concours. Il s'agissait de la perspective oblique d'un monument rectangulaire avec galerie et colonnade, et je lui faisais remarquer qu'en changeant un peu la direction du monument par rapport au tableau, cela produirait un meilleur effet. « Je suis parfaitement de votre avis, me dit-il, et j'y avais pensé; mais, *si j'avais placé le monument comme vous le dites, les élèves n'auraient pas eu les points de concours dans leurs loges.* » Il me semble que cette réponse décide complétement la question, et l'on doit en conclure qu'il ne faut pas compter sur les points de fuite des lignes principales d'un monument. Je ne prétends pas les proscrire, il s'en faut de beauconp; j'ai toujours, au contraire, engagé les praticiens à faire usage de ces points toutes les fois qu'ils seront assez près pour qu'il n'y ait pas à craindre le fouettement de règles trop longues. Mais il est évident que l'on ne peut pas regarder comme générale une méthode dépendante de points qui souvent ne pourront pas être placés sur l'épure, fig. 2. *Une méthode générale doit être applicable dans tous les cas.*

Il faut employer les *points accidentels de fuite* toutes les fois que cela sera possible; il faut les considérer comme un *puissant moyen d'abréviation*, mais il ne faut pas en être esclave, et lorsque ces points ne pourront pas être établis sur la planche ou au moins sur la table à dessiner, il faut savoir s'en passer. Ce que l'on pourra toujours faire en opérant par la méthode générale indiquée sur les figures 1 et 4.

Avant de publier cette méthode *dans la première édition de l'ouvrage actuel*, j'ai voulu m'assurer qu'elle était toujours applicable, et pour atteindre ce but je me suis imposé la condition d'exécuter toutes les épures de mon atlas *sans jamais employer un seul point situé en dehors du cadre.*

J'engage les élèves à en faire autant ; la gène qu'ils éprouveront les rendra habiles à trouver les moyens de remplacer les points de concours trop éloignés, ce qui ne les empêchera pas d'employer comme vérification ceux de ces points qui seront placés plus favorablement.

Dans la méthode proposée par M. de la Gournerie, le point C' de l'échelle de fuite, fig. 2, sera déterminé en faisant les droites HC' et HH' de la figure 2, proportionnelles aux droites $a'c'$ et $a'x'$ de la figure 5 ; c'est-à-dire que l'on doit avoir la proportion :

$$\left(\underset{\text{Fig. 5.}}{a'x' : a'c'}\right) = \left(\underset{\text{Fig. 2.}}{\mathrm{HH}' : \mathrm{HC}'}\right).$$

Mais, afin d'éviter la construction graphique ou le calcul nécessaire pour obtenir ce résultat, il suppose que le rapport des tableaux AX, fig. 2, et $a'x'$, fig. 5, est toujours exprimé par un nombre entier ; de sorte, que pour déterminer la position du point C', il faudra faire HC' de la figure 2 égal à $a'c'$ de la figure 5, multiplié par le rapport des tableaux ; c'est-à-dire que si le tableau AX de la figure 2 était égal à quatre fois le tableau $a'x'$ de la figure 5, il faudrait faire HC' égal à quatre fois $a'c'$.

Le point F' s'obtiendra comme sur les figures 4 et 5, en faisant C'F' de la figure 2 égal à $o'c'$ de la figure 5.

et pour déterminer l'échelle des largeurs A'X', on fera C'a' de la figure 2 égal à c'a' de la figure 5.

Les opérations nécessaires pour déterminer un point quelconque M de la figure 2 seront les mêmes que sur la figure 1, et sont suffisamment exprimées sur ces deux figures par la correspondance des lettres.

La condition d'établir un rapport simple et entier entre les largeurs des tableaux AX et a'x', fig. 2 et 5, est assez difficile à obtenir dans la pratique, parce que la largeur AX du cadre est souvent déterminée par la destination du tableau ; tandis que la droite a'x', qui exprime la largeur du même tableau sur le plan géométral, dépend de la grandeur et de la disposition plus ou moins convenable des objets que l'on veut mettre en perspective.

La méthode exposée au chapitre IV de mon Traité, et reproduite sur les figures 1 et 4, étant *indépendante du rapport des tableaux*, est par conséquent PLUS GÉNÉRALE, et permet de tracer immédiatement et sans sortir du cadre la perpective du premier objet venu, quelle que soit l'échelle à laquelle sera exécuté le dessin géométral qui représente cet objet, et la *distance à laquelle on suppose que le spectateur soit placé.* Elle évite d'un seul coup, la multiplication des largeurs par le rapport des tableaux, et l'emploi si incommode des *demi et des quarts de distances.*

Au lieu de prendre une échelle de fuite parallèle à

l'une des faces du monument, ce qui ne donne lieu à aucune abréviation graphique, il serait peut-être plus simple de diriger cette échelle *a″y″*, **fig. 6**, parallèlement à l'un des côtés de l'angle optique. Par cette disposition d'épure, qui aurait au moins un certain caractère de généralité, le point C″ serait *toujours* placé sur le bord du cadre, **fig. 3**, et l'on ne serait plus obligé, pour obtenir ce point, de construire ou de calculer une quatrième proportionnelle aux trois droites *a′x′*, *a′c′* et HH′, **fig. 2** et **5**. La perspective de l'échelle de fuite AC″, **fig. 3**, serait toujours la diagonale du rectangle qui a pour côtés la ligne d'horizon, la base, et les bords verticaux du tableau.

Cette méthode pourrait être motivée par le désir de trouver sur la ligne d'horizon la place suffisante pour y porter C″F″ égal à *a″c″*, **fig. 6**, ce qui, au surplus, ne serait utile que pour un tableau de très-petite dimension; car, dans toute autre circonstance, le rapport qui existe entre le tableau AX que l'on exécute et sa trace *ax* sur le plan géométral, **fig. 1** et **4**, est assez grand pour que l'on ait CH, **fig. 1**, plus grand que *oc*, **fig. 4**, de sorte que le point F, **fig. 1**, sera toujours dans l'intérieur du cadre, sans qu'il soit nécessaire d'incliner l'échelle de fuite *ay* sur le plan *ax* du tableau.

D'ailleurs, cette inclinaison de l'échelle de fuite exige plus de place sur la base AX du cadre, puisque la distance *a′u′*, **fig. 5**, est évidemment plus grande que la droite *au* de la figure **1**, et l'on voit, de plus, que la méthode proposée par M. de la Gournerie, figure 2, rejette en dehors du cadre une partie de l'échelle des largeurs A'X'.

Enfin, c'est uniquement pour mieux fixer les idées en les comparant à ce qui précède, que nous avons donné le nom d'échelle de fuite aux droites *a'y'* et *a''y''* des figures 5 et 6, car ce que l'on appelle la *fuite*, ou l'éloignement d'un point, ne peut être évalué que de deux manières; savoir, par sa distance au tableau ou par sa distance au spectateur. Dans le premier cas, cet éloignement sera mesuré sur une perpendiculaire au tableau, et dans le second cas sur le rayon visuel qui passe par le point dont il s'agit. Mais il est évident que cette dimension ne peut jamais être prise dans une autre direction. Ainsi, la droite *au* de la figure 4, exprime la distance du point *m* au plan *ax* du tableau, mais les droites *a'u'* ou *a''u''* des figures 5 et 6 sont plus grandes que la distance *au*, et par conséquent, les droites *a'y'* et *a''y''* ne sont pas des échelles de fuite, quoiqu'elles en puissent remplir les fonctions.

Je terminerai cette préface en remerciant M. de la Gournerie de ce qu'il m'attribue une *disposition plus simple des données.* Or, quelque importante que soit à mes yeux cette partie de l'opération, je ne puis accepter un éloge qui ne m'appartient pas. L'angle optique et les dispositions d'épure que j'ai employées sont connus depuis longtemps, on en retrouve la trace chez quelques auteurs et dans tous les programmes de l'École des Beaux-Arts ; je ne suis donc pour rien dans la disposition des données.

Mais, ce qui n'existe dans aucun des ouvrages publiés avant le mien, *c'est la substitution du point* F *au point de distance*, et par suite l'emploi des échelles de fuite et des largeurs ; d'où résulte la méthode générale qui permet d'exécuter toutes les opérations sans sortir des limites de la planche ou de la toile sur laquelle on opère ; qui, par conséquent, rend le dessinateur indépendant des points de concours trop éloignés, des distances, demi-distances, tiers de distance, etc., et enfin de toute espèce de rapport numérique commensurable ou non.

J'ai dit, p. VIII, par suite de quelles circonstances j'ai cru devoir m'occuper de cette question, et quelque simple que soit la solution que j'en ai donnée, je l'ai cherchée assez longtemps pour qu'il me soit permis d'en réclamer l'idée primitive.

Enfin, je rappellerai que la première édition de ce Traité, publiée en 1836, contient le principe des *profils et des directrices auxiliaires* pour la perspective des moulures obliques, planche 45 et suivantes de l'atlas ; et que la *décomposition en zones*, pour la perspective des objets éloignés, a paru pour la première fois dans la deuxième édition, en 1846.

Il est sans doute très-flatteur pour moi de voir mes

études appréciées par MM. les professeurs de l'École polytechnique; mais lorsque l'un d'eux juge à propos d'*emprunter* ou de *perfectionner* quelque partie de mon travail, il serait peut-être convenable qu'il voulût bien indiquer la source où il a puisé; lorsqu'il s'agit surtout d'un principe qui remplace aussi complétement toutes les méthodes employées avant la mienne.

Ce 25 juillet 1859.

INTRODUCTION.

PERSPECTIVE SAVANTE ET PERSPECTIVE PITTORESQUE.

La plupart des peintres éprouvent une grande aversion pour les études géométriques; beaucoup d'entre eux se glorifient de leur ignorance à cet égard et, ce qui est le plus fâcheux, c'est qu'ils sont souvent poussés dans cette voie par ceux qui devraient les en détourner.

Afin de prouver que je n'exagère pas, je placerai ici quelques lignes extraites d'un article de M. Delécluze, sur l'exposition des tableaux (*Débats*, 13 *mai* 1859).

Voilà comment il s'exprime :

« En commençant la revue du Salon, nous avons
» signalé la dimension excessive de certains tableaux,
» non-seulement en raison de l'importance très-secon-
» daire de quelques sujets, mais relativement aux lois
» de l'optique. Il serait bien à désirer qu'un artiste,
» versé dans la science de la perspective, en fît un
» *traité vraiment pittoresque*. Dans tous les livres où cette

» science est traitée, on part de principes abstraits, *par* » *conséquent conventionnels*. Ainsi, la ligne d'horizon, » toujours courbe dans la nature, puisqu'elle n'est » qu'un *segment* du cercle de la terre, est constamment » figurée, dans les traités de *perspective savante*, par une » ligne droite tirée rigoureusement à la règle. En outre, » les lignes perpendiculaires à l'horizon qui est courbe, » tendant au centre de la terre, sont considérées par la » *science* comme parallèles. Pour reconnaître combien » l'application de ces principes abstraits est *antipitto-* » *resque*, on n'a qu'à comparer le dessin d'un monu- » ment, fait par un artiste dont *l'œil est juste* et *la main* » *obéissante*, avec la reproduction du même édifice obte- » nue par les *moyens scientifiques* employés ordinaire- » ment par les architectes.

» En effet, à l'aide de la *perspective savante*, on peut, » sans s'éloigner beaucoup d'un objet, en donner un » aspect, mais qui présentera des anamorphoses épou- » vantables ; tandis qu'en obéissant à la *perspective pitto-* » *resque*, forcé que l'on sera de tenir compte de la portée » de la vue et du cercle de vision dans lequel cet organe » peut saisir facilement la forme caractéristique des » objets, on obtiendra des aspects sous lesquels la » chose représentée sera aussi peu déformée que pos- » sible, résultat des plus important pour l'art. »

M. Delécluze occupe une place trop élevée parmi les hommes qui se sont donné la mission de juger les artistes, pour qu'il soit permis de laisser passer sans réponse les erreurs accumulées dans les lignes précédentes.

D'abord, le mot de *perspective savante*, mis à chaque instant en opposition avec la *perspective pittoresque*, indique assez le peu d'estime que M. Delécluze paraît professer pour la première de ces deux méthodes. J'aurais désiré cependant qu'il nous eût donné, avant tout, une bonne définition de ce qu'il entend par perspective pittoresque. Mais je soupçonne qu'il n'emploie cette expression, dans le cas actuel, que pour indiquer la perspective *qui n'est pas savante*. Je crois cependant que M. Delécluze aurait mieux fait comprendre sa pensée en distinguant les deux sortes de perspectives dont il a voulu parler, par les mots de *perspective géométrique* et de *perspective artistique;* ou, s'il le préfère, *perspective des géomètres* et *perspective des peintres*.

J'ajouterai cependant que je laisse à M. Delécluze toute la responsabilité de cette distinction; car, pour moi, je ne connais qu'une seule espèce de perspective, c'est la *perspective exacte*.

Il faut d'ailleurs que M. Delécluze soit bien effrayé par la géométrie, pour donner le nom de *perspective savante* à des méthodes qui n'exigent que les premières notions de la géométrie la plus élémentaire.

Je conviens que la plupart des exemples donnés dans les ouvrages purement géométriques sont faits pour dégoûter de l'étude de la perspective; mais il ne faut pas en accuser la *géométrie*.

Les principes *théoriques et abstraits* donnés par les géomètres sont rigoureusement exacts et par conséquent ne sont pas *conventionnels*, comme dit M. Delécluze, car il n'y a pas de convention dans la géométrie; mais ces principes ont été mal appliqués, parce qu'ils l'ont été par des théoriciens, par des hommes qui, n'étant pas artistes n'avaient aucune idée des conditions nécessaires pour obtenir de bons résultats.

Il en est de même de tous les principes quand on ne sait pas les appliquer. Ainsi, la vapeur, l'électricité sont certainement des principes vrais et qui n'ont rien de conventionnel; mais si dans leur application on ne prend pas toutes les précautions nécessaires, on s'exposera aux plus grands dangers.

Si un homme invente une machine ingénieuse et utile, qui fonctionne mal, parce qu'il aura essayé de l'exécuter lui-même au lieu d'en charger d'habiles ouvriers, cela devra-t-il faire rejeter une invention dont on n'aura pas fait d'abord une application convenable. Laissons faire les praticiens au lieu de les décourager, ils sauront bien tirer tout le parti possible de cette nouvelle machine.

Il ne faut donc pas accuser la *géométrie*. Il faut seulement accuser ceux qui ne savent pas s'en servir : la seule différence, c'est que les géomètres s'en servent maladroitement, parce qu'ils n'ont pas le sentiment artistique; et que les artistes ne s'en servent pas du tout, parce que ne la comprenant pas, ils ne peuvent soupçonner combien elle leur serait utile.

Au surplus, il suffit, pour éviter les anamorphoses ridicules données dans la plupart des traités purement géométriques, d'éloigner le point de vue jusqu'à la distance où devrait se placer un bon dessinateur pour obtenir un dessin convenable. Or, j'ai fait voir ailleurs que cette condition, souvent impossible à obtenir pour l'artiste, est toujours facile pour le géomètre.

M. Delécluze n'est pas heureux dans le choix des moyens qu'il propose pour obtenir une *perspective pittoresque.* Ainsi il dit que la ligne d'horizon est toujours courbe dans la nature, puisqu'elle n'est qu'un *segment* du cercle de la terre; et partant de là, il reproche à la *perspective savante* de figurer cette ligne par une droite rigoureusement tirée à la règle.

On sait en effet que l'horizon réel est un *arc du cercle* suivant lequel la surface du globe est touchée par un cône dont le sommet serait situé dans l'œil du spectateur. On sait de plus que la perspective de cet arc de cercle est un *arc d'hyperbole;* mais ce n'est pas là un motif pour donner de la courbure à la ligne d'horizon d'un tableau.

En effet, je ferai d'abord remarquer qu'il ne peut être question ici des paysages, dans lesquels l'horizon réel est ondulé suivant la silhouette des terrains, montagnes ou collines, qui bornent la vue. C'est donc seulement dans les sujets maritimes que la ligne d'*horizon réel* est figurée sur le tableau. Or, ici, je suis fort embarrassé; car, pour démontrer ce que je vais dire il faudrait employer la géométrie, et M. Delécluze a une si grande aversion pour cette science que, si j'en dis un seul mot, il ne m'écoutera plus. Je me contenterai donc, pour le moment, de donner le résultat du calcul que tout le monde peut faire *sans être savant.* Il suffit, pour cela, de connaître un peu de géométrie élémentaire.

Si pour faire un tableau de marine on suppose que le spectateur est sur une dune ou sur une falaise, élevée de 60 *mètres* au-dessus du niveau de la mer, ce qui est à peu près la hauteur des tours de Notre-Dame; la ligne d'horizon sur ce tableau sera une courbe dont la flèche ne serait que $\frac{1}{6000}$ de sa longueur, en supposant le spectateur éloigné, comme le veut M. Delécluze, d'une quantité égale à trois fois la largeur du cadre.

Ainsi, sur un tableau qui aurait 6 *mètres* de largeur, la flèche ne sera que de $\frac{6^m}{6000} = 0^m,001 = 1$ *millimètre* ce qui serait à peu près l'épaisseur du crayon. Or, en supposant que l'on parvint à tracer une semblable courbe sur une toile de 6 *mètres* de large, je ne sais pas si le tableau serait beaucoup plus *pittoresque.*

En admettant pour l'horizon une courbure qui n'existe qu'en théorie, et qu'il est impossible d'exprimer en pratique, M. Delécluze se hâte d'en conclure que les verticales, perpendiculaires à l'horizon qui *est courbe*, ne peuvent pas être parallèles entre elles. Cela est parfaitement logique; mais il est évident que, si la courbure de l'horizon est insensible, le défaut de parallélisme des verticales le sera également.

En effet, on sait en géométrie que les parallèles comprises entre les deux côtés d'un angle sont entre elles comme leurs distances au sommet. Or, prenons pour exemple les axes de deux colonnes de 20 *mètres* de hauteur chacune, et rappelons que le rayon de la terre est de 6366260 *mètres.*

Les distances entre les axes de ces deux colonnes, mesurées à la hauteur des bases et des chapiteaux, seront entre elles comme 6366260 est à 6366280; c'est-à-dire que la distance des axes à la hauteur des chapiteaux ne surpassera la distance à la hauteur des bases que de $\frac{20}{6366260}$ ou $\frac{1}{313313}$ de cette dernière quantité. Ainsi, pour un monument dont la façade parallèle au tableau aurait 30 *mètres* de largeur, le défaut de parallélisme des deux verticales extrêmes serait exprimé par $\frac{30^m}{313313} = 0^m,00009$, c'est-à-dire moins que la *dixième* partie d'un *millimètre :* et si la perspective du monument n'occupait sur le tableau qu'une largeur de 1 *mètre*, la différence des distances prises en bas et en haut des verticales extrêmes ne serait que $0^m,000003$, c'est-à-dire la *millième partie de 3 millimètres.*

Je serais curieux de connaître l'artiste assez sûr de son *coup d'œil* et de *l'obéissance de sa main*, pour rendre appréciable une courbure aussi microscopique; et, dans tous les cas, je demanderai encore ce que cela pourrait ajouter de pittoresque à un tableau.

Les maçons qui ont construit la colonnade du Louvre ont dû certainement employer le fil à plomb pour régler la pose des pierres; il s'ensuit donc que les colonnes sont perpendiculaires à la surface du globe, et que par conséquent elles ne sont pas parallèles. Or j'avoue que jusqu'à présent ce défaut de parallélisme m'a toujours échappé.

En suivant les conseils de M. Delécluze, un artiste, entraîné par l'amour du pittoresque, empruntera quelque jour un compas pour tracer la ligne d'horizon, et peindra la colonnade du Louvre sous la forme d'un éventail. Je serais curieux de savoir ce que M. Delécluze dirait d'un pareil tableau.

Parlons sérieusement et convenons que, s'il était vrai, comme certains artistes le prétendent, que la géométrie fût capable de refroidir l'imagination, il y a des cas où elle pourrait en régler les écarts.

Pour faire comprendre la diminution de grandeur qui provient de l'éloignement des objets, M. Delécluze conseille aux dames, « lorsque la conversation languit dans » un salon, d'étendre un peu le bras et de tenir leur » éventail fermé devant les personnes qui sont placées » à l'autre extrémité de la salle où elles se trouvent; » de manière à ce que leur *grandeur apparente*, ou, si on » l'aime mieux, la diminution perspective, vienne en » fixer la dimension précise à leurs yeux. »

Je conviens avec M. Delécluze que l'on n'a pas besoin d'être bien savant pour faire cette expérience, et je me rappelle qu'à l'âge de sept ou huit ans je plaçais mon doigt sur une vitre et j'étais tout émerveillé de voir qu'un corps aussi petit pût cacher entièrement des monuments et des maisons situés à une grande distance. J'ai pu acquérir par là un premier sentiment de perspective; mais si je n'y avais pas ajouté un peu de géométrie, je doute que cela m'eût mis en état de tracer la perspective d'un tableau. Si j'avais été alors capable de raisonner, j'aurais conclu de l'expérience précédente qu'il ne faut pas placer d'objets trop près de l'œil, comme le font malgré eux les photographes et les artistes les plus habiles, lorsqu'ils veulent dessiner un monument dont ils ne peuvent s'éloigner à une distance convenable.

M. Delécluze compare la perspective des peintres à celle des architectes, et donne la préférence aux premiers; mais ouvrez le second volume du *Traité d'architecture* de M. L. Reynaud, étudiez les pl. 44, 59 et 83; puis, comptez les tableaux qui, sous le rapport de la perspective, pourraient soutenir la comparaison. Vous ne trouverez dans la plupart d'entre eux que des détails insignifiants, comme, par exemple, deux ou trois marches d'escalier, une porte, un bout de corniche, une table ou quelques meubles que l'artiste ne saurait ni dessiner ni peindre s'il ne les avait sous les yeux.

J'estime autant que M. Delécluze la *sûreté du coup d'œil* et *l'obéissance de la main*; mais à quoi cela servirait-il à un peintre qui habite Paris, pour dessiner la perspective d'un monument situé à Rome ou en Angleterre; et, quand il ferait le voyage, comment se placerait-il si le monument est entouré de maisons? C'est alors que, malgré tout son talent, il ne pourra faire que des anamorphoses ridicules.

Enfin, si le monument n'existe que dans l'imagination du peintre, à quoi lui servira la sûreté de son coup d'œil? Il peut se procurer des modèles pour le torse, la figure, la barbe; mais quand il veut peindre un monument, il est obligé d'en faire tracer la perspective par un architecte : M. Delécluze sait cela aussi bien que moi.

J'excepte, bien entendu, quelques peintres de genre, qui ont presque toujours commencé par étudier consciencieusement l'architecture et la perspective; mais, ce sont là des exceptions très-rares.

Au surplus, toutes ces discussions interminables proviennent évidemment d'un malentendu qu'il serait bien facile de faire disparaître. Ainsi j'admettrai volontiers que les artistes possèdent le sentiment de la perspective qui manque aux géomètres; les géomètres, au contraire, connaissent les principes que les peintres ignorent complétement; d'où il faut conclure qu'une bonne perspective ne pourrait être faite que par un géomètre artiste ou par un artiste géomètre. Nous devons donc chercher à inspirer le goût des arts aux géomètres qui veulent faire de la perspective et le goût de la géométrie aux artistes. C'est le but vers lequel j'ai constamment dirigé mes efforts, tandis que M. Delécluze dirige les siens en sens contraire.

J'ai tâché de réunir chez les élèves les facultés de l'artiste et du géomètre, tandis que M. Delécluze cherche à les séparer. Il reste à décider qui a raison de lui ou de moi.

PEINTURE PITTORESQUE.

Le mot pittoresque est si souvent employé dans le langage artistique, et dans des circonstances si différentes, qu'il ne sera peut-être pas inutile de chercher à en déterminer le sens. Nous avons vu dans l'article qui précède, que M. Delécluze fait consister le pittoresque dans la courbure de l'horizon et dans l'inclinaison des colonnes.

Le dictionnaire de l'Académie dit que le mot PITTORESQUE signifie *ce qui est d'un grand effet en peinture*, *ce qui est propre à être peint*. Cette définition me paraît encore un peu vague. Quelques personnes donnent le nom de pittoresque aux objets vieux et repoussants; pour elles, Chodruc-Duclos a cessé d'être pittoresque lorsqu'il s'est décidé à remplacer les guenilles qu'il étalait si fièrement dans les galeries du Palais-Royal, par un vêtement plus présentable.

Les pifferari qui se promènent dans les salons du Musée perdraient beaucoup dans l'estime des artistes auxquels ils servent de modèles, s'ils remplaçaient les loques indescriptibles qui enveloppent leurs pieds, par une bonne paire de chaussures. Si leur habit était neuf au lieu d'être aussi délabré, on croirait qu'ils sortent du bal de l'Opéra, ce qui diminuerait beaucoup leur valeur artistique.

Prenez un homme bien habillé par un tailleur à la mode, déchirez son linge et ses habits, salissez-les, éculez ses bottes, écrasez son chapeau et vous en ferez un Robert Macaire très-pittoresque.

Les jeunes filles à la fontaine dans le tableau des Cervaroles de M. Hébert, sont pittoresques, parce qu'elles ont les pieds nus et qu'elles sont couvertes de haillons au lieu de porter des robes de soie et des bottines de velours. Si c'est là ce que l'on entend par pittoresque, je le veux bien; cependant, si le peintre avait éloigné l'escalier, et qu'il eût laissé quelque espace entre les premières marches et le plan du tableau, cela serait beaucoup mieux comme perspective; les deux jeunes filles vues de face n'auraient pas l'air de descendre dans la salle d'exposition, et le pittoresque n'y aurait rien perdu.

La laideur et la misère ne sont pas absolument nécessaires pour faire du pittoresque: des paysages et des monuments bien choisis ou bien composés, des ombres et de la lumière bien distribuées, des costumes historiques ou nationaux portés avec grâce peuvent servir à composer des tableaux très-pittoresques. Les Sœurs de charité de Madame Henriette Browne sont bien certainement plus pittoresques que les laveuses de vaisselle de M. Hébert, et dût-on me traiter de bourgeois et de crétin, je dirai que certains portraits de M. Édouard Dubufe sont très-pittoresques quoiqu'ils ne soient pas couverts de haillons. Vous prétendez que ce peintre embellit ses modèles, mais vous enlaidissez les vôtres; il me semble alors que vous êtes quittes; vous reprochez à cet artiste de trop soigner la toilette de ses portraits; mais de belles étoffes bien drapées, sont aussi difficiles à peindre que des vêtements sales et déchirés. Je crois même que les trous et les loques présentent moins de difficultés, par suite des variations de couleurs, et des accidents d'ombres portées qui en résultent.

Sans être aussi violentes dans leurs expressions, les batailles de Fontenoy, par Horace Vernet, et de Lansfelds, par Coudert, sont aussi pittoresques que la bataille de Taillebourg ou le massacre de Scio, par Eugène Delacroix; et les étranges lithographies du Faust, par ce dernier artiste, sont certainement moins pittoresques que les charmantes vignettes des frères Johannot. Ainsi le mot pittoresque est très-élastique et peut s'appliquer à tout, même à la géométrie.

En effet, concevons la perspective d'un monument, exécuté au simple trait par un géomètre habile dessinateur, supposons que le point de vue et la distance aient été choisis d'une manière convenable, cela ne suffira pas pour faire un bon tableau; mais cassez les angles de quelques pierres, dessinez de la mousse, abattez un pan de muraille pour faire des ruines, passez là-dessus quelques teintes de moisissure, et le dessin sera un peu plus pittoresque. Si vous placez ces ruines au milieu d'un massif d'arbres séculaires, si vous les entourez de buissons impénétrables, vous augmenterez leur apparence d'antiquité, et vous éveillerez le souvenir des événements qui se rattachent à l'histoire du monument que l'on aura sous les yeux. Ces impressions, combiuées avec la distribution plus ou moins heureuse de la lumière et des ombres, formeront, je crois, ce que l'on peut appeler la partie pittoresque de la peinture. Mais cela n'exclut pas l'exactitude de la perspective et les artistes de bonne foi conviendront que lorsqu'ils veulent reporter sur la toile les croquis à main levée qu'ils ont recueillis dans leurs voyages, ils seraient heureux d'avoir à leur disposition la perspective *très-exacte* du monument qu'ils veulent peindre. Enfin, l'on peut être sûr que, pour avoir été tracé par la géométrie, le tableau n'en serait pas moins *pittoresque*.

En résumant, voilà comment je conçois l'exécution d'un bon tableau par un artiste habile.

1° Il commencera par dessiner un croquis ou esquisse bien étudiée du sujet qu'il veut peindre.

Dans ces premières et rapides études, il pourra donner libre carrière à tous les caprices de son imagination;

2° Lorsque l'ensemble et les détails seront bien arrêtés dans sa tête, il devra se procurer ou composer le plan et les dessins géométriques de tous les objets déterminés qui doivent figurer sur le tableau;

3° Il construira très-exactement la perspective de ces objets en corrigeant les fautes qu'il aura pu faire dans son premier travail; puis, quand il aura reporté le résultat sur la toile, il lui sera facile, en consultant ses croquis ou études préliminaires, de donner au dessin tout le caractère artistique qui lui manquera.

D'ailleurs, le compas sert plus dans l'étude de la

perspective que dans l'application. Il suffit, en effet, de faire une seule fois les perspectives bien étudiées des principaux détails d'architecture tels que bases et chapiteaux de colonnes, moulures, corniches et ornements de toute espèce. On conservera ces *épures* dans son portefeuille, puis quand les lignes et les masses principales auront été déterminées *par la géométrie*, on consultera les dessins dont nous venons de parler, et pour peu que l'on possède le sentiment artistique on verra de suite, s'il s'agit par exemple d'un chapiteau corinthien, quelles sont les feuilles qui doivent être raccourcies ou rallongées, quelles sont les parties du tailloir qu'il faudra rendre plus ou moins saillantes, suivant la place d'où l'on est censé les regarder.

Si, par exemple, on veut faire une perspective du Panthéon ou de la Madeleine, on déterminera géométriquement les perspectives d'un cylindre circulaire dans le premier cas, d'un parallélipipède rectangle dans le second ; puis en appliquant le principe des divisions en parties égales ou proportionnelles, il sera toujours facile d'ajouter après coup, les colonnes, les corniches, les denticules ou modillons, etc. C'est alors que l'aptitude au dessin devient nécessaire et que la géométrie ne suffit plus, de même que le coup d'œil ne suffit pas pour déterminer exactement les lignes principales d'un tableau.

Je n'ai jamais dit que la géométrie pouvait remplacer le pittoresque, mais il ne faut pas dire non plus que le pittoresque peut remplacer la géométrie.

Je comprends que l'on puisse, sans le secours du compas, dessiner une table, une chaise ou une carafe ; mais, lorsque le tableau contient de l'architecture, la géométrie est indispensable, et ceux qui prétendent que l'on peut s'en passer sont de mauvaise foi, ou *n'ont jamais essayé de dessiner de la perspective.*

Dans ce cas, ils ont tort d'en parler. En règle générale, il ne faut pas parler de ce que l'on ne connaît pas ; on n'est pas forcé, ou plutôt il n'est pas possible de savoir tout, mais lorsque l'on ignore quelque chose, il ne faut pas s'en glorifier. Il faut le regretter, comme je l'ai entendu faire par quelques artistes modestes et consciencieux. Un peintre, justement célèbre, me disait un jour qu'il sacrifierait volontiers deux doigts de sa main pour savoir la perspective. Enfin, les Léonard de Vinci, les Michel-Ange, les Jean Cousin n'ont jamais professé pour les études géométriques le mépris qui est affecté par l'élève le plus ignorant des écoles modernes.

Quand les artistes comprendraient la perspective, cela les empêcherait-il de dessiner les monuments lorsqu'ils pourront se placer favorablement pour les bien voir ; et si quelque illusion d'optique dérange leur coup d'œil, ils pourront au moins, par des considérations géométriques, reconnaître les erreurs et les corriger, sans employer le compas, pour lequels ils éprouvent une si profonde aversion.

Pour corriger une faute, il faut savoir d'où elle provient, et c'est ce que la géométrie fera toujours connaître.

D'ailleurs la peinture ne se compose pas uniquement de la perspective et du dessin ; il faut encore y joindre la couleur. Or la couleur ne consiste pas seulement à mettre sur la toile, du rouge, du bleu ou du vert ; on peut être un grand coloriste en n'employant que du crayon noir ou de l'encre de Chine. Peu importe que l'on fasse des aquarelles ou des gouaches ; que l'on peigne à l'huile, à la cire ou au pastel ; ce qui fait le grand coloriste, c'est la distribution exacte et bien étudiée de la lumière, des ombres et des reflets auxquels les artistes ont donné le nom assez ridicule de *clair obscur*.

Les peintres confondent trop souvent la lumière de leur atelier avec la lumière de la nature. La lumière d'atelier a beau être modifiée par un rideau plus ou moins ouvert, elle arrive toujours du même côté, et dans la même direction. Si le peintre veut éclairer son sujet d'une autre manière, il ne sait plus quelle forme il doit donner aux masses principales des ombres. S'il avait fait quelques études géométriques, il saurait dans quels cas les ombres s'allongent ou se raccourcissent ; pourquoi le contour d'une ombre doit être courbé dans un sens plutôt que dans un autre ; pourquoi, enfin, l'ombre d'une ligne doit avoir plus de courbure lorsqu'elle se projette sur une surface que si elle se porte sur une autre.

Comment le peintre, qui ne sait pas un mot de géométrie, pourra-t-il placer convenablement *les points et les lignes brillantes* dont la détermination exacte ajoute une si grande vérité au tableau. Supposons qu'un artiste ignorant peigne un tronçon de colonne renversé parmi des ruines; s'il veut exprimer que cette colonne est en marbre ou en matière polie, il ne manquera pas de peindre une ligne brillante. Mais, s'il ignore les principes qui régissent la réflexion de la lumière, sa ligne brillante sera mal placée et sera souvent impossible. En effet, prenez un cylindre d'acier poli ou de verre, un bâton de cire noire si vous voulez; exposez-le à la lumière dans toutes les directions, et vous verrez qu'il n'y aura pas nécessairement une ligne brillante, parce que l'existence de cette ligne dépend de certaines conditions qui n'existent pas toujours. Or, si vous ne connaissez pas ces conditions, vous commettrez de graves erreurs, vous indiquerez des lignes et des points brillants qui ne peuvent pas avoir lieu et vous n'en mettrez pas où il devrait y en avoir. Vous allez sans doute me répondre que vous ne peignez rien qu'après l'avoir étudié sur le modèle. Mais d'abord, à moins de posséder une grande fortune, vous ne pouvez pas avoir les modèles de tous les objets que vous faites entrer dans la composition de vos tableaux. Ensuite, quand vous les auriez ces modèles, seront-ils éclairés dans votre atelier comme ils le sont dans la nature? Enfin, quand on ne sait peindre que les objets placés sous les yeux on n'est pas un véritable artiste.

Les peintres font de nombreuses études de figures humaines et de paysages, pourquoi ne font-ils pas des études d'architecture? Il ne faut pas effrayer les élèves, mais il ne faut pas les tromper; il ne faut pas leur faire croire qu'ils peuvent étudier la perspective sans savoir un peu de géométrie. Celui qui n'en comprend pas les premiers éléments sera presque toujours égaré par son imagination.

Les jeunes peintres, abusés par des camarades aussi peu expérimentés qu'eux, disent souvent qu'ils réussiront mieux en opérant *de sentiment*, ce qui ne signifie absolument rien. En effet, opérer de sentiment, c'est se passer des principes; mais pour savoir dans quel cas et comment on peut suppléer à l'application des principes, il faut les connaître. Je comprends un peintre habile, qui a longtemps observé la nature, qui, en comparant de nombreux objets, a reconnu les variations diverses produites par le déplacement du spectateur ou de la lumière, et s'est fait ainsi une théorie particulière; dans ce cas, il applique les principes sans s'en douter, et la seule différence, c'est que pour arriver à ce résultat, il a dû consacrer un grand nombre d'années à l'observation, tandis que quelques mois d'études géométriques lui auraient suffi. Mais l'élève qui n'a encore rien vu que son modèle d'atelier, qui n'a rien comparé, rien observé et qui veut faire du sentiment, ne fait souvent que des sottises.

LES PEINTRES.

En 1832 ou 1833, je rencontrai M. Girard qui était alors professeur de perspective à l'École des Beaux-Arts, et qui venait d'assister au jugement du concours pour la classe des peintres. Je lui demandai s'il était satisfait du résultat, si la lutte avait été sérieuse, et si les concurrents avaient été nombreux ?

Voilà exactement ce qu'il me répondit :

Ils étaient UN..... *et il n'a rien fait.*

Non-seulement les peintres n'étudient pas la perspective, mais beaucoup d'entre eux n'en comprennent pas l'utilité. Pour le peintre d'histoire, la chose essentielle c'est le personnage, c'est l'attitude, la physionomie, l'expression des sentiments, la disposition des groupes. Pour le peintre de paysage, c'est le feuillage, ce sont les arbres, les rochers, la terre, l'atmosphère. Pour eux, l'architecture n'est qu'un accessoire, un hors d'œuvre qu'ils voudraient pouvoir supprimer, que par conséquent ils évitent, parce qu'ils ne sont pas suffisamment exercés à l'emploi de la règle et du compas.

Chacun n'estime que ce qui a quelque rapport avec le genre de peinture qu'il a adopté ; il ne suppose pas que des études plus sérieuses pourraient étendre les limites entre lesquelles il emprisonne son talent.

Je pourrais citer un peintre qui détournait ses élèves de l'étude de la perspective, en prétendant qu'après avoir reçu cinq ou six leçons il en savait assez. Il est vrai qu'il n'a jamais mis dans ses tableaux autre chose qu'un tronc d'arbre, une vache et un gros rocher.

Je tiens d'un des meilleurs élèves de David que, sur un dessin d'architecture, son maître ne voyait que du noir et du blanc, et que toutes ces lignes combinées n'avaient pour lui aucune signification. Or, quand les professeurs s'expriment ainsi, il n'est pas étonnant que les élèves éprouvent une si grande aversion pour les études géométriques.

Il serait cependant à souhaiter que les peintres pussent tracer eux-mêmes la perspective de leurs tableaux. Il y aurait beaucoup plus d'ensemble dans leurs compositions; leurs exquisses ou croquis préparatoires sont souvent inexécutables par le défaut de proportion entre les personnages et les détails d'architecture presque toujours mal indiqués. Je crois donc que les jeunes peintres gagneraient beaucoup de temps s'ils consacraient d'abord cinq ou six mois à l'étude de la géométrie, et une année chez un bon professeur d'architecture. Ils n'auraient pas besoin de savoir beaucoup de géométrie; les lignes proportionnelles, les figures semblables, la définition des figures planes et des corps simples; les premiers éléments de la géométrie descriptive leur suffiraient pour qu'ils pussent comprendre parfaitement la théorie des ombres, de la lumière et la perspective.

Les projections obliques leur donneraient un sentiment exact du raccourci, qui n'est autre chose que la perspective du corps humain. En effet, il ne suffit pas d'acquérir l'*obéissance de la main*, il faut encore posséder *la sûreté du coup d'œil;* or, on ne dessine bien que ce que l'on voit bien, et l'on ne voit bien que ce que l'on comprend bien.

Si un élève peintre avait fait quelques études géométriques sur les projections des objets inclinés, il com-

Or, je crois que l'on pourrait obtenir de meilleurs résultat par les moyens suivants :

Après avoir réuni les élèves dans la salle des concours, on distribuerait à chacun d'eux un programme contenant les plans, coupes et détails du monument qu'il s'agirait de mettre en perspective. L'élève *choisirait lui-même* la position du spectateur, l'angle optique, la trace du tableau, et la hauteur de l'horizon. Puis, il exécuterait séance tenante, et s'il est assez habile, sans le secours du compas, une esquisse ou aquarelle exprimant le plus exactement possible la vue du monument, suivant la place *adoptée par lui*, pour le spectateur.

Cette première étude ne pouvant être faite que par ceux qui seraient d'une certaine force, permettrait d'apprécier le mérite des élèves avec plus d'exactitude que les épures incomplètes exécutées en une seule séance, d'après les données choisies par le professeur. Mais cela n'est pas tout. Après un premier jugement sur l'esquisse dont nous venons de parler, l'élève, pendant quinze jours ou trois semaines, chez lui ou chez son professeur, exécuterait à son aise deux perspectives; savoir, une grande épure au trait, contenant toutes les lignes d'opérations nécessaires pour mettre parfaitement en évidence l'application des principes; puis, une aquarelle, lavée de manière à produire l'effet le plus satisfaisant.

On pourrait en outre exiger, pour chaque concours d'architecture, une ou deux aquarelles contenant les perspectives, à des points de vues différents, du monument demandé par le programme.

LES PERSPECTEURS.

On me dira peut-être : puisque, selon vous, les élèves en architecture savent très-peu la perspective, puisque les élèves peintres ne la savent pas du tout, comment donc se font les tableaux, les décorations de théâtre, les panoramas ? C'est ce que nous allons dire.

D'abord, les tableaux des peintres français contiennent peu de perspective ; les expositions en font foi, et celle de 1855 nous a fait voir que sous ce rapport les anglais sont beaucoup plus habiles que nous. Cependant, nous avons en France, surtout parmi les peintres de genre et les architectes, plusieurs exceptions remarquables. D'abord, il y a chaque année, quelques élèves qui prennent assez de goût à la perspective pour ne pas l'abandonner entièrement après avoir obtenu la mention qui leur était nécessaire pour entrer en première classe. D'autres, ensuite, sont ramenés vers cette étude par les circonstances que je vais expliquer.

Dans les promenades, dans les réunions de jeunes gens, les élèves architectes se rencontrent avec les peintres. Des liaisons se forment entre eux, et la conversation a souvent pour sujet les travaux habituels de chacun.

Le peintre qui veut faire un tableau avoue qu'il est embarrassé pour en tracer la perspective ; il sollicite les conseils de son camarade qui, ne voulant pas convenir de sa faiblesse, reprend ses études avec ardeur, et finit souvent par y trouver un plaisir véritable. C'est alors qu'il devient habile, et peut utiliser à son usage le travail qu'il n'avait d'abord entrepris que pour obliger un ami. D'autres se décident à reprendre l'étude de la perspective, pour compléter un projet destiné aux expositions, ou pour un concours dont le sujet serait un monument à exécuter.

Enfin, quelques-uns, entraînés par un goût plus décidé pour cette étude attrayante, se consacrent tout entiers à l'art des décorations théâtrales, et parviennent dans ce genre, à des résultats qui, sans faire autant de bruit que certains tableaux, leur sont quelquefois bien supérieurs.

CONCLUSION.

Cet ouvrage n'est donc pas destiné aux artistes qui voudraient savoir la perspective sans se donner la peine de l'étudier. Celui qui veut réussir doit commencer par acquérir quelques notions de géométrie. En effet, il arrive souvent, en lisant un livre, que l'on s'épuise en efforts infructueux parce que l'on n'est pas suffisamment préparé à l'étude que l'on entreprend. Je crois donc rendre service au lecteur, et aplanir la route qu'il veut parcourir, en lui indiquant les connaissances préliminaires qu'il doit posséder. Je ne promettrai pas de faire comprendre la perspective sans le secours de la géométrie, parce que je ne pense pas que cela soit possible; mais je n'emploierai que les démonstrations les plus élémentaires, et je puis affirmer que le lecteur qui saurait bien la théorie des lignes proportionnelles et les premières notions de géométrie descriptive, n'éprouvera aucune difficulté.

J'engage aussi les élèves en peinture à étudier un peu d'architecture. En consacrant, comme je l'ai déjà dit, quelques mois à ce travail, ils pourraient donner aux monuments les proportions qui leur conviennent, et ne seraient plus obligés de s'adresser à d'autres pour la perspective de leurs tableaux, qui gagneraient certainement beaucoup à être exécutés par une seule personne.

Enfin, je conseille au lecteur de faire toutes les épures beaucoup plus grandes qu'elles ne le sont dans l'atlas; il comprendra mieux la forme des courbes, et pourra tracer un grand nombre de vérifications; ce qui est fort utile comme études, parce que chaque manière de vérifier la position d'un point ou d'une ligne est une manière différente d'obtenir cette ligne ou ce point; de sorte qu'en multipliant ainsi les vérifications, on se rend habile à reconnaître, sans hésitation, quelle est l'opération la plus simple dans chaque cas.

Nota. Les nombres placés en tête du côté opposé au numéro de chaque page, indiquent la planche. Les numéros des figures sont indiqués dans le texte. Enfin, les nombres placés seuls et entre parenthèses sont des renvois aux articles.

Le numéro de chaque article est au commencement de l'*alinéa.*

PERSPECTIVE.

LIVRE PREMIER.

PERSPECTIVE DES PLANS.

CHAPITRE PREMIER.

Définitions et principes.

1. La peinture a pour but d'imiter, par la combinaison des lignes, des ombres et des couleurs, la forme apparente des objets que nous regardons.

Les sensations qui nous sont transmises par l'organe de la vue sont de deux espèces; les unes se rapportent à la couleur et les autres à la forme des corps.

La couleur sous laquelle nous apercevons les objets résulte non-seulement de la nature des molécules qui composent la surface des corps, mais encore de la manière plus ou moins directe suivant laquelle ces molécules reçoivent la lumière ou la renvoient dans notre œil. La science qui a pour but cette partie de la peinture se nomme *perspective aérienne.*

2. La *perspective linéaire*, qui fait le sujet de ce traité, a principalement pour but de déterminer quelle doit être la forme

apparente d'un corps suivant la place d'où on le regarde. Sans vouloir approfondir ici le phénomène de la vision, je me contenterai de mettre en évidence les effets principaux qui se rattachent au but que nous voulons atteindre.

3. Si nous regardons un corps en plaçant successivement notre œil à des points différents, nous apercevons pour chaque place une forme différente. Ainsi, par exemple, les pieds d'une table paraissent s'éloigner ou se rapprocher les uns des autres, suivant que nous penchons la tête à droite ou à gauche. Il résulte donc de là que nous ne voyons jamais les corps suivant leur forme véritable; nous n'apercevons que des formes relatives et dépendantes non-seulement de la forme et de la grandeur réelle des corps, mais encore de la place d'où nous les regardons. Or c'est précisément cette forme apparente que nous voulons déterminer avec exactitude. La question qui va nous occuper peut donc s'énoncer ainsi d'une manière générale.

4. *La forme et la grandeur réelle d'un corps étant connues, ainsi que le point d'où l'on regarde ce corps, déterminer quelle est la forme sous laquelle on le verra.*

Soit, **fig. 1re, pl. 1**, un arbre que nous voulons dessiner; chaque point reçoit une infinité de rayons lumineux, et les différents contours des feuilles et des branches renvoient ces mêmes rayons dans toutes les directions : de sorte que, si plusieurs personnes regardaient cet arbre, chacune d'elles recevrait dans son œil la sensation produite par les rayons qui lui parviendraient; mais il est évident que de tous ces rayons, renvoyés ainsi dans toutes les directions, nous ne devons tenir compte que de ceux qui arrivent dans l'œil de la personne qui est censée dessiner l'arbre, et que nous pouvons négliger tous les autres rayons qui, renvoyés à droite, à gauche et dans l'espace, ne produisent pour elle aucune sensation. D'après cela, on pourra considérer l'œil comme le sommet d'une surface de cône, qui aurait pour base et pour directrice l'ensemble des lignes et des points visibles de l'objet que l'on veut mettre en perspective, et la section de ce cône, par le plan du tableau, sera la forme apparente de cet objet.

Le problème de la perspective consistera donc à concevoir un rayon visuel par chacun des points visibles de l'objet, et à déterminer l'intersection de ce rayon avec la surface du tableau; et lorsque cette surface est plane, ce qui arrive presque toujours, la question se réduit *à l'intersection d'une ligne droite avec un plan.*

5. **Méthodes diverses.** Supposons, fig. 2, que l'on veuille obtenir la perspective d'une croix élevée sur un dé en pierre de taille. On construira d'abord, par les moyens indiqués dans la *Géométrie descriptive*, les deux projections de la croix, c'est-à-dire le plan géométral c et l'élévation c'.

La position de l'œil sera déterminée par sa projection o' sur le plan horizontal, et par sa hauteur au-dessus de ce plan. Enfin le plan du tableau, que nous supposons ici vertical, est déterminé par ses traces AT, A'X'.

L'épure étant ainsi préparée, le rayon de lumière renvoyé par le point u dans l'œil du spectateur percera le tableau en un point u', que l'on rabattra sur le plan horizontal en u''; et recommençant l'opération pour chaque point visible de la croix, on en obtiendra la perspective ou forme apparente.

6. Cette méthode suffit pour mettre en évidence toute la généralité du principe; mais si l'on voulait s'en servir dans la pratique, on serait arrêté dès le commencement par des difficultés insurmontables. En effet, supposons qu'au lieu d'une croix on veuille mettre en perspective un monument tout entier; une église, par exemple. Il faudrait construire sur l'épure le plan et l'élévation de cette église en proportion avec la taille de l'homme; ainsi, en supposant que l'on veuille donner aux personnages les plus rapprochés du tableau une hauteur d'environ le cinquième de la taille ordinaire d'un homme, il faudrait que le monument fût dessiné, en projections verticale et horizontale, au cinquième de sa grandeur naturelle; de sorte que s'il y avait une tour de 100 mètres, il faudrait que la hauteur de l'épure fût de 20 mètres, et, par la même raison, que la largeur de la feuille de dessin fût égale

au cinquième de la distance du spectateur au plus éloigné de tous les objets que l'on voudrait mettre en perspective. Que serait-ce donc si les personnages devaient être de grandeur naturelle?

Il est bien évident que la méthode précédemment exposée ne pourrait pas être appliquée dans ce cas. Il faut donc que nous cherchions d'autres moyens.

7. Ligne droite. Soit, fig. 3, pl. 2, une droite MN, située comme on voudra dans l'espace; tous les rayons de lumière, renvoyés par les différents points de cette droite dans l'œil du spectateur, seront dans un même plan dont l'intersection avec le tableau sera la droite *mn*, perspective de MN, d'où résulte ce principe général :

1° *La perspective d'une ligne droite est toujours une ligne droite;*

2° *Pour construire la perspective d'une ligne droite, on fera passer un plan par cette droite et par l'œil du spectateur; puis, on déterminera l'intersection de ce plan avec le tableau.*

8. Points de concours. Le principe des *points de concours* est le plus important de tous ceux qui nous seront utiles par la suite; c'est le seul dont la démonstration exige quelques termes de géométrie descriptive; mais cela ne doit pas effrayer le lecteur. Il peut sans inconvénient admettre le fait, dont les vérifications nombreuses équivaudront pour lui à une démonstration suffisante.

Quelques auteurs ont cru devoir considérer la perspective comme une application de la géométrie descriptive; mais je crois qu'ils ont eu tort. La géométrie descriptive, il est vrai, peut éclaircir quelques points de la théorie, mais elle n'est d'aucune utilité dans l'application; et je crois être d'autant plus fondé à émettre cette opinion que cette science ayant été constamment le sujet favori de mes études, je l'aurais certainement employée si j'avais pensé qu'il pût y avoir quelque avantage à le faire. Mais, à l'exception du principe que nous allons démontrer, ce qui nous reste à dire n'exige que les premières notions de la géométrie la plus élémentaire.

Dans tout ce qui va suivre, nous admettrons que le tableau est un plan vertical.

Supposons actuellement, **fig. 4**, plusieurs droites *Mm*. *Nn* *Uu*, parallèles entre elles et inclinées d'une manière quelconque dans l'espace, si l'on conçoit un plan par chacune de ces droites et l'œil du spectateur, tous ces plans se couperont suivant une ligne commune *Co*, parallèle aux lignes *Mn*, *Nn*, etc. : et les droites *cm*, *cn*, *cu*, qui sont les perspectives des lignes données *Mm*, *Nn*, *Uu*, iront toutes aboutir au point *c*, suivant lequel la droite *Co* perce le plan du tableau. De là ce principe général :

Toutes les fois que plusieurs lignes dans l'espace sont parallèles entre elles, leurs perspectives concourent en un point du tableau.

Ce point se nomme **point de concours**; *on l'obtient en faisant passer par l'œil du spectateur une droite parallèle aux lignes données, et déterminant le point suivant lequel cette droite perce le plan du tableau.*

9. Si les lignes *Mm*, *Nn*, etc., **fig. 5**, sont perpendiculaires au tableau, la droite *cC* sera aussi perpendiculaire au tableau, et le point de concours *c* sera la projection de l'œil sur le plan du tableau. Dans ce cas, on lui donne le nom de **point de vue** ou *centre du tableau*. De là ce principe :

Toutes les fois qu'une ligne sera perpendiculaire au plan du tableau, sa perspective sera dirigée vers le point de vue.

10. Lorsque les lignes *Mm*, *Nn*, etc., **fig. 6**, sont horizontales, et font avec le plan du tableau un angle de 45 degrés, la droite *Cc* est elle-même horizontale, et fait aussi avec le tableau un angle de 45 degrés; alors *co* est égal à la distance du tableau à l'œil du spectateur, et, pour cette raison, le point *c* prend le nom de **point de distance**.

Ainsi, *toutes les fois qu'une ligne horizontale fera avec le tableau un angle de 45 degrés, la perspective de cette droite devra être dirigée vers le point de distance.*

11. On comprendra encore que le point *c*, le point *v*, et l'œil du spectateur, sont dans un même plan horizontal; c'est pourquoi on a nommé **ligne d'horizon**, *la droite cv qui contient le point de vue et le point de distance.*

12. Méthode des points de distance. Étant donné, fig. 7, Pl. 3, un point M, situé dans le plan horizontal passant par les pieds du spectateur, le rayon de lumière renvoyé par ce point percera le tableau en un point *m*, dont la hauteur A*m* sera déterminée; de sorte que la perspective du point M sera sur l'horizontale *mm*, fig. 8. Or, si nous supposons que le plan horizontal AM tourne autour de la base du tableau jusqu'à ce qu'il en devienne le prolongement, le point donné M se rabattra en M', fig. 7 et 8; le point *m'*, fig. 8, sera la projection du point M' sur le plan du tableau, et le point *m*, perspective du point M, sera déterminé par la rencontre de l'horizontale *mm* avec la droite *m'v*, perspective de M'*m'* (9).

Mais, si nous supposons que le plan horizontal, qui contient l'œil du spectateur, soit également rabattu sur le plan du tableau en tournant autour de la ligne d'horizon *vv*, le point occupé par l'œil se placera en V', fig. 7 et 8; la droite V'*v* sera la distance de l'œil au plan du tableau, et portant cette distance à droite et à gauche du point *v*, sur la ligne d'horizon, on aura les points de concours D de toutes les lignes horizontales, faisant avec le tableau des angles de 45 degrés (10). Ainsi, les deux lignes D*m*'', fig. 8, seront les perspectives des deux droites horizontales M'*m*'', M'*m*'', et passeront par conséquent par le point *m*.

Nous avons donc, pour déterminer ce point, quatre droites, savoir :

1° *m'v*, perspective de la droite M'*m'*, perpendiculaire au plan du tableau (9);

2° *mm*, perspective de la droite MM', passant par le point donné;

3° et 4° D*m*'', D*m*'', perspectives des lignes à 45 degrés, passant par le même point (10).

Or, deux lignes suffisant toujours pour déterminer un point, nous pouvons, parmi toutes les droites, passant par le point *m*, choisir celles qui nous conviendront le mieux; on pourra donc se contenter de construire *m'v* et l'une des deux droites D*m''*, ce qui dispensera de construire la projection auxiliaire, **fig. 7**, qui n'est ici que pour l'explication; enfin, il ne sera pas nécessaire de placer le point V' au-dessus du tableau : il suffira de porter D*v* à droite ou à gauche du point *v* sur la ligne d'horizon.

13. Ainsi, pour déterminer, **fig. 9**, la perspective d'un point M', situé dans le plan horizontal contenant la base du tableau, on construira d'abord *la ligne d'horizon* D*v*D; le point *v* ou *point de vue*, et l'on portera *à droite et à gauche de ce point*, D*v* égal à la distance du spectateur au plan du tableau. On projettera ensuite M' en *m'*, et l'on tracera *m'v* perspective de M'*m'* (9). La rencontre de D*m''* avec *m'v* déterminera le point *m*, perspective de M'.

On devra remarquer qu'une seule des deux droites D*m''* suffira, et que si on les trace toutes deux ce sera comme vérification.

14. En général, *les opérations à faire pour obtenir la perspective d'un point se réduisent à construire les perspectives de deux droites qui se coupent à ce point*, et toute l'habileté du praticien consiste à savoir choisir, dans chaque cas, les deux droites dont la perspective est la plus facile à obtenir.

La figure **10** représente les opérations nécessaires pour construire les perspectives des trois droites MN, OU, RS.

La première étant perpendiculaire au plan du tableau, sa perspective doit être dirigée vers le point de vue; quant aux extrémités *n*, *m*, on les déterminera en construisant les perspectives des deux droites à 45 degrés, passant par les points N et M.

La droite OU étant parallèle au tableau, sa perspective *ou* sera parallèle à la base du cadre, et comprise entre les deux droites *vo*, *vu*, perpendiculaires au tableau. Le point *o* se détermine par la ligne à 45 degrés, passant par le point O.

Enfin la droite RS, faisant avec le plan du tableau un angle de 45 degrés, sa perspective sera dirigée vers le point de distance. Ses extrémités se détermineront en dirigeant vers le point de vue les perspectives des deux droites perpendiculaires au tableau, et passant par les points R et S.

CHAPITRE II.

Distances comparées.

15. Avant d'appliquer les principes qui précèdent, il est nécessaire de faire quelques observations fort importantes. Il ne suffit pas de traiter la perspective comme question géométrique, il faut essentiellement, et avant tout, considérer cette étude sous le rapport de l'art et dans ses applications au dessin; il faut que les constructions de compas soient les moyens et non le but; enfin on doit chercher plutôt à faire un bon tableau qu'une belle épure. Or, il ne suffit pas toujours d'appliquer les principes dans toute leur rigueur pour avoir un résultat satisfaisant. Si le sujet mis en perspective est mal choisi; si l'on n'a pas déterminé d'une manière convenable le point d'où l'on est censé le regarder, l'effet général du dessin sera manqué.

Le choix du point de vue, la distance de l'œil au tableau, exigent beaucoup d'habitude et d'expérience dans la pratique de la perspective; souvent un peintre, en parcourant de la vue l'intérieur d'un édifice, est frappé de la majesté de son ensemble et de la richesse des détails, et se promet d'en faire un beau tableau. Mais son attente est bien trompée lorsque après l'exécution de l'épure les parties qui avaient d'abord attiré son attention, et sur l'effet desquelles il comptait le plus, se trouvent masquées par des objets moins intéressants, ou coupées d'une manière désagréable par les bords du cadre, tandis que d'autres, placées dans des plans trop rapprochés de l'œil du spectateur, paraissent, sur le dessin, déformées d'une manière ridicule.

10. Ce dernier inconvénient provient surtout, de ce qu'en regardant un monument, on tourne la tête en tout sens pour en apercevoir les détails, et si l'on dessine sur une même feuille de papier chacun de ces objets, comme on le voit, il n'y a plus entre eux aucun rapport convenable de forme ou de grandeur. Les bases des colonnes sont vues d'en haut, les chapiteaux sont vus d'en bas, et paraissent se renverser les uns à droite, les autres à gauche. Tous ces objets, réunis dans un même dessin, forment en quelque sorte autant de tableaux différents qu'on a tourné de fois la tête, et produisent la sensation la plus désagréable dans l'œil du spectateur, qui, lorsqu'il regarde le tableau, se place toujours assez loin pour en voir l'ensemble d'un seul coup d'œil.

Ces mauvais résultats, provenant cependant de l'application de principes rigoureux, ont donné naissance à un préjugé répandu chez quelques artistes, c'est qu'il est quelquefois nécessaire de s'affranchir des règles dont l'application n'a pas produit l'effet qu'ils attendaient. De là aussi ce dégoût, je dirai presque ce dédain, que la plupart des peintres ont pour les constructions géométriques.

Mais celui qui raisonnerait de cette manière ressemblerait à un homme qui, ayant à peindre une belle figure, prendrait un modèle difforme ou peu gracieux, puis s'étonnerait de ce qu'après l'avoir dessiné avec l'exactitude la plus rigoureuse, il n'aurait qu'un mauvais tableau. Il est clair qu'il ne devrait s'en prendre qu'à lui du peu de goût qui aurait présidé au choix de son sujet, et que ce qu'il aurait de mieux à faire serait de choisir un autre modèle.

Il en est de même du peintre de paysage; s'il ne sait pas choisir le site, le point de vue, le jour et le moment de la journée où les effets de lumière sont les plus convenables, il ne fera jamais qu'un mauvais tableau, tout en copiant avec la plus minutieuse précision ce qu'il aura sous les yeux.

Nous allons donc, avant de passer aux applications des principes, entrer dans quelques détails sur le choix du point de vue, du tableau, et de la distance.

17. Distance du spectateur à l'objet. Soit, fig. 11 et 12, Pl. 4, les projections verticales et horizontales d'un prisme vertical M : les droites AT, A'X' étant les deux traces du tableau. Si le spectateur place successivement son œil aux points 1, 2, 3, 4, 5, 6, il verra le prisme sous les formes représentées fig. 15, 16, 17, 18, 19 et 20, Pl. 5.

Le lecteur peut se dispenser de construire lui-même ces figures, qui ne sont ici que pour l'explication des principes. Si cependant il désirait le faire ; il pourrait, en attendant mieux, employer les moyens indiqués au numéro 5, en observant toutefois que les dimensions données par les figures 11 et 12 ont été doublées pour construire les six perspectives de la Pl. 5.

On remarquera que la figure 15 est tout à fait défectueuse, et entachée des défauts que nous avons signalés (15). On reconnaît en effet que le spectateur placé au point 1, fig. 11, 12, de la Pl. 4, est obligé de baisser la tête pour voir la base inférieure du prisme, tandis qu'au contraire il faut qu'il lève les yeux pour voir la base supérieure, ce que certainement ne fera pas celui qui viendra regarder le tableau.

Mais à mesure que le spectateur s'éloigne, les rayons venant des extrémités de l'objet se rapprochent du parallélisme, et la forme apparente devient convenable lorsque le spectateur est assez reculé pour voir l'objet tout entier d'un seul coup d'œil.

Un fait, qui paraît singulier au premier abord, c'est que plus le spectateur s'éloigne, plus l'apparence perspective de l'objet grandit. En effet, lorsque le spectateur est placé au point 1 de la figure 11, la hauteur perspective est $a'a'$, et la largeur $v'u'$, fig. 12, tandis que vue du point 6, la hauteur sera $a''a''$ et la largeur $v''u''$.

18. Il n'en serait pas de même si l'on éloignait l'objet du tableau ; ainsi, par exemple, le spectateur étant placé en v, et le tableau étant AT, A'X', fig. 13 et 14, si l'on transporte successivement le prisme aux places 1, 2, 3. 4. 5 et 6, les apparences perspectives seront représentées par les figures 21, 22, 23, 24, 25 et 26. pl. 6, et l'on voit que la grandeur diminue à mesure que l'objet s'éloigne du tableau. La figure 21 est égale à la figure 15 et défectueuse comme elle, et la figure 26 est semblable pour la forme à la figure 20, dont elle ne diffère que par la grandeur.

Il résulte de ce qui précède :

19. 1° *Que le spectateur doit être assez éloigné de l'objet pour qu'il puisse en voir l'ensemble d'un seul coup d'œil.*

Il est bien entendu que ce que nous disons ici de l'objet doit s'entendre de l'ensemble des objets mis en perspective dans un même tableau.

2° *Si le spectateur s'éloigne du tableau, la grandeur apparente de l'objet augmente ; si, au contraire, c'est l'objet qui s'éloigne, la grandeur apparente diminue.*

3° *Les points de concours* (8) *s'éloignent à droite et à gauche lorsque le spectateur s'éloigne du plan du tableau, tandis qu'au contraire ils restent en place lorsque c'est l'objet qui s'éloigne ou se rapproche du tableau.*

20. Position du tableau entre le spectateur et l'objet. Nous venons de voir les effets qui résultent du déplacement du spectateur ou de l'objet. Voyons actuellement ce qui arriverait si l'on déplaçait le tableau.

Soit, fig. 27 et 28, pl. 7, les projections verticale et horizontale d'un portique, que nous supposons vu d'un point dont la projection horizontale serait *v*, fig. 28.

Si nous supposons que le tableau prenne successivement les positions 1, 2, 3, 4, 5, 6, les différents aspects que l'on obtiendra seront représentés sur la planche 8 par les fig. 29, 30, 31, 32, 33 et 34 ; toutes ces figures sont semblables entre elles, et ne diffèrent que par leurs dimensions et par l'étendue de la partie comprise dans les limites du cadre.

On voit, en comparant ces différents résultats, que la grandeur perspective d'un objet déterminé ne dépend ni de sa grandeur réelle, ni de la distance d'où on le regarde ; mais seulement du rapport des distances du spectateur et de l'objet au tableau, et c'est ce rapport qu'il faut étudier avec beaucoup de soin, si l'on veut obtenir des effets satisfaisants.

Nous voyons, par la figure 29, que si l'on place le tableau trop près de l'objet, cela fera paraître le cadre trop petit; on ne verra qu'une portion du monument, qui remplira d'une manière désagréable toute l'étendue du tableau, et empêchera de voir le ciel, la terre et les objets accessoires, dont les grandeurs relatives, comparées entre elles, sont un des plus puissants moyens que l'on ait pour donner ce que l'on appelle de l'air à un tableau. Ce défaut existe encore, d'une manière moins sensible, sur les figures 30, 31 et 32; ce n'est que dans la figure 33 que le monument commence à se dégager, et que l'on peut apercevoir le commencement de la galerie en retour d'équerre qui est à gauche; enfin dans la figure 34 le dessin prend un aspect convenable. On peut voir l'ensemble du monument, et juger de sa position par rapport aux objets qui l'environnent.

21. Ainsi, l'effet plus ou moins satisfaisant du résultat ne dépend pas toujours de la distance du spectateur au plan du tableau, mais bien de la distance aux objets que l'on regarde, et de la place occupée par le tableau entre ces objets et le spectateur.

22. Il ne faut pas cependant mettre le tableau trop près de l'œil; la figure 34, par exemple, deviendrait défectueuse si l'on construisait des arcades dans le mur qui est à droite du tableau; ces arcades ne pouvant être vues du point *v*, fig. 28, qu'en tournant la tête à droite, il en résulterait l'inconvénient que nous avons signalé (16).

23. On ne peut donner de règle invariable pour déterminer les distances relatives du spectateur, de l'objet et du tableau; le goût et la pratique du dessin pourront seuls mettre en état de choisir dans chaque cas, les dispositions les plus convenables. Cependant, on peut souvent espérer d'assez bons

effets lorsque la distance du spectateur à l'objet est égale environ à *deux fois et demie* et souvent *trois fois* la plus grande dimension de l'objet.

CHAPITRE III.

Choix du sujet.

24. Point de vue; rayon principal. Angle optique. Étant donné, fig. 35, pl. 9, le plan du monument dont on veut construire la perspective, on marquera sur ce plan le point *o*, où l'on suppose que le spectateur soit placé, et l'on tracera une ligne *o*V dans la direction suivant laquelle il sera censé regarder. Cette ligne se nomme le *rayon principal*. On tracera ensuite les deux droites *oa*, *ox*, faisant des angles égaux avec la droite *o*V; l'angle *aox* sera *l'angle optique*. Prenant ensuite une règle mince ou un fil que l'on attachera au point *o* avec une épingle, on lui fera prendre successivement toutes les positions comprises entre les deux côtés de l'angle optique, et l'on reconnaîtra, par ce moyen, quels sont les objets qui se cacheront les uns les autres, et quels sont ceux entre lesquels pourront passer les rayons visuels. Ainsi, quelques rayons *ob* passant à gauche du premier pilastre, arriveront sans rencontrer d'obstacle jusqu'à un banc situé dans la galerie, et sur lequel on pourra placer des personnages. D'autres rayons *oc* passant entre les pilastres, permettront d'apercevoir une statue placée au milieu de la salle, et ainsi de suite. On pourra donc par ce moyen connaître d'avance l'effet que doit produire le dessin quand il sera exécuté. Si l'on n'était pas content de cet effet, il faudrait changer la position du point de vue et du rayon principal.

25. L'angle optique étant déterminé, on fera la droite ax perpendiculaire au rayon principal; cette droite représente la trace du tableau, sa distance au point de vue doit être déterminée comme nous l'avons dit plus haut (20), de manière à produire le meilleur effet possible. On pourra souvent faire cette distance égale à *une fois et demie* la largeur du cadre.

26. Enfin il faut, avant de commencer, étudier le sujet sous le rapport de la grandeur et de la disposition dans le cadre, et reconnaître toutes les parties vues ou cachées, de manière à voir en quelque sorte le dessin tout entier dans son imagination, avant de tracer la première ligne sur l'épure; il sera même bon de faire une esquisse ou croquis à main levée, pour mieux se rendre compte de l'effet général et de la disposition des masses.

27. Soit ensuite, fig. 36, le cadre du tableau, et supposons, pour fixer les idées, que la base AX soit égale à cinq fois la ligne ax, qui sur le plan, fig. 35, représente la trace du tableau: supposons de plus que nous voulons employer la méthode des points de distance exposée nº 12. Il faudra construire au-dessous du cadre le plan du monument sur une échelle cinq fois aussi grande que celle de la figure 35; ainsi, le quarré UH, fig. 37, sera le premier pilastre à gauche, et tout le reste du plan devra être fait ainsi dans une grandeur proportionnelle. Ce plan est renversé parce que l'on suppose qu'on l'a fait tourner autour de la droite ax pour le rabattre au-dessous du tableau.

On tracera ensuite, à la hauteur de l'œil, la ligne d'horizon sur laquelle on marquera le point V *au milieu du tableau*, et l'on portera à gauche de ce point une grandeur VD égale à cinq fois ov, qui, sur la figure 35, représente la distance du spectateur au plan du tableau.

L'épure étant ainsi préparée, on construira la perpendiculaire UN et sa perspective NV dirigée vers le point de vue (9); puis, on tracera la ligne à 45 degrés UU', dont la perspective U'D doit aboutir au point de distance (10), et le point u, fig. 36, résultant de l'intersection des deux lignes NV, U'D, sera la perspective du point U (13).

28. Il suffit de jeter un coup d'œil sur l'épure pour comprendre combien l'application de cette méthode offrirait de difficultés dans la pratique. En effet, indépendamment de la distance nécessaire, à gauche et en dehors du cadre, pour y placer le point D, on voit quelle étendue il faudrait au-dessous du tableau pour construire le plan de tous les objets que l'on voudrait mettre en perspective, et à droite, pour avoir sur le prolongement de AX les extrémités des lignes à 45 degrés, tirées de chacun des points du plan.

On se fera une idée encore plus exacte des embarras que l'on éprouverait, si, au lieu de faire ici un dessin grand comme la main, on voulait donner au tableau une largeur de plusieurs mètres.

Il est donc nécessaire de chercher d'autres moyens, et nous n'avons parlé de celui qui précède que pour en faire sentir les inconvénients. Je dois aussi, à cette occasion, rappeler au lecteur qu'il peut se dispenser de faire toutes les figures précédentes, qui n'ont été données que pour l'exposé des principes. Mais à partir de ce moment, il doit construire avec beaucoup d'exactitude, et sans aucune exception, toutes les épures qui vont suivre.

CHAPITRE IV.

Méthode générale.

---

29. **Échelles de fuite et des largeurs.** Soit, fig. 32, pl. 10, l'angle optique déterminé, comme nous l'avons dit précédemment, sur le plan d'un monument ou d'une place publique dont on veut construire la perspective; supposons encore ici,

pour plus de simplicité, que la base AX du tableau que l'on veut faire, fig. 39, contienne un nombre exact de fois la petite droite *ax*, qui représente le tableau du plan, quatre fois, par exemple; on tracera la ligne d'horizon sur laquelle on marquera le point V et la distance VD, égale à quatre fois la distance *ov*, prise sur la figure 38. On tracera sur cette figure la droite *ab*, perpendiculaire sur *ax*, et sur le tableau, fig. 39, on fera AV perspective de *ab*. Cette ligne se nommera *échelle de fuite*, parce qu'elle sert à déterminer les distances de chaque point au plan du tableau.

L'épure étant disposée comme on vient de le dire, si l'on veut mettre en perspective le point *u*, fig. 38, on abaissera de ce point la ligne *un*, perpendiculaire sur l'échelle de fuite *ab*; on prendra la distance *an*, que l'on portera quatre fois de A en N, fig. 39; enfin, on joindra le point N avec le point de distance par la ligne ND qui déterminera sur AV un point *n'*, perspective du point *n*. En effet, la droite ND étant dirigée vers le point de distance, représente une ligne inclinée de 45 degrés par rapport au tableau, d'où il résulte que A*n'*, fig. 39, est égal à AN, et par conséquent à quatre fois la distance *an*, fig. 38.

On construira par le point *n'*, fig. 39, et parallèlement à la base du tableau, la ligne *n'u'* qui sera la perspective de *nu*. Enfin on prendra sur le plan, fig. 38, la grandeur *nu*, que l'on portera quatre fois de A en U, fig. 39, et l'on tracera la droite UV; dont l'intersection avec *n'n'* donnera *u'* pour la perspective du point *u*.

Il est évident que, par ce moyen, on sera dispensé de construire au-dessous du dessin le plan de l'objet que l'on veut mettre en perspective; mais il faudra toujours avoir sur l'épure un espace assez grand pour que l'on puisse porter sur AX quatre fois la distance de chaque point au plan du tableau.

30. Point de fuite. On fera disparaître la dernière difficulté en opérant de la manière suivante : on prendra, fig. 38, la distance *ov*, que l'on portera une seule fois sur la ligne d'horizon de V en F, fig. 39; le point F se nommera le *point de fuite*. Cela étant fait, on prendra, fig. 38, la distance *an*, et après l'avoir portée sur la base du cadre de A en *n*, on tracera *n*F, dont l'intersection avec l'échelle de fuite AV donnera n', perspective du point n.

En effet, on sait que DV, fig. 39, est la distance du spectateur au plan du tableau AX. On vient de dire que FV est égal à ov, qui, sur la figure 38, exprime la distance du spectateur au tableau ax; or, les deux droites DV, FV, fig. 39, étant entre elles comme le grand tableau AX est au petit tableau ax, fig. 38, il s'ensuit que les droites AN, An, doivent être aussi entre elles comme le grand tableau est au petit; et puisque AN, fig. 39, vaut la distance du point U au grand tableau AX, il faut en conclure que la droite An de la figure 39 doit être égale à la distance an du point u au plan du petit tableau ax.

Le point n' *sera donc déterminé par l'intersection de l'échelle de fuite* AV *et de la ligne* Fn; ce qui rendra inutile la droite DN.

Ainsi, par une opération très-simple on évitera, non-seulement la construction du plan au-dessous du tableau, mais encore tout l'espace nécessaire pour porter à droite ou à gauche du cadre les distances, *multipliées* par le rapport qui existe entre la largeur du tableau que l'on exécute et sa projection sur le plan de la figure 38.

31. C'est uniquement pour fixer les idées, que nous avons supposé un rapport numérique entre les deux tableaux AX et ax, fig. 38 et 39. Mais il est évident que la démonstration serait la même dans tous les cas. Ainsi, *la méthode qui en résulte est générale*, et peut s'appliquer, quelles que soient la grandeur du tableau et sa distance au spectateur.

32. Pour achever de déterminer la perspective du point u, on prendra, fig. 38, la petite distance av, qui représente la demi-largeur du cadre ax, et l'on portera cette largeur de V en a sur la ligne d'horizon, fig. 39; la verticale aB coupera l'échelle de fuite AV en un point B, par lequel on fera passer l'horizontale BY : cette dernière ligne sera *l'échelle des largeurs.*

33. *Prenant alors* uu *sur la figure 38, on portera cette distance sur* BY *et l'on tracera* Vu, *dont l'intersection avec l'horizontale* u'u' *déterminera* u', *perspective du point* u.

En effet, on a, fig. 39 :

$$AU : Bu = AV : BV = CV : cv = \frac{AX}{2} : \frac{ax}{2} = AX : ax,$$

d'où il résulte : $$AU : Bu = AX : ax.$$

On aura donc, en portant une seule fois *uu* sur BY, le même résultat que si l'on avait porté sur AX la quantité *uu* multipliée par le rapport des tableaux AX, *ax*.

On pourrait objecter que si, en prenant sur la figure 38 la distance *uu*, on fait une petite erreur, elle sera augmentée dans le rapport des deux lignes V*u*', VB. Mais l'inconvénient serait le même en portant sur AX la grandeur AU, puisque cette longueur est égale à *uu* multipliée par le rapport de AX à *ax* ; de sorte que, dans ce cas, l'erreur ne diminuerait, dans le rapport de AU à *u'u'*, qu'après avoir été multipliée par le rapport de AX à *ax*.

34. La figure 40 représente la disposition de l'épure, débarrassée des lignes DN et *u'*U qui deviennent inutiles, et qui n'ont servi qu'à la démonstration du principe. Nous conserverons toujours par la suite les dénominations qui viennent d'être adoptées : ainsi

AV *est l'échelle de fuite;*

BY *l'échelle des largeurs;*

F *le point de fuite;*

FV = *ov* est toujours la distance prise sur le plan, fig. 38, entre le spectateur et la trace *ax* du tableau.

$$cV = cv = \frac{ax}{2}.$$

Dans la pratique, on ne fera que poser la règle suivant les directions des lignes F*u*, *u'u'* et V*u'*; et sans tracer ces lignes dans toute leur longueur, on marquera seulement les intersections qui déterminent les points *x'* et *x'*.

35. La figure 41 représente les différentes apparences perspectives du point *v*, suivant qu'on le regarde des points *o'*, *o*, *o''*, fig. 38; dans le premier cas, le point de fuite serait F'; dans le second cas, ce serait F; et dans le troisième F''.

Ainsi, en éloignant ou rapprochant le point F du point V, cela produit le même effet que si le spectateur s'éloignait ou se rapprochait du tableau.

36. Si le tableau que l'on fait était très-grand par rapport au plan sur lequel on prend les dimensions, fig. 42, l'intersection de F*x* avec AV se ferait suivant un angle trop aigu. Dans ce cas, on devrait reconstruire le plan sur une échelle plus grande, ou bien multiplier FV par 2, 3 ou 4, en ayant le soin de multiplier par le même nombre les dimensions que l'on prendrait sur le plan. Ainsi, en plaçant le point de fuite en F' de manière que F'V soit égal à deux fois *ev*, on fera A*x'* égal à deux fois *eu*; si F''V vaut trois fois *ev*, on fera A*x''* égal à trois fois *eu*.

Enfin il est évident qu'en doublant ou triplant FV, on pourra toujours choisir la position du point F de manière que les intersections avec AV soient aussi précises que l'on voudra.

Il en sera de même pour l'échelle des largeurs BY, que l'on pourra éloigner du point V en doublant ou triplant BV, pourvu que l'on ait le soin de doubler ou tripler *uu*, lorsqu'on portera cette distance de B en Y.

37. Il arrive assez souvent, dans les sujets d'imagination, que l'on compose sur le tableau même sans se servir du plan des objets que l'on veut dessiner; alors, on pourra prendre, fig. 43, le point F à volonté et, dans ce cas, il sera toujours permis de supposer que la distance au tableau est égale à un nombre exact de fois VF. Ainsi par exemple, si l'on place le point F au bord du cadre, une distance égale à une fois et demie la largeur du tableau équivaudrait à *trois fois* VF.

Nous ne parlerons pas pour le moment du principe des hauteurs; il est nécessaire, avant de nous occuper de cet objet, que le lecteur se soit exercé à mettre en perspective toutes sortes de plans.

38. Lignes droites. Nous avons exposé au numéro 34 la méthode générale pour mettre en perspective un point qui ferait partie du plan horizontal contenant la base du tableau. Nous allons faire quelques applications importantes de cette méthode.

Soit, fig. 44, pl. 11, *ax* la trace du tableau sur le plan horizontal qui contient les droites *ce*, *us*, que l'on veut mettre en perspective, *ao*, *xe*, étant les deux côtés de l'angle optique (24), *as* sera l'échelle de fuite. Si le papier n'est pas assez grand pour que l'on puisse y tracer le point de rencontre des droites *ao* et *xu*, on fera *av'* = *av*, puis on élèvera la perpendiculaire *v'o*, qui représentera sur le plan la distance entre le spectateur et le tableau *ax*.

39. *Disposition de l'épure.* Le cadre étant donné, fig. 45, on tracera d'abord la ligne d'horizon VF, sur laquelle on marquera le point V *au milieu du tableau;* on portera ensuite, à gauche ou à droite, une grandeur VF égale à *v'o*, puis Va égal à *va*; on tracera l'échelle de fuite AV et la perpendiculaire aB, qui déterminera l'échelle des largeurs BY.

Pour éviter les répétitions, nous rappellerons une fois pour toutes que VF doit toujours être égale à la distance prise sur le plan de l'objet, entre la trace du tableau et le point de rencontre des côtés de l'angle optique, et que Va doit toujours être la moitié de la droite *ax*, de sorte que VF soit toujours à Va comme la distance du spectateur au tableau est à la demi-largeur du cadre.

La ligne d'horizon doit toujours être à la hauteur de l'œil (11). Nous verrons plus tard quelles sont les conditions qui doivent déterminer cette hauteur.

40. L'épure étant préparée comme on vient de le dire, je suppose que l'on veuille mettre en perspective la droite *ce*; on se rappellera (7) que la perspective d'une droite étant elle-même une droite, il suffira de déterminer la perspective de deux de ses points. Pour cela, prenant ac, fig. 44, on portera cette distance de A en c, fig. 45, et l'on tracera cF, dont l'intersection avec l'échelle de fuite déterminera c', perspective du point c (30).

Pour déterminer la perspective du point e, on tracera l'horizontale ee', fig. 44, et l'on prendra la distance ae' que l'on portera, fig. 45, de A en e'. On tracera ensuite $e'F$, qui déterminera e'', et l'horizontale $e''e'''$ rencontrera le bord vertical du cadre en un point e''' qui sera la perspective du point e.

En effet, tous les rayons visuels dirigés de l'œil vers les différents points de la droite ex, fig. 44, sont situés dans un même plan vertical coupant le plan du tableau suivant la verticale du point x.

41. En général, *tout point situé sur l'un des côtés de l'angle optique, aura sa perspective sur l'un des bords verticaux du cadre.*

42. Si l'on avait assez de place sur l'épure, et qu'on voulût déterminer le point r, on porterait ar sur l'échelle des largeurs BY et à gauche du point B, et l'on tracerait Vr, dont l'intersection avec le bord horizontal du cadre serait la perspective du point r.

Les mêmes moyens serviraient à déterminer la perspective de la ligne us. Ainsi, as étant portée de A en s sur le bord horizontal du cadre, on joindra sF, ce qui donnera s' perspective du point s; ensuite on prendra au', que l'on portera de A en u', et l'on tracera u'F qui déterminera l'horizontale $u''u'''$, dont l'intersection avec le bord vertical du cadre sera u''' perspective du point u.

Ainsi, une droite se détermine par deux points, un point par l'intersection de deux lignes, et *tout consiste à savoir choisir dans chaque cas particulier, les lignes les plus commodes pour déterminer la position d'un point et les points les plus favorablement placés pour déterminer une ligne droite.*

Je rappellerai aussi ce que j'ai dit plus haut, que dans la pratique on ne trace souvent que les intersections. Ainsi, après avoir porté *ei'* de A en *e'*, on posera la règle de *e'* en F, et l'on marquera *e''* sur l'échelle de fuite; puis on placera la règle horizontalement sur *e''* pour déterminer *e'''*.

Si l'on veut vérifier la position du point *m'''*, intersection des des deux droites données, on pourra le faire de plusieurs manières.

1° On prendra, fig. 44, *om'*, que l'on portera de A en *m'*, fig. 45; on tracera *m'*F, ce qui donnera *m''* : l'horizontale du point *m''* doit passer par *m'''* (30).

2° On prendra sur la figure 44, la distance *m'm*, que l'on portera de B en *m*, fig. 45; on tracera V*m*, dont le prolongement doit passer par *m'''* (30).

3° On joindra le point *m* avec le sommet de l'angle optique par une droite *mn*, fig. 44; on prendra *on* que l'on portera, fig. 45, de B en *n*; on construira V*n*, dont le prolongement rencontrera la base du tableau en un point *n'*, par lequel on tracera une verticale qui doit passer par *m'''*. Il est évident, en effet, que *mn*, fig. 44, est la projection horizontale d'un rayon visuel qui doit percer le plan du tableau en un point situé sur la verticale du point *n*.

43. En général, *toute droite horizontale et dirigée vers le sommet de l'angle optique, doit avoir pour perspective une perpendiculaire à la base du cadre* : c'est une conséquence évidente du principe exposé n° 5.

44. POLYGONES. Pour construire la perspective du polygone 1-2-3-4, fig. 46, on construira successivement la perspective de chacun de ses côtés. Ainsi, le point *e'* sur le bord vertical du cadre et le point *c'* sur la base, détermineront le premier côté 1-2. Le point *e'* se construira comme dans l'épure précédente; ensuite on prendra, fig. 46, la petite distance *ac*, que l'on portera, fig. 47, sur l'échelle des largeurs de B en *c*; puis on tracera V*c*, dont l'intersection avec la base du cadre fera connaître *c'*. Pour le second côté 2-3, on construira le point *a'*

sur le bord du cadre et s' sur l'échelle de fuite. Le troisième côté peut se déterminer par u' sur l'échelle de fuite et par r' sur A'V. Lorsqu'on juge à propos d'employer comme ici une seconde échelle de fuite, il faut porter à droite, une distance VF' = VF; enfin, le quatrième côté 1-4 est déterminé par s' sur le bord du cadre et par t' perspective du point t, situé sur le rayon principal, dont la perspective est toujours la ligne verticale passant par le point V (43).

Si le polygone mis de cette manière en perspective est une partie très-essentielle du tableau, on fera bien, avant d'aller plus loin, de vérifier la position des sommets, en opérant comme nous l'avons fait dans l'épure précédente pour la vérification du point m". Ainsi, prenant, fig. 46, la distance 3-A, on la portera sur l'échelle des largeurs BY et à gauche du point B, et l'on tracera la droite 3-V, dont le prolongement doit passer par le sommet 3 du polygone.

Ce que nous venons de dire suffit pour bien faire comprendre la méthode générale exposée précédemment (30). J'engage le lecteur à se bien familiariser, par de nouveaux exemples, avec ces opérations, que nous aurons souvent occasion de faire par la suite.

CHAPITRE V.

Figures géométriques.

45. Mouvements à 45 degrés. Tout en cherchant à ramener les méthodes à un principe général qui résume et renferme en quelque sorte toute la théorie, il ne faut pas oublier

que, dans l'application, l'habileté consiste à profiter, dans chaque question, des circonstances particulières qui peuvent en rendre la solution plus simple. Nous allons donc résoudre quelques problèmes que l'on rencontre fréquemment dans la pratique de la perspective. Ainsi, par exemple, la construction d'une *horizontale faisant avec le tableau un angle de 45 degrés*, est une des opérations les plus importantes.

Nous avons vu (10) que l'on pourrait construire directement une ligne à 45 degrés en la dirigeant vers le point de distance, et cette opération paraîtra d'abord extrêmement simple, mais il n'en est pas ainsi dans la pratique.

Quelques-uns des embarras qui résultent de l'emploi du point de distance ont été signalés (28). Les dessinateurs n'ayant presque jamais assez de place sur leur planche à dessin, y suppléent en enfonçant des clous ou des épingles sur leur table, et quelquefois sur une autre table, placée à l'extrémité de leur atelier. Les règles trop courtes sont remplacées par des cordes, ou par d'autres procédés aussi peu rigoureux. Les peintres qui opèrent sur de grandes toiles ne peuvent pas abattre un pan de muraille pour placer leur point de distance chez le voisin, et beaucoup, dans ce cas, prennent le parti de rapprocher le point de vue, ce qui produit les déformations dont nous avons parlé n° 16.

C'est pour remédier à ces inconvénients que j'engage le lecteur à bien se familiariser avec les méthodes que nous allons exposer, et qui nous seront très-utiles par la suite.

46. Lorsque la ligne demandée *mu* sera tracée sur le plan de l'objet, fig. 48, Pl. 12, il suffira de déterminer la perspective de deux quelconques de ses points. Mais dans la pratique, on a souvent l'occasion de construire la perspective d'un objet qui n'existe que dans l'imagination, et lorsque cet objet est peu composé, lorsque surtout ses faces principales sont parallèles ou perpendiculaires au plan du tableau, on n'en construit pas la projection géométrique, et par conséquent on ne peut plus faire usage de la méthode générale indiquée aux n° 30 et 33. Dans ce cas, on peut opérer de la manière suivante.

47. Pour plus de simplicité, on choisit le point F de manière que la distance du spectateur au tableau soit égale à un nombre exact de fois VF.

Si, par exemple, l'on veut construire une horizontale à 45°, passant par le point *m*, fig. 52, en admettant que la distance du spectateur au plan du tableau soit égale à quatre fois VF, on tracera l'horizontale *mn*, sur laquelle on portera quatre parties égales quelconques, à partir du point *m*; on joindra le point *n* avec le point V par la droite *n*V, qui sera une échelle de fuite auxiliaire; puis, par le troisième point de division, à partir de *m*, on tracera la droite *c*F, qui déterminera le point *u* de la droite cherchée *mu*.

En effet, *nc* étant le quart de *mn*, il s'ensuit que la droite *mu* doit aboutir au point de distance éloigné du point V d'une quantité égale à quatre fois VF.

Si l'on voulait exprimer que la distance du spectateur au plan du tableau est trois fois VF, on ferait *mn* égal à trois fois *nc*.

Si l'on voulait que la distance fût *cinq fois* ou *six fois* VF, on ferait *mn* égal à *cinq* ou *six* fois *nc*.

Au surplus, toutes les fois qu'il sera nécessaire de construire une droite faisant avec le tableau un angle de 45 degrés, question qui se présentera à chaque instant, je renverrai aux articles (46 ou 47) laissant à chacun le soin de décider dans chaque cas quel est le moyen de construction préférable.

Il est bien entendu cependant que la distance une fois adoptée pour un seul point du tableau doit être la même pour tous les autres points.

48. Quarré. L'opération précédente nous permettra de construire la perspective d'un quarré, dont un côté serait donné.

Ainsi, par exemple, la droite *mn*, fig. 54, étant la perspective du côté d'un quarré, il faut achever la perspective de cette figure.

Si l'on veut que la distance soit égale à quatre fois VF, on fera *ne* égal au quart de *nm*, et l'on tracera la droite *e*F, ce qui donnera le point *u*, par lequel on tracera le quatrième côté *uz* du quarré. La figure 49 est un quarré situé au-dessus de l'horizon et vu d'une distance égale à *trois fois* VF.

49. Si l'on voulait que la perspective du quarré fût en deçà du côté donné *nm*, fig. 50, il faudrait que la distance *ne* fût portée sur le prolongement de ce côté. Dans cet exemple, le quarré est vu d'une distance égale à *deux fois* VF.

50. Quarrés concentriques. La figure 53 représente plusieurs quarrés concentriques situés au-dessus de l'horizon, et vus d'une d'une distance égale à trois fois VF.

Le plus grand de ces quarrés étant déterminé par la méthode précédente, on tracera ses deux diagonales, qui devront contenir les sommets des autres quarrés.

51. Treillis de quarrés. Supposons, fig. 54, que le plan horizontal qui contient la base du cadre soit partagé en un grand nombre de quarrés égaux entre eux, par des lignes parallèles et perpendiculaires au tableau, on propose de construire la perspective de tous ces quarrés.

On se rappellera d'abord que les droites perpendiculaires au tableau doivent avoir leurs perspectives dirigées vers le point de vue. Or, si nous supposons que la largeur 5-6 de l'un de ces quarrés soit déterminée sur le bord du cadre, il sera facile de construire les perspectives des sept droites V-0, V-1, V-2, V-3, etc., perpendiculaires au tableau.

Les côtés parallèles au tableau devant avoir leurs perspectives parallèles au bord horizontal du cadre, il suffira d'obtenir un point pour chacune de ces lignes. Or, il est évident que l'on y parviendra en construisant une droite 0-8, faisant avec le tableau un angle de 45°.

Supposons donc, que dans l'exemple actuel, la distance du spectateur au tableau soit égale à cinq fois VF. On prendra la droite 5-V pour échelle de fuite auxiliaire; on tracera 4-F, ce qui déterminera le point *u*, et la droite 0-*u* sera la perspective d'une horizontale faisant avec le tableau un angle de 45°.

Cela résulte de ce que 4-5 vaut la cinquième partie de 0-5, et l'on voit qu'en choisissant de préférence la droite 5-V pour échelle de fuite, on évite l'opération qui aurait pour but de déterminer la cinquième partie de 0-5.

L'intersection de la droite 0-8 avec les perspectives de chacune des perpendiculaires au tableau donnera un point de l'horizontale correspondante.

Cette première opération déterminera six horizontales.

Si l'on veut construire de nouveaux quarrés au delà de la droite 8-10, on portera sur cette ligne autant de parties égales à 8-7, qu'il pourra y en avoir dans la largeur du cadre; on joindra chacun des nouveaux points de division avec le point de vue par des droites qui représenteront de nouvelles perpendiculaires au tableau. On prendra ensuite la droite 9-V pour échelle de fuite, en traçant 8-F, on obtiendra le point *n* : ce qui déterminera la ligne à 45°, 10-*n*. Les intersections de cette dernière ligne avec les perspectives des perpendiculaires au tableau détermineront dix nouvelles lignes parallèles, et ainsi de suite.

Il est évident que cette opération pourra être continuée aussi loin que l'on voudra.

52. Lignes obliques, angles. Un point *m'* étant donné en perspective, fig. 55, pl. 13, on veut construire par ce point une droite horizontale faisant avec le plan du tableau un angle donné *a*.

On tracera l'horizontale *m'n'* et la droite *n'*V, perpendiculaire au tableau, sur laquelle on déterminera une grandeur perspective *n'u* égale à *n'm'* (48); de sorte que *m'n'us* soit la perspective d'un quarré. Supposant ensuite que le plan de ce quarré tourne autour du côté horizontal *uz*, on le ramènera dans la position *mnuz*, parallèle au tableau. Le point *m'* étant arrivé en *m*, on fera l'angle *smn* égal à l'angle *a*, ce qui donnera le point *s*, appartenant à la droite demandée *sm'*. Si le point *s* n'est pas sur l'épure, on construira la diagonale *nz* et sa perspective *n'z*, puis on tracera la verticale cc' et sa perspective $c'c''$ dirigée vers le point de vue, ce qui fera connaître c''.

53. *La droite* sm' *étant en perspective, on veut construire, par le point* m', *une seconde droite* m'e, *perpendiculaire sur* sm'.

En opérant comme précédemment, on ramènera la droite sm' dans la position sm, parallèle au tableau, et l'on fera l'angle droit sme, ce qui fera connaître le point e, appartenant à la ligne cherchée.

54. Dans la figure 56, la droite $m'e$ étant donnée, on a construit *les lignes* m'e'', m'o, m's, *faisant avec la première des angles donnés.*

Il est évident que les mêmes moyens pourront servir à *partager un angle en parties égales ou qui aient entre elles des rapports donnés.*

55. Figures obliques. Une droite 1-4 étant donnée en perspective, fig. 57, on veut sur cette droite construire un quarré. On fera d'abord la perspective du quarré $1\text{-}m'u'x'$ que l'on pourrait relever comme dans l'épure précédente; mais si l'on ne veut pas embarrasser le dessin, on s'y prendra comme il suit.

On tracera où l'on voudra une horizontale dk, et l'on prendra sur cette droite la distance $1\text{-}m$, que l'on transportera, fig. 58, ou sur une feuille à part, et l'on construira sur cette droite le quarré $1\text{-}mxu$, qui représentera celui dont on a déjà la perspective $1\text{-}m'x'u'$. Prenant ensuite la distance me, fig. 57, et la reportant de m en e, fig. 58, on déterminera le point e sur la diagonale du quarré $1\text{-}mxu$, et par conséquent l'angle que le côté 1-4 fait avec le plan du tableau. On fera, fig. 58, le quarré 1-2-3-4, dont il sera facile de construire la perspective en déterminant les points de rencontre de ses côtés avec ceux du quarré auxiliaire $1\text{-}mxu$. Ainsi, en portant u-2 de 1 en 2, fig. 57, la droite 2-V déterminera le point 2, et le point t sur la diagonale; le point 3 résultera de l'intersection de l'horizontale t-3 avec 3-V; enfin la droite Ve déterminera le point *e*. Enfin, si l'on a de la place on peut, pour plus d'exactitude, déterminer le point de rencontre du côté incliné 1-4 avec le côté *us* prolongé.

56. Sur la figure 59, on propose de construire la perspective d'un rectangle 1-2-3-4.

On fera, comme précédemment, un rectangle auxiliaire, fig. 60, semblable à celui dont on veut construire la perspective. Le premier côté sera déterminé par les points 1 et *c*; le second par les points *e*, *s*; ensuite en prenant, fig. 60, le segment *m*-3, on le portera sur la droite *dh*, et l'on tracera la ligne V-3, ce qui déterminera le point 3. Les points 1, *i* feront connaître le côté 1-4; enfin le segment horizontal 1-4, porté de la figure 60 sur la droite *dh*, donnera le point 4, ce qui complétera la perspective demandée.

En variant ces données, le lecteur sera promptement en état de mettre en perspective toutes sortes de figures planes, inclinées comme il voudra par rapport au tableau.

57. Cette méthode revient, comme on le voit, à déterminer les points suivant lesquels les côtés de la figure que l'on veut mettre en perspective rencontrent les côtés ou les diagonales d'un quarré ayant deux côtés parallèles à la base du tableau, et dont la perspective est, par cette raison, très-facile à construire (48, 49).

58. **Polygones réguliers.** Les moyens précédents ont été employés, pl. 14, pour construire les perspectives de l'octogone et de l'hexagone régulier.

Ainsi, fig. 61, après avoir fait (48) le quarré perspectif *mnzu*, ainsi que ses diagonales, le centre *o'* sera déterminé. L'horizontale 3-7 et la ligne 1-5 dirigée vers le point de vue, donneront les quatre sommets 1, 3, 5 et 7. On fera ensuite 1-0 égal à 1-*z*, et l'on décrira l'arc de cercle 1-2, égal à la huitième partie de la circonférence; la verticale du point 2 déterminera la droite *ve*, dirigée vers le point de vue, et dont les intersections avec les diagonales du quarré donneront les sommets 2 et 4. Enfin, le segment *me* étant porté de *n* en *c'*, on tracera la droite *o'c'*, qui déterminera les deux derniers sommets 8 et 6.

Si l'on ne veut pas embarrasser l'épure, on fera la figure auxiliaire 62 en opérant comme dans les exemples précédents (55, 56). On peut, comme vérification, déterminer les perspectives des points suivant lesquels les côtés de l'octogone rencontrent les prolongements de ceux du quarré circonscrit.

L'octogone, fig. 65 a deux de ses côtés parallèles au tableau; dans ce cas on supposera, comme précédemment, le point *o'* ramené en *o*; puis on partagera l'angle *xox* en deux parties égales, ce qui donnera le point 1, et par suite les sommets 4, 8 et 5. On déterminera ensuite le point *s* suivant lequel l'horizontale du centre est rencontrée par le prolongement du côté de l'octogone, et les droites *s*-1, *s*-4, *s*-5, *s*-8 donneront les sommets 2, 3, 6 et 7.

Dans la figure 66, les points 1 et 4 étant déterminés, on construira le point *c* provenant de l'intersection du côté de l'hexagone avec l'horizontale du centre. Portant ensuite *co'* de *o'* en *e*, on tracera les droites *c*-1, *c*-4, *e*-1, *e*-4, et les deux côtés 2-3, 5-6 qui, étant perpendiculaires au tableau, auront leurs perspectives dirigées vers le point de vue.

Dans la figure 67, on construira d'abord les sommets 3 et 6, puis les quatre points *c*; on tracera ensuite les droites *c*-3, *c*-3, *c*-6, *c*-6, sur lesquelles il sera facile de déterminer les points 2, 4, 5 et 1, en abaissant des points 1 et 2 des perpendiculaires dont les perspectives 2-4, 1-5 seront dirigées vers le point de vue.

Si l'on a de la place, on construira les points *c* suivant lesquels les côtés de l'hexagone rencontrent les côtés *xu*, *mn* prolongés.

59. Cercle. La perspective d'un cercle se construira comme celle d'un polygone régulier. Ainsi, après avoir construit le quarré circonscrit, fig. 69, pl. 15, on supposera, comme précédemment, le centre *o'* ramené en *o*, et l'on décrira un quart de cercle que l'on divisera en parties égales. Les points 1, 2, 3, 4, 5, étant projetés sur le côté horizontal *x-n*, on tracera par chacun d'eux une droite dirigée vers le point de vue. La droite

3-3 donne les points qui sont sur les diagonales du quarré. Le point 4 résultera de l'intersection de la droite *c*-4 avec l'horizontale du point *e*, et le point 2 sera déterminé par la rencontre de la droite *e*-2 et de l'horizontale du point *c*. Enfin les mêmes largeurs portées à droite, détermineront les autres points analogues du cercle.

On pourra se dispenser de relever le cercle dans la position verticale en opérant de la manière suivante. On décrira, fig. 70, sur une feuille détachée un quart de cercle, que l'on divisera en parties égales par les points 1, 2, 3, 4, 5. Ces points étant projetés sur l'horizontale 0-5, on les joindra avec un point quelconque *s*, ce qui formera une échelle proportionnelle avec laquelle on pourra mettre en perspective des cercles de toute grandeur.

Pour cela, on prendra le bord d'une carte que l'on placera sur l'échelle parallèlement au côté 0-5, et l'on marquera les points 1, 2, 3, 4, 5, que l'on reportera ensuite comme on le voit, fig. 71, en ayant soin que le bord de la carte soit parallèle au côté *z*-1, et que les points 5 et 1 coïncident avec les côtés V*z*, V-1. Pour réussir sans tâtonnement, on fera d'abord, sur la ligne d'horizon, V-1 égal à 5-1, fig. 70 et 71, et traçant la droite 1-1 parallèle à V*z*, on déterminera l'horizontale 1-5 avec laquelle on doit faire coïncider le bord de la carte.

Si l'on voulait marquer les points de division sur le côté *z*-1 lui-même, on le porterait fig. 70, de 0 en *s*, et l'on tracerait *z*-*z*', et l'horizontale 1-*z*' sur laquelle on marquerait les points 1, 2, 3, 4, *z*', que l'on reporterait ensuite sur la droite *z*-1, fig. 71.

60. On fera bien, si l'on n'est pas trop gêné par la place, de déterminer les points *r* suivant lesquels se rencontrent les tangentes à 45 degrés. La construction de ces lignes donne beaucoup de facilité pour tracer la courbe avec précision : on pourra aussi, comme exercice, construire les tangentes aux points 2 et 4.

On conçoit comment il faudrait s'y prendre pour construire un plus grand nombre de points; mais il est rare que l'on ait à décrire un cercle tellement grand que seize points ne suffisent pas, d'autant plus que par l'effet même de la perspective, les points se trouvent plus rapprochés précisément à l'endroit où la courbure est plus grande. Presque toujours on se contente de huit points, savoir, les milieux des côtés du quarré circonscrit et les points sur les diagonales; souvent même, dans les petits cercles des bases ou chapiteaux de colonne, on néglige les points des diagonales.

61. Tous les rayons visuels qui, partant de l'œil du spectateur, s'appuient sur la circonférence du cercle, forment une surface conique du deuxième degré; d'où il résulte que la perspective du cercle sera nécessairement une ellipse, excepté toutefois dans le cas où le cercle dont il s'agit serait coupé ou touché par un plan parallèle au tableau et contenant l'œil du spectateur.

La remarque qui précède pourrait engager le lecteur à rechercher les axes de la courbe du 2e degré qui représente la perspective du cercle; mais cette construction très-laborieuse n'offrirait ici qu'un intérêt de curiosité : les moyens exposés ci-dessus étant toujours suffisants et très-faciles à appliquer.

62. *Cercles concentriques.* Pour mettre en perspective des cercles concentriques, fig. 72, il suffira de répéter pour chaque cercle les constructions précédentes.

63. *Division du cercle.* Je suppose qu'après avoir construit la perspective d'un cercle, fig. 73, on veuille le diviser en parties égales, en douze, par exemple. On relèvera le cercle comme nous avons fait précédemment, fig. 69 et 72, ou bien on construira la figure auxiliaire 74. Après avoir divisé le premier cercle, on tracera les rayons qui passent par les points de division, et l'on déterminera la perspective des points où ces rayons prolongés rencontrent l'un des côtés du quarré circonscrit. On peut aussi déterminer d'autres points; ainsi, pour obtenir le diamètre qui passe par les points 5-5, on construira le point *c* où cette ligne rencontre la droite qui joint les milieux

de deux côtés adjacents du quarré circonscrit. On pourrait aussi construire une tangente quelconque *t*-4 et le point *r* sur cette droite; enfin le diamètre 6-6 peut être déterminé par le point *e* situé sur la ligne à 45 degrés *ne*, que l'on obtiendra en portant le rayon *io* à gauche du point *i*, fig. 73. On ne peut pas donner de règle générale pour ces opérations; le choix des moyens devra dépendre de la nature des données et de la disposition de l'épure.

64. **Lignes courbes.** Pour mettre en perspective une courbe quelconque 0-9, fig. 76 et 75, pl. 16, on peut employer la méthode générale exposée n° 34.

Si la courbe a beaucoup de sinuosités, comme par exemple le cours d'une rivière, les allées d'un jardin, les palmes d'une tapisserie, on tracera sur le plan un réseau de quarrés, fig. 78; puis après avoir construit, fig. 77, la perspective de tous ces quarrés à l'aide des deux lignes à 45°, *xu*, *ce* (46, 47), on dessinera de sentiment, dans chaque carreau, la portion de courbe qui lui correspond. L'exactitude du résultat dépendra du nombre plus ou moins grand de carreaux que l'on aura tracés.

CHAPITRE VI.

Division des lignes.

65. **Parallèles au tableau.** Si la droite que l'on veut diviser est parallèle au plan du tableau, on la partagera directement dans le rapport demandé, en employant pour cela les moyens ordinaires de la géométrie. Mais je crois devoir répondre d'avance à une objection que ne manquent jamais de faire les personnes qui commencent l'étude de la perspective. Si l'on se

place, disent-elles, en face d'une rangée d'arbres bordant une route, par exemple, et de manière que le rayon visuel principal soit perpendiculaire à la direction de cette route; il est évident que les arbres qui se trouveront au milieu de l'espace compris dans l'angle optique paraîtront plus écartés que ceux qui seront à une grande distance à droite ou à gauche, d'où il semblerait qu'en dessinant ces arbres, on doive aussi faire proportionnellement plus écartés ceux qui sont au milieu du tableau; mais je rappellerai au lecteur que l'effet dont il vient d'être parlé provient de ce qu'en parcourant des yeux la longueur d'une route on tourne ordinairement la tête, ce que l'on ne fait plus en regardant un tableau sur lequel on ne doit dessiner, comme nous l'avons dit plus haut, qu'une portion de route assez peu étendue ou assez éloignée pour qu'on puisse en apercevoir l'ensemble d'un seul coup d'œil.

Il est d'ailleurs facile de fortifier les raisons qui précèdent par une démonstration géométrique. Soit, **fig. 79, pl. 17**, une droite partagée en parties égales par les points 1, 2, 3, 4.....9; si l'on regarde cette droite du point *v*, il est évident que les rayons visuels perceront le tableau *ax* en des points également éloignés les uns des autres; de sorte que celui qui viendrait se placer au point *v* verrait tous ces points sur le tableau comme s'il regardait la droite 1, 2..... 9 elle-même.

Il est bien entendu que celui qui veut juger un tableau doit avoir quelques notions de perspective, et savoir au moins se placer au point de vue et à la distance convenables; dans le cas contraire, l'artiste ne saurait être responsable de l'ignorance du spectateur.

66. Division des obliques. Supposons actuellement que nous voulions déterminer des points à égale distance les uns des autres, sur une droite *o-u*, **fig. 80**, mise en perspective par l'un des moyens indiqués précédemment; supposons de plus que les deux premiers points *o* et *m* soient déjà obtenus.

On tracera la droite 0-7 parallèle à la base du cadre, et l'on choisira sur la ligne d'horizon un point *c* quelconque; on joindra ce point avec *m* par la droite *cm*, dont le prolongement déterminera, sur l'horizontale 0-7, le segment 0-1, que l'on portera de 0 à 7 autant de fois qu'il pourra y être contenu. Les droites *c*-1, *c*-2, *c*-3, *c*-4, etc., couperont la ligne *o-u* en des points qui, dans l'espace, seraient à égale distance.

Les constructions que nous venons de faire en perspective sont représentées géométriquement par la figure 81. On sait (8) que les lignes *c*-1, *c*-2, *c*-3, dirigées vers le point de concours *c*, seraient toutes, dans l'espace, parallèles entre elles, d'où il résulte, fig. 81, qu'elles partagent dans le même rapport les deux droites 0-7, 0-*u*. Or, la première de ces deux lignes étant partagée en parties égales, il en sera de même de la seconde. Si la droite horizontale 0-7, fig. 80, n'est pas assez longue pour que l'on puisse obtenir, par une seule opération, tous les points dont on a besoin, on tracera la droite *u*-6, dont on se servira comme de la droite 0-7; on pourra même, si on le juge à propos, changer de point de concours; il suffira pour cela de joindre *c'* avec les deux derniers points de division obtenus par l'opération précédente, ce qui déterminera le segment 6-7, que l'on portera de 7 en *u* jusqu'au bord du cadre.

67. Le même moyen servira pour diviser en parties égales, en cinq, par exemple, une droite 0-*m*, dont la longueur serait déterminée, fig. 82. Pour cela, on tracera par le point 0 une parallèle à la base du cadre, et l'on portera sur cette ligne, avec une ouverture quelconque de compas, cinq parties égales; on tracera ensuite la droite 5-*m*; ce qui donnera sur la ligne d'horizon un point de concours *c''*, que l'on joindra avec les points 1, 2, 3, 4, 5.

On agirait de la même manière pour diviser, fig. 83, la droite 0-*m* en deux ou plusieurs parties, ayant entre elles des rapports donnés.

68. Supposons encore que l'on veuille porter, sur une droite 0-*c'''*, fig. 84, une suite de segments alternativement grand et petit, et dans le rapport de 0-*m* à *m-n*; supposons de plus que les trois premiers points 0, *m*, *n* soient obtenus par l'un des moyens précédents. On tracera par le point 0 une parallèle à l'horizon, et l'on choisira, à volonté, un point de concours c^v, que l'on joindra avec les points *m* et *n* par les deux droites c^v-*m*, c^v-*n*; les prolongements de ces lignes détermineront les deux segments 0-1, 1-2, que l'on portera sur l'horizontale 0-2 autant de fois qu'il sera possible; on joindra ensuite tous les points 1 et 2 avec c^v, et la question sera résolue.

69. Il serait possible que l'on n'eût pas de place pour tracer la droite 0-2; dans ce cas, on construira les deux droites 1-c^v, 2-c^v, puis on fera *n*-*n'* parallèle à la ligne d'horizon, ce qui déterminera *m'*, *n'*, et par suite *m''* et *n''*; on tracera *n''*-*n''*, d'où l'on déduira m^{iv}, n^{iv}, et ainsi de suite.

70. Une droite 0-c^{vi} étant en perspective, fig. 85, je suppose que l'on veuille déterminer sur cette ligne, et à partir du point 0, une longueur donnée en nombres, 200 mètres, par exemple.

On déterminera d'abord, par la méthode générale, un premier point à 10 mètres du point 0, et l'on construira les lignes 0-*a*, 10-*z*, parallèles à la base du cadre : puis, par le point *a*, pris où l'on voudra sur la première de ces deux lignes, on tracera la droite *a*c^{vi}, qui représente une parallèle à la droite donnée. Il résulte de cette première opération que le trapèze 0-*a*, *z*-10 est la perspective d'un parallélogramme qui a pour base la droite 0-*a*, et dont un côté serait 10 mètres; la droite c^{vi}*s*, qui joint c^{vi} avec le milieu de 0-*a*, sera coupée par le côté 10-*z* en un point *c* que l'on joindra avec *a* par la ligne *ac*, dont le prolongement déterminera, sur la droite donnée, un point à 20 mètres de distance du point 0. On tracera ensuite l'horizontale 20-*e* et la droite *ae* dont le prolongement déterminera un point à 40 mètres de 0; on tracera la droite 40-*i* et la droite *ai* qui déterminera le point à 80 mètres; enfin *am* déterminera le point à 160 mètres. Étant arrivé à ce point, on ne pourra continuer à doubler, car on irait jusqu'à 320, et l'on doit se rappeler qu'il ne faut aller que jusqu'à 200; mais en construisant la diagonale *t*-160 et l'horizontale du point *n*, on déterminera le point *h* 120 mètres du point *a*; enfin la diagonale 120-*u* déterminera le point à 200 mètres du point 0. Toutes ces constructions sont représentées géométralement, fig. 86. Le lecteur fera bien, pour s'exercer, de varier les données de cette question.

Si, par exemple, on voulait aller jusqu'à 215 mètres, on partagerait la dernière horizontale en 11 parties égales, et l'on joindrait le point *r* avec le point *v*, troisième point de division en partant de 200. En effet, les deux segments de la dernière horizontale seraient alors entre eux comme 3 est à 8, d'où il résulte que le segment au delà de 200 serait à *cr* comme 3 est à 8. De sorte qu'en nommant *x* ce segment, on aurait :

$$8:3 = cr:x,$$

d'où
$$x = \frac{3\times cr}{8} = \frac{3\times 40}{8} = 15.$$

71. Lignes qui concourent en dehors du cadre. Nous avons dit plus haut que si plusieurs lignes droites sont parallèles entre elles, les perspectives de toutes ces lignes sont dirigées vers un même point situé dans le plan du tableau; il pourra donc être utile de pouvoir se passer de ce point lorsqu'il sera situé hors du cadre.

72. Supposons, fig. 87, pl. 18, que la droite *au* soit la perspective d'une ligne située horizontalement dans l'espace : on demande de construire par le point *m* la perspective d'une seconde droite parallèle à la première. Le point de concours, dans ce cas, devant être situé sur la ligne d'horizon, il est évident que cela revient à partager la droite *ue* dans le rapport de *am* à *me*. Pour y parvenir, on tracera d'abord la droite *ae*, puis la droite *uv* parallèle à la ligne d'horizon, ce qui déterminera un point *v* sur la droite *ae*; on fera *vx* parallèle à *ae*, ce qui déterminera *x* sur la droite *em*; enfin *xn*, parallèle à la ligne d'horizon, donnera le point *n* sur le bord du cadre. La même opération servira pour construire la droite *m'n'*.

Dans la figure 88, les trois points *m*, *m'*, *m''* étant sur une même droite *ae*, on construira d'abord *ux* parallèle à cette droite, ensuite *uv* parallèle à la ligne d'horizon; ce qui déterminera sur la droite *ac* le point *v* par lequel on tracera *vs* parallèle à *ux*. Les lignes *ca*, *cm*, *cm'*, etc., couperont la droite *vs* aux points *s*, *s'*, *s''* qui, ramenés en *n*, *n'*, *n''*, appartiendront aux droites demandées. Dans la figure 89, le point de concours est à la rencontre des lignes *au*, *cx*.

On peut aussi employer la construction indiquée, fig. 90, et qui consiste à construire un triangle *vus* semblable et parallèle à un autre triangle quelconque *acm*, ayant l'un de ses sommets au point donné *m*.

73. Lorsque les parallèles de l'espace sont horizontales le point de concours est sur la ligne d'horizon, et, dans ce cas, on peut opérer de la manière suivante. Supposons que par les points 1, 2, 3, fig. 91 et 92, on veuille construire les perspectives de trois droites parallèles à la ligne 0-*u*; on choisira, à volonté, un point de concours *c'*, que l'on joindra avec les points 0, 1, 2, 3, ce qui déterminera sur l'horizontale du point *u* les points *u'*, *z'*, *y'*, *x'* qui, transportés en *u*, *z*, *v*, *x*, détermineront les lignes cherchées. Toutes ces constructions étant des conséquences évidentes de la théorie des lignes proportionnelles, je n'arrêterai pas le lecteur pour lui en donner la démonstration. Il sera d'ailleurs très-rare que l'on ait besoin de faire usage de ces moyens auxiliaires lorsque l'on sera bien familiarisé avec ce qui précède.

CHAPITRE VII.

Étude des plans.

74. Plans d'architecture. Le chapitre qui précède contient, à peu de chose près, tous les principes géométriques dont nous

ferons usage par la suite; nous allons nous occuper actuellement d'en faire les applications. Lorsqu'on veut dessiner la perspective d'un objet quelconque, il faut d'abord construire avec beaucoup de soin la perspective de sa projection horizontale; après quoi l'on détermine les hauteurs par des moyens que nous verrons plus tard. La première de ces opérations étant celle qui présente le plus de difficultés, nous devons y consacrer quelques épures.

75. Pavé composé d'octogones réguliers et de quarrés. En examinant, **fig. 93, pl. 19,** la composition du pavage proposé, on reconnaîtra que les angles des quarrés sont en même temps ceux des octogones; on verra aussi que les sommets de tous ces angles sont déterminés par les intersections de deux systèmes de lignes, les unes perpendiculaires au plan du tableau et les autres parallèles à ce plan; d'où résulte la construction suivante.

On fera, **fig. 94,** un octogone régulier de la grandeur de ceux qui sont le plus rapprochés de l'œil. On projettera les huit sommets de cet octogone sur la base du cadre, ce qui donnera les quatre points 1, 2, 2, 1; les trois segments 1-2, 2-2, 2-1 étant portés à droite et à gauche sur la base du cadre, autant de fois qu'ils pourront y être contenus, on joindra les points correspondants avec le point de vue, ce qui donnera la perspective du système de lignes perpendiculaires au tableau.

Par le dernier des points 1, correspondant au centre d'un quarré, on fera passer une droite 1-*m* faisant avec le plan du tableau un angle de 45 degrés (46, 47). L'intersection de cette droite avec chacune des lignes précédemment obtenues, donnera un point de l'une des parallèles formant le second système de lignes; en traçant ces droites, tous les sommets seront déterminés. Si l'on a opéré avec soin, on pourra tracer avec une règle tous les côtés obliques qui sont dans une même direction.

Quand on aura déterminé les quarrés provenant de cette première opération, on construira une nouvelle ligne à 45 degrés, ce qui donnera une seconde série de quarrés, et l'on pourra, de cette manière, prolonger le parquet aussi loin que l'on voudra. On peut aussi, à mesure que l'on avance, élargir la partie visible du parquet, en portant à droite ou à gauche autant de largeur de quarrés que l'on voudra.

On reconnaîtra facilement que la figure 93 n'est pas nécessaire pour construire ce dessin, et qu'elle n'a été placée ici que pour faciliter l'explication du principe.

76. Parquet composé d'hexagones réguliers. Tous les angles de ce parquet sont encore déterminés par l'intersection de deux systèmes de lignes, les unes perpendiculaires au plan du tableau et les autres parallèles à ce plan.

On fera, comme précédemment, un hexagone régulier, fig. 97, dont on projettera tous les sommets sur la base du cadre, ce qui fera connaître deux segments égaux, que l'on portera à droite et à gauche autant de fois que l'on pourra; et joignant avec le point de vue, les points déterminés par cette opération, le premier système de lignes sera tracé.

Quant aux lignes horizontales, on remarquera, fig. 96, que chacune d'elles passe par le point suivant lequel une des perpendiculaires au tableau est coupée par le prolongement du côté de l'un des hexagones de la première rangée. On construira cette dernière droite en déterminant la perspective du point *m*, où elle rencontre une ligne *um* faisant un angle de 45 degrés avec l'horizontale 2-*u*. Pour cela, on projettera le point *u* en *u'* sur la base du cadre, et l'on construira *u'm"* perspective de *um*, faisant avec le plan du tableau un angle de 45 degrés. On projettera ensuite le point *m* en *m'* sur la base du cadre, et l'on tracera V*m'*, ce qui fera connaître *m"* appartenant à la droite 2-*m"*, perspective du côté 2-*m*. Les intersections de 2 *m"* avec les droites dirigées vers le point de vue, détermineront les horizontales qui passent par les sommets des hexagones. En répétant les mêmes constructions, on pourra prolonger le parquet autant que l'on voudra.

On peut aussi, lorsque les premières parallèles sont construites, employer, pour déterminer les autres, l'une des méthodes indiquées (68, 69); ou bien encore, faire usage de la méthode générale; mais, dans ce cas, il faudrait établir l'angle optique sur les figures auxiliaires 93 et 96.

77. **Pavé en mosaïque, fig. 100, pl. 20.** Les points *u*, *c*, *e*, étant déterminés par la méthode générale, on construira les côtés du grand quarré *cuoe*, ainsi que le [illegible]ales; les cercles concentriques formant la rosace, [illegible] le moyens indiqués (59, 62). On pourra [illegible] rosace en déterminant leurs extrémit[illegible] rale, ou bien encore en prolongeant [illegible] de fuite ou jusqu'à la l'un des [illegible] Enfin toutes les divisions des côtés perpendiculaires au tableau pourront, à l'aide des diagonales du grand quarré, se déduire des parties correspondantes des côtés parallèles. Ainsi, par exemple, le côté *mn*, perpendiculaire au tableau, coupe la diagonale *ue* en un point *n* qui détermine le côté *nv*, et ainsi de suite.

78. **Étude de plan.** Pour construire la perspective du plan représenté, **fig. 101, pl. 21**, il suffira d'employer la méthode générale (34); les distances au tableau seront déterminées à l'aide du point F, et les largeurs se porteront sur la ligne BY. Quand on aura déterminé les premiers points des pilastres à gauche du tableau, on pourra obtenir les autres par l'un des moyens indiqués (68, 69).

79. **Plan d'escalier.** La figure 103, planche 22, est le plan d'un grand escalier à double rampe; les marches et les quarrés des colonnes seront déterminés par la méthode générale (34); les cercles, par l'un des moyens indiqués (59, 62). Enfin les pilastres de la galerie au delà de l'escalier s'obtiendront par l'une des méthodes indiquées nos 68, 69.

80. **Plan de galerie.** Nous avons vu (26) comment, avant de commencer la perspective d'un monument, il faut en étudier avec soin tous les détails; or, ce qui fait toujours un très-bon effet en perspective, c'est lorsque entre deux objets assez rapprochés du tableau, on peut en apercevoir d'autres situés à une

plus grande distance; les rapports de grandeurs apparentes produisent sur les sens du spectateur une impression exacte des distances relatives. Malheureusement, il n'est pas toujours facile d'obtenir ce résultat.

Supposons, par exemple, que l'on veuille construire la perspective d'une galerie avec un double rang de portiques perpendiculaires au plan du tableau, **fig. 105, pl. 23.** Si l'on place le point de vue en *u*, il est évident qu'entre le premier et le second pilastre on pourra voir la troisième niche et une partie du pilastre engagé dans le mur, mais il sera impossible de rien voir entre le second et le troisième pilastre, et à plus forte raison entre ceux qui suivent. Pour augmenter l'entre-colonnement sans altérer les proportions de l'architecture, beaucoup de peintres placent le point de vue un peu à droite ou à gauche, en sacrifiant, en quelque sorte, l'un des côtés de la galerie pour faire valoir l'autre. Il résulte de cette combinaison que le rayon principal *ov* ne perce plus le plan du tableau au milieu de la largeur du cadre; de sorte que pour placer le point V sur la figure **106** il faut partager la ligne d'horizon CD dans le même rapport que *ax*, **fig. 105**, c'est-à-dire que l'on doit avoir la proportion :

$$\left(\underset{\text{Fig. 106.}}{CV : VD}\right) = \left(\underset{\text{Fig. 105.}}{av : vx.}\right)$$

Tout le reste se fera comme dans les épures précédentes; AV sera l'échelle de fuite, et BY l'échelle des largeurs.

Pour avoir des intersections moins aiguës avec l'échelle de fuite, on fera bien, comme nous l'avons dit (36), de doubler ou de tripler FV; ce qui, dans ce dernier cas, porterait le point de fuite en F', **fig. 106.**

Le point B sera déterminé en prenant, **fig. 105**, la distance *av* que l'on portera de V en *a*, **fig. 106.** En effet, il résulte des principes précédemment démontrés, que le rayon principal doit toujours partager l'angle optique en deux parties égales; de sorte que le véritable tableau est *ax'*, **fig. 105**, et la figure **106** ne contenant que l'espace compris dans l'angle *aox*, n'est réellement qu'une portion du tableau véritable dont on aurait retranché, vers la droite, tout ce qui serait compris dans l'angle xox'.

81. La méthode que nous venons d'indiquer, quoique très-simple et produisant souvent d'assez bons effets, n'est pas cependant exempte d'inconvénients. En effet, lorsque le tableau sera exposé, la personne qui viendra pour le voir se placera en face et au milieu; de sorte que n'étant pas au point de vue, les lignes d'architecture ne lui paraîtront plus tracées avec cette rigoureuse exactitude qui fait le plus grand charme de la perspective. Il est vrai que si cette personne sait regarder un tableau, elle cherchera le point de vue; elle y sera même attirée par le sentiment que donne l'habitude à ceux qui s'occupent des beaux-arts. Mais une fois arrivée en face du point de vue, il faudra qu'elle maintienne le rayon principal, autant que possible, perpendiculaire au plan du tableau; car on ne doit pas oublier que la perspective a été faite pour un spectateur qui serait placé en o, fig. 105, et qui regarderait dans la direction de ov, perpendiculaire sur le plan ax.

82. Anamorphoses. On voit donc combien s'abusent ceux qui croient pouvoir sans inconvénient éloigner outre mesure le point de vue du centre du tableau. Il y en a même qui vont jusqu'à le placer en dehors du cadre, d'où il résulte, ou que le spectateur se placera devant le milieu du tableau, et alors il ne sera pas au point de vue et les lignes seront déformées, ou bien, s'il est au point de vue, il sera obligé de se tourner pour regarder le tableau, et alors il verra obliquement un dessin qui a été fait pour être placé dans un plan perpendiculaire au rayon visuel.

Il faudrait alors, pour que la perspective parût correcte, que le peintre eût prévu la direction oblique suivant laquelle on serait obligé de regarder son tableau, et qu'il eût fait une de ces images d'optique connues sous le nom d'*anamorphoses*, et qui, déformées avec intention d'une manière grotesque, ne paraissent vraies que si on les regarde obliquement.

Ainsi, par exemple, si l'on se plaçait à gauche du trapèze

$a'b'c'd'$, fig. 107, de manière que l'œil fût placé par rapport à ce trapèze, comme le point o par rapport au tableau vertical $a''b''$, la figure dessinée dans le trapèze paraîtrait régulière comme celle qui est dans le rectangle $abcd$.

Le peu de grandeur du dessin ne permet pas de rendre bien sensible ce que nous venons de dire; mais il sera facile d'en faire une expérience plus concluante, en traçant la figure sur une plus grande échelle. Ainsi, *une anamorphose est une figure qui doit être regardée obliquement.*

Il résulte de là qu'à l'exception du point où vient aboutir la perpendiculaire abaissée de l'œil du spectateur, toutes les parties d'un tableau ne seront que des anamorphoses; puisqu'elles seront rencontrées obliquement par les rayons visuels; et cela devient surtout sensible pour les objets très-rapprochés des bords d'un cadre trop large.

C'est pourquoi, lorsque l'on est forcé de peindre au bord du cadre des objets très-près du tableau, il faut éloigner le spectateur et resserrer l'angle optique, afin que les rayons visuels ne rencontrent pas trop obliquement les images de ces objets.

83. Si le lecteur a bien compris ce que nous avons dit au n° 81, il a sans doute pensé que les défauts dont nous venons de parler disparaîtraient si l'on prenait pour rayon principal, fig. 108, la droite os qui partage l'angle aox en deux parties égales : cela est parfaitement exact, mais alors il est évident que pour éviter les constructions défectueuses auxquelles nous venons de donner le nom d'anamorphoses, il faudra placer le tableau perpendiculairement à cette nouvelle direction du rayon visuel; or, dans ce cas, les lignes principales d'architecture n'étant plus perpendiculaires ni parallèles au tableau, les opérations graphiques nécessaires à la construction de l'épure deviennent plus nombreuses, et l'impuissance dans laquelle se trouvent un grand nombre d'artistes de vaincre ces difficultés, les détermine à les éluder en plaçant le point de vue ailleurs qu'au centre du tableau.

84. Je dois cependant prévenir le lecteur que, malgré les

inconvénients que nous venons de signaler, il est quelquefois bon de placer le point de vue un peu à droite ou à gauche; cela sera quelquefois préférable à une perspective oblique, dans laquelle les lignes d'architecture seraient coupées d'une manière désagréable par les bords du tableau. En effet, les objets qui frappent nos regards ne sont pas ordinairement renfermés dans un rectangle; il faut, pour que la présence du cadre ne produise pas dans notre œil un effet désagréable, que nous puissions en quelque sorte l'oublier; il faut que, sans un trop grand effort d'imagination, nous puissions prendre la bordure pour les pieds droits d'une fenêtre ou d'une porte entre lesquels nous verrions les objets extérieurs, ou pour l'ouverture d'une tribune dans laquelle nous serions placés, et d'où nous assisterions à une cérémonie qui aurait lieu dans l'intérieur d'une église, etc. On conçoit combien ces difficultés doivent quelquefois embarrasser l'artiste; et, s'il n'est pas familiarisé avec toutes les ressources de la perspective, il ne parviendra jamais à les vaincre.

85. Vues obliques. Ce qui augmente la difficulté des perspectives obliques, c'est la nécessité d'éloigner le point de vue pour éviter les déformations dont nous avons déjà parlé plusieurs fois, et qui sont encore plus sensibles que dans les vues de front.

Nous allons nous occuper de cette question, qui ne me semble pas avoir été traitée avec assez d'étendue par les auteurs qui m'ont précédé. J'engage le lecteur à faire toutes les épures que je lui propose Il sera plus tard dédommagé de l'aridité de ce travail par la variété des effets résultant de la faculté de pouvoir diriger le rayon principal dans toutes les directions.

86. Plan oblique d'escalier. La **fig. 108, Pl. 24,** est le plan de l'un des escaliers de la terrasse des Tuileries, du côté des Champs-Élysées.

On construira d'abord, **fig. 109,** la perspective des lignes principales par la méthode générale exposée nos 34 et 40. On déterminera ensuite avec beaucoup de soin les perspectives des quatre diagonales *o-u*, que l'on divisera en six parties égales, en opérant comme nous l'avons dit (67); toutes les arêtes des marches seront alors déterminées.

Le point de concours de toutes les parallèles au côté *mc* sera déterminé par le prolongement de cette dernière droite jusqu'à la ligne d'horizon. On pourra faire usage de ce point si toutefois la planche à dessin sur laquelle on opère est assez grande pour le contenir.

87. Points de concours. Beaucoup de monuments ayant une forme rectangulaire, leurs plans se composent de deux systèmes de lignes perpendiculaires l'une à l'autre. Or, dans les perspectives obliques, les faces principales n'étant plus parallèles ou perpendiculaires au tableau, il faudra deux points pour déterminer la perspective de chaque ligne.

On peut cependant prévoir combien le travail serait simplifié si l'on avait les points de concours des différents groupes de lignes parallèles que l'on devra mettre en perspective; car il est évident alors, qu'il n'y aura plus qu'à déterminer un point pour chacune de ces lignes. Aussi, avant de commencer, on fera bien de reconnaître quels sont ceux de ces points assez rapprochés du cadre pour que l'on puisse en faire usage.

88. Supposons, par exemple, que l'on veuille construire la perspective d'une portion de galerie rectangulaire, dont le plan est représenté **fig. 110, pl. 25**. On choisira, comme nous l'avons dit (24), le point de vue, le rayon principal et l'angle optique, et l'on disposera, **fig. 111**, l'échelle de fuite et l'échelle des largeurs, en opérant commme dans tous les exemples précédents.

En examinant avec attention la figure 110, on reconnaîtra trois systèmes principaux de lignes parallèles entre elles, savoir :

1° Toutes les lignes parallèles au côté *eg* du plan;

2° Toutes les lignes parallèles au côté *em*;

3° Enfin, toutes les lignes parallèles à la diagonale *ez*, qui partage en deux parties égales l'angle droit formé par les deux premiers systèmes.

Or, en menant par le point *o* une ligne *oc''* parallèle à *eg*, le point *c''*, où cette droite perce le plan du tableau, sera le point de concours de toutes les lignes du premier système; mais la distance *xc''* étant à peu près égale à une fois et demie la largeur du cadre, il est peu probable que la table sur laquelle on dessine soit assez grande pour que l'on puisse faire usage de ce point de concours. Il n'en serait pas de même de *c'*, qui est le point de concours de toutes les lignes parallèles au côté *em*; ce point, situé à gauche et à peu de distance du cadre, pourra facilement être établi sur la feuille du dessin ou à côté; enfin le point *c*, que l'on obtient en construisant *oc* parallèle à la diagonale *ez*, sera compris dans le cadre même qui doit former les limites du dessin. Quant au point de concours des diagonales, telles que *pq* perpendiculaire à *ze*, il est évident qu'il n'y faut pas penser, puisque ce point, situé à l'endroit où la ligne *oc''* percerait le plan du tableau, serait évidemment trop éloigné pour que l'on pût s'en servir.

Indépendamment des points dont nous venons de parler, il peut y avoir encore, dans un plan très-composé, un grand nombre de points de concours dont il pourrait être utile de faire usage. Ainsi, quelquefois on pourrait juger à propos d'employer les points vers lesquels concourent les diagonales des rectangles formant les entre-deux des pilastres, ou bien encore le point de concours des lignes qui joignent les angles extérieurs d'un pilastre avec les angles intérieurs du pilastre suivant, etc.

89. Quand le sujet aura ainsi été étudié, et que l'on aura bien reconnu d'avance quels sont les points de concours dont on pourra se servir et ceux dont il faudra se passer, on commencera l'épure.

Pour se familiariser avec les difficultés, et pour mieux se préparer à les vaincre, le lecteur fera bien de supposer qu'il ne peut pas faire de constructions hors du cadre, et que par conséquent il ne peut pas se servir des points de concours *c'*, *c''*, et à plus forte raison de celui qui est dans le prolongement de *oc''*; le point *c* placé dans l'angle optique sera le seul que l'on devra employer ici.

90. Pour déterminer ce point sur le tableau, on prendra, **fig. 110**, le segment *ac*, que l'on portera, **fig. 111**, sur l'échelle des largeurs de B en *h*, puis on joindra le point *h* avec V par la droite V*h*, dont le prolongement déterminera sur la base du cadre un point *h'*, qui divisera la droite AX de la figure **111**, comme le point *c* divise la droite *ax* de la figure **110**; enfin, la verticale *h'c* coupera la ligne d'horizon au point *c*, qui sera le point de concours de toutes les lignes parallèles à la diagonale *ez*.

Les mêmes moyens serviraient à déterminer d'avance tout autre point de concours situé en dedans ou en dehors du cadre. Ainsi, dans le cas où l'on voudrait se servir du point de concours *c'*, on prendrait, **fig. 110**, le petit segment *ac'*, que l'on porterait, **fig. 111**, sur l'échelle des largeurs et à gauche du point B; on construirait ensuite la ligne V*d* dont le prolongement couperait la base du cadre en un point qui serait le pied de la verticale contenant le point *c'*, vers lequel doivent concourir toutes les lignes parallèles au côté *em*.

91. Quand on aura ainsi préparé l'épure, et que l'on aura établi sur la ligne d'horizon tous les points de concours dont on croira pouvoir faire usage, on fera le tracé de la perspective en commençant toujours par les lignes principales du plan, et choisissant, pour chacune d'elles, les points les plus éloignés et les plus faciles à mettre en perspective.

Ainsi, pour le côté *em*, on déterminera le point *m* sur le bord du cadre et le point *s* sur l'échelle de fuite; ou bien l'on construira, par la méthode générale, le point *e*, qui, avec le point *n* sur l'échelle de fuite, ou le point *g* sur le bord du cadre, détermineront le côté *eg*.

Quand on aura construit les lignes qui déterminent les faces principales des pilastres, on construira les trois points *r*, *t*, *i*, que l'on joindra avec le point *c* par les droites *cr*, *ct*, *ci*, dont les prolongements couperont la droite horizontale *mm'* aux points 0, 1, 1. Cette opération déterminera les segments 0-1, 1-1, 1-0, que l'on portera vers la gauche autant de fois qu'il sera possible; enfin l'on tracera les droites *c*-0, *c*-1, *c*-1, etc., qui détermineront en même temps les angles des pilastres formant le portique, et les angles de ceux qui sont engagés dans le mur.

Si l'on n'avait pas assez de place sur la ligne *mm'* pour y porter tous les segments 0-1, 1-1, etc., on se servirait d'une autre horizontale plus rapprochée de la ligne d'horizon; mais alors les segments portés sur cette ligne étant plus petits, les chances d'erreurs seraient par cela même plus grandes.

Si l'on n'a pas sur l'épure le point de concours des diagonales, on déterminera les angles des premiers pilastres par la méthode générale et les autres angles en opérant comme nous l'avons dit (68, 69).

On peut aussi, pour cette opération, choisir un point de concours tel, que les lignes qui déterminent les angles extérieurs du portique donnent en même temps ceux de l'un des pilastres engagés.

92. **Plans des bases et des chapiteaux.** Dans les perspectives vues de front, les cercles des bases et des chapiteaux de colonnes s'obtiennent par les moyens exposés (59, 62); mais quand il s'agit d'une vue oblique, ces moyens ne suffisent plus.

Les quarrés des bases étant obtenus par la méthode générale, ou en opérant comme nous l'avons fait dans l'épure précédente pour les pilastres, il faudra inscrire dans ces quarrés les cercles qui déterminent les grosseurs des colonnes.

Cette opération offre quelques difficultés d'exécution, surtout lorsque le dessin est fait sur une petite échelle.

Quand les colonnes sont très-éloignées, la courbure des lignes devient insensible, et l'apparence perspective des bases et des chapiteaux diffère peu de leurs projections géométriques. Dans ce cas, il suffira de déterminer la grosseur relative de chaque colonne, et l'habitude du dessin mettra promptement en état de donner aux cercles des bases et des chapiteaux la forme convenable, sans qu'il soit nécessaire de les établir sur le plan.

Il n'en sera pas de même pour les parties plus rapprochées de l'œil du spectateur ; c'est de l'exacte courbure des lignes que dépendra en grande partie l'illusion produite par le dessin. Il n'en résulte pas cependant que lorsqu'on fait la perspective d'un monument, on doive en construire tous les détails sur le plan ; il suffit de déterminer les principales lignes, et nous verrons plus tard comment, lorsqu'on a la perspective des masses, on peut facilement y ajouter celle des profils sans les indiquer sur le plan.

Ainsi, par exemple, lorsqu'on met en perspective le plan d'une base ou d'un chapiteau de colonne, il suffit de construire sur ce plan le plus grand cercle du tore et le cercle provenant de la section du fût par un plan horizontal.

93. Supposons donc que par l'un des moyens exposés précédemment on ait construit, fig. 112, pl. 26, le quadrilatère *mnzu*, perspective d'un quarré vu obliquement, et dans lequel il faut inscrire la perspective d'un cercle représentant la projection de la plus grande section horizontale d'un tore; supposons de plus que le point *c*, sur la ligne d'horizon, soit le point de concours des deux côtés *mz*, *nu*, on prolongera ces côtés jusqu'à une horizontale quelconque *dd*, sur laquelle on décrira la demi-circonférence 1-3-1, que l'on partagera en quatre parties égales. Les points de division étant projetés sur *dd*, on les joindra avec le point *c* par les droites *c*-2, *co*, *c*-2; la droite *co* donne les deux points 3 sur les côtés *zu*, *mn*, et les droites *c*-2 déterminent les quatre points 2 sur les diagonales *mu*, *nz*. Cette première opération fera donc connaître six points du cercle demandé. Les points 1 s'obtiendront en déterminant (67) les milieux des côtés *mz*, *nu*; mais si l'on a de la place, on fera mieux d'opérer de la manière suivante. On construira les deux tangentes *ad*, puis on joindra les points *d*, *d*, avec le point *c* par les droites *cd*, *cd*, dont les prolongements couperont les diagonales *mu*, *nz*, aux quatre points *v*, *x*, *t*, *s*; on tracera *vx* et *ts*, ce qui donnera les points *m'*, *u'* qui, étant joints avec les points 2, feront connaître les points *z'*, *n'*, et par suite les points 1 : on aura donc, pour la perspective du cercle, huit points et huit tangentes, ce qui permettra de tracer cette courbe avec une grande exactitude.

Les lignes qui concourent au point *c* représentant un système de lignes parallèles, il en résulte que les côtés *mn*, *zu* se trouvent partagés comme le diamètre 1-*o*-1, et que les diagonales *m'u'*, *n'z'* sont partagées comme la droite *dd*, ce qui satisfait à toutes les conditions du problème.

On pourrait, en opérant de la même manière, déterminer un plus grand nombre de points; mais huit points et huit tangentes suffiront toujours pour les plus grands cercles; souvent même on pourra se contenter de quatre points, qui seront les milieux des côtés du quarré circonscrit.

94. Si l'on a sur l'épure le point *c* suivant lequel l'une des diagonales du quarré *mnzu*, **fig. 113**, rencontre la ligne d'horizon, on tracera les deux lignes *cn*, *cz*, que l'on coupera par une horizontale *dd;* on construira le triangle isocèle rectangle *dad*, dans lequel on inscrira la demi-circonférence 1-3-1. Les points de tangence étant projetés sur l'horizontale *dd*, on construira les droites *c*-1, *c*-2, *co*, etc. Ces lignes, prolongées, détermineront six points, savoir : les points 1, 1 sur la diagonale *zn*, et les quatre points 2, milieux des côtés du quarré *mnuz;* on joindra les points 2-2 opposés par des droites dont les prolongements couperont les lignes *c*-1 aux quatre points *m'*, *n'*, *z'*, *u';* enfin on tracera *z'u'* et *m'n'*, ce qui déterminera les deux points 3. On aura donc, comme dans l'exemple précédent, huit points et huit tangentes.

On aura presque toujours sur l'épure le point de concours de deux des côtés des quarrés circonscrits aux bases de colonne, ou le point de concours de l'un des deux systèmes de diagonales. Mais pour ne rien laisser à désirer sur cette question, nous supposerons le cas très-rare où aucun de ces deux points de concours ne se trouverait assez près pour qu'on pût s'en servir.

95. Soit, par exemple, **fig. 114**, le quadrilatère *mnzu*, représentant comme ci-dessus la perspective d'un quarré; on prolongera les côtés *mz*, *nu*, que l'on coupera où l'on voudra par les deux horizontales *dd*, *d'd'*. On déterminera comme précé-

donnent sur la droite *dd* les points 1, 2, 0, 2, 1 ; on partagera *d'd'* dans le même rapport que *dd*, soit en opérant de la même manière, soit en transportant les points *d*, 1, 2, 0, etc., de *d'* en *d''*, sur la même horizontale, et joignant ces points avec le point de concours *c* sur la ligne d'horizon. On joindra ensuite les points de division de *dd* avec ceux de *d'd'*, et tout le reste sera comme au n° 95.

96. Enfin supposons, **fig.** 115, que l'on n'ait pas assez de place pour construire les points suivant lesquels se rencontrent les tangentes ; on choisira à volonté un point de concours *c*, que l'on joindra avec les points *s* et *n*. On tracera ensuite les deux horizontales *dd'*, *d''d''* ; ce qui déterminera les quatre segments *sd*, *sd'*, *nd'*, *nd''*, que l'on partagera dans le même rapport que la droite *sn*, diamètre d'un cercle quelconque relevé dans une position verticale. Les points que l'on obtiendra étant joints avec *c*, les quatre côtés du quadrilatère *mnsa* seront partagés comme *sn*, et le reste ne présentera plus aucune difficulté.

Pour ne pas faire de confusion dans l'exposition des principes précédents, je n'ai inscrit dans chaque quarré qu'un seul cercle, que l'on peut considérer comme la plus grande section horizontale d'une base ou d'un chapiteau de colonne. Il est évident qu'il suffira de recommencer l'opération pour obtenir autant de cercles concentriques que l'on voudra.

Cette question étant très-importante, j'y consacrerai encore l'épure suivante.

97. Deuxième étude de base ou de chapiteau. La **fig. 116, pl. 27**, représentant le plan d'une base ou d'un chapiteau de colonne, supposons que par l'un des moyens précédents on ait obtenu, **fig. 117**, la perspective du quarré circonscrit ; supposons, de plus, que l'on ait sur l'épure le point *c*, suivant lequel la diagonale *sn* rencontre la ligne d'horizon ; on coupera les deux droites *cs*, *cn*, par une horizontale quelconque *dA* ; puis on décrira le triangle isocèle rectangle *deh*, dans lequel on inscrira deux demi-circonférences concentriques qui soient entre elles comme le fût de la colonne est à la plus grande section horizontale du tore. En opérant ensuite pour chaque cercle comme nous l'avons dit au nº 94, on obtiendra seize points et seize tangentes, ce qui donnera une très-grande exactitude.

98. L'ellipse intérieure déterminant la grosseur du fût de la colonne, il peut être utile de construire avec exactitude les points o', x' suivant lesquels cette courbe serait touchée par les tangentes verticales, d'autant plus que la courbure étant plus grande dans le voisinage de ces points, il y a, par cette raison, plus de chances d'erreur. Cette question peut être résolue de plusieurs manières.

Première méthode. On construira, fig. 116, les deux tangentes Vo, Vx, puis après avoir déterminé géométriquement les deux points de tangence, on mettra ces points en perspective par la méthode générale (40).

Deuxième méthode. On prendra, fig. 116, le segment oo', que l'on portera, fig. 117, de B en o'' sur l'échelle des largeurs, et l'on tracera la droite Vo'', dont le prolongement déterminera, sur la base du cadre, le pied de la tangente verticale $o't''$. Cette solution résulte de ce qui a été dit nº 43.

On peut augmenter l'exactitude en opérant de la manière suivante. On tracera, fig. 116, et le plus loin possible, la droite ox' parallèle au tableau ax; on prendra le segment $a't$, que l'on portera de a en i sur la ligne d'horizon, fig. 117; on tracera la verticale io'', et par le point a'' où cette ligne coupera l'échelle de fuite, on construira l'horizontale $a''x''$; enfin, faisant $a''t'$ égal à $a't$, fig. 116, on tracera Vt', ce qui déterminera, comme précédemment, le pied de la tangente verticale $o't''$, fig. 117. On opérera de même pour construire la tangente du point x'.

Pour se rendre compte de la construction précédente, il suffit de remarquer que l'on a :

$$oo'' : a't = Va : Vi = VB : Va'' = Bo'' : a''t',$$

donc $$oo'' : a't = Bo'' : a''t';$$

mais $$Bo'' = oo',$$

donc $$a''t' = a't.$$

Ainsi, en portant $a't$ sur $a''x''$, on obtiendra le même résultat que si l'on avait porté oo' de B en o''.

90. *Troisième méthode.* Soient *aa'*, *bb'*, fig. 118, les deux diamètres conjugués d'une ellipse; concevons la demi-circonférence *asa'*, les deux verticales *so*, *bu*, et la droite *su*. Si l'on construit la ligne *s'u'*, tangente au cercle et parallèle à *su*, le point *u'* sera le pied de la verticale tangente à l'ellipse : on déterminera le point de tangence en construisant *s'b"* parallèle à *sb*. Cette opération est une conséquence des propriétés connues de l'ellipse; mais pour en faire l'application à la perspective du cercle, il faut d'abord obtenir les deux diamètres conjugués *aa'*, *bb'*.

Soit le trapèze *mnsu*, fig. 119, représentant la perspective du quarré circonscrit, V le point de vue (nous supposons ici que les deux côtés *mn*, *zu*, sont parallèles au plan du tableau); le point *c* sera la perspective du centre, et la droite *bb'* qui joint les milieux des deux côtés parallèles *mn*, *zu*, sera l'un des diamètres de l'ellipse cherchée; le point *o*, milieu de *bb'*, sera le centre de cette ellipse; le second diamètre conjugué sera parallèle aux côtés *mn*, *zu*; il ne reste donc plus qu'à déterminer la longueur de ce diamètre.

Les droites *bb'*, *vv'*, représentant deux diamètres du cercle dont on veut avoir la perspective, doivent être géométriquement égales. Or, il est évident que si l'on construisait sur ces lignes deux demi-circonférences verticales, l'ordonnée qui aurait son pied en *o* devrait être égale à celle dont le pied serait en *o"*, puisque ces deux points sont à égale distance du centre commun *c*; de là résultera la construction suivante. On décrira d'abord la demi-circonférence *vs"v'*, après quoi l'on tracera *co"*, puis *o"s"*, ensuite V*s"* déterminera *s'*; enfin l'horizontale *s's* donnera le point *s*, ce qui fera connaître *os*, moitié du diamètre cherché *aa'*.

Dans la figure 120 nous supposons que l'on ait fait les constructions précédentes, nécessaires pour déterminer les deux diamètres *a'a*, *bb'*, et que l'on veut déterminer les tangentes verticales de l'ellipse. On décrira la circonférence *asa'*, et l'on tracera les droites *os*, *bu*, *su*, *sb*. Cela étant fait, *os'*, perpendiculaire sur *su*, déterminera *s'*, par lequel on construira *s'u'*, tangente au cercle et parallèle à *su*, ce qui donnera *u'*, qui est le pied de la verticale tangente à l'ellipse; enfin *s'b''*, parallèle à *sb* déterminera le point *b''* suivant lequel l'ellipse doit toucher la verticale *u'b''*.

100. Cette dernière méthode ne peut servir que dans le cas où le quarré formant la base de la colonne a deux de ses côtés parallèles au tableau. Si l'on voulait en faire l'application aux perspectives obliques, il faudrait, comme on le voit **fig. 121**, construire un quarré auxiliaire parallèle au tableau, et faire toutes les opérations précédentes, indépendamment du quarré oblique *mnxu*, dont la perspective se construirait avant ou après.

Les principes précédents suffisent pour mettre en perspective toute espèce de base de colonne, quelles que soient sa grandeur et son inclinaison par rapport au plan du tableau. L'habitude de la perspective permettra souvent de négliger une partie de ces constructions; mais cette habitude ne peut être acquise que par la comparaison d'un certain nombre d'études faites avec le plus grand soin, en variant la disposition du point de vue et les données principales.

101. Plan de colonnes. Dans cet exemple, **fig. 123**, **pl. 28**, le point *c''*, vers lequel concourent les diagonales des bases de colonnes, permet de construire à la fois deux de ces bases. En effet :

La construction du nº 97 étant faite pour l'une d'elles, il suffit de rapporter les segments obtenus sur l'horizontale *dh*, ou sur toute autre droite *d'h'*, parallèle à la ligne d'horizon, et plus rapprochée du point de vue.

102. Le point *c''* se déterminera comme nous l'avons dit nº 90, ou bien encore en opérant de la manière suivante. On construira, **fig. 122**, la droite *a'x'* parallèle au plan du tableau *ax*, et l'on tracera, **fig. 123**, une autre ligne *a''x''* égale à *a'x'*, et parallèle à la ligne d'horizon. Les deux lignes *a''a*, *x''x* se rencontreront en un point *u* : cela étant fait, la droite V*c* prolongée coupera *a'x'* en un point *c'*; on prendra le segment *a'c'* que l'on portera de *a''* en *c''*, et l'on joindra *c''* avec *u* par la droite uc'', qui déterminera sur la ligne d'horizon le point c'', vers lequel concourent les diagonales des bases de colonnes. En effet, on aura :

$$a''c'' : a''x'' = a''c'' : a''x'' = a'c' : a'x' : ac : ax.$$

Ainsi le point c'' partagera la largeur $a''x''$ du tableau, fig. 123, comme le point c partage la trace ax, fig. 122, ce qui est conforme au principe général exposé n° 5.

103. On peut employer la même disposition d'épure pour déterminer les grosseurs de colonnes. Prenons pour exemple celle qui forme l'angle du monument, à gauche de l'épure ; on tracera sur le plan, fig. 122, les deux tangentes Vs', Vt', que l'on prolongera jusqu'à leur rencontre avec la droite $a'x'$, ce qui déterminera les deux segments $a's'$, $a't'$, que l'on portera sur $a''x''$. Cette opération donnera les deux points s'', t'', que l'on joindra avec le point u par les droites us'', ut'', dont les prolongements détermineront sur la ligne d'horizon l'épaisseur apparente de la colonne. En opérant de la même manière, on peut obtenir à la fois les grosseurs et les distances perspectives de toutes les colonnes du tableau ; on ne l'a pas fait ici pour ne pas embarasser l'épure.

Je ferai remarquer qu'il n'est pas nécessaire que le point u soit situé sur la verticale qui passe par le point de vue ; on peut placer $a''x''$ où l'on voudra, pourvu que cette droite soit égale à $a'x'$ et parallèle à la ligne d'horizon.

104. Plan de monument circulaire. La figure 124, pl. 29, étant le plan d'un temple circulaire soutenu par douze colonnes, on construira d'abord, fig. 125, la perspective de tous les cercles concentriques (62), après quoi l'on déterminera les quarrés des bases en prolongeant leurs côtés jusqu'aux échelles de fuite ab, xd ou jusqu'aux côtés de l'angle optique (41) ; les cercles des bases se détermineront par l'une des méthodes des n°s 93, 94.

Dans l'exemple qui nous occupe, les diagonales des bases 2,

5, 8 et 11 concourent au point de vue, ce qui permettra d'employer pour ces colonnes la méthode du n° 94.

Les bases 3, 6, 9, 12 seront mises en perspective par la méthode (93), en faisant usage du point c', vers lequel concourent les côtés; le point c'' servira pour les colonnes 1, 4, 7, 10; enfin l'on déterminera sur la ligne d'horizon les grosseurs perspectives et les distances de toutes les colonnes, en opérant comme nous l'avons dit au n° 103.

105. **Plan du Panthéon.** Cet exemple, pl. 30, est la perspective du plan du Panthéon de Paris. En faisant cette épure sur une grande échelle, le lecteur trouvera l'occasion d'y appliquer la plupart des principes précédents. Il pourra faire usage du point c, vers lequel concourent les diagonales des bases de colonnes; les points c' et c'', vers lesquels concourent les faces principales du monument, sont situés en dehors du cadre.

106. Cet exemple n'est proposé ici que comme sujet d'exercice; dans l'application, il serait inutile de mettre en perspective le plan des colonnes intérieures qui ne peuvent pas être vues du lieu où l'on suppose placé le spectateur. D'un autre côté, il faudrait indiquer sur le plan les lignes principales du dôme et des parties extérieures de l'édifice, surtout celles qui seraient vues. Nous montrerons par la suite, en traitant des élévations, qu'il y a beaucoup de choses qu'il n'est pas nécessaire d'indiquer sur le plan.

107. **Plan coté.** J'ai voulu, par ce qui précède, mettre le lecteur en état de construire la perspective d'un monument dont il aurait sous les yeux le plan et l'élévation, le seul travail préliminaire consistant à choisir le point de vue, le rayon principal et l'angle optique de manière à obtenir les effets les plus satisfaisants. Mais il peut arriver que la gravure ou le dessin, représentant l'objet que l'on veut mettre en perspective, ne soit pas assez exact ou qu'il soit de dimensions trop petites pour servir directement, parce que les erreurs inévitables que l'on

ferait en prenant les grandeurs sur ce dessin seraient augmentées en proportion de son rapport avec le tableau que l'on exécute.

108. Dans ce cas, on pourra refaire le plan sur une plus grande échelle; mais quelque grand que soit ce nouveau dessin, on conçoit, et nous l'avons fait remarquer en commençant, qu'il ne pourra jamais être à l'échelle des objets les plus rapprochés de l'œil du spectateur, surtout lorsqu'il s'agit d'un sujet de grandeur naturelle ou d'une décoration de théâtre; alors on pourra opérer comme nous allons le dire.

On ne tracera sur le plan géométral, **fig. 128. pl. 31**, que les lignes nécessaires pour déterminer le contour du monument, et après avoir mis ces lignes en perspective par la méthode générale, on construira les détails en divisant les côtés principaux dans le rapport déterminé par le genre d'architecture que l'on adoptera. Supposons, par exemple, que l'on veuille construire la perspective d'un temple rectangulaire entouré de colonnes d'ordre dorique; le plus grand côté du temple devant avoir six colonnes et le plus petit quatre.

On sait que dans l'ordre dorique l'écartement des axes de deux colonnes étant de six modules trois parties, on aura, pour les cinq entre-colonnements, trente et un modules trois parties; de plus, la largeur du quarré de la base étant de deux modules dix parties il faudra ajouter ce nombre au précédent pour les demi-colonnes des angles; on aura donc trente-quatre modules une partie pour le grand côté du monument; pour le petit côte, on aura trois entre-colonnements, ce qui fera dix-huit modules neuf parties, auxquels on ajoutera deux modules dix parties pour les colonnes des angles, ce qui fera vingt et un modules sept parties. Ainsi la base du monument sera un rectangle dont les côtes seraient entre eux comme (34 mod. 1 part.) : (21 mod 7 part.), ou comme 409 : 259; on tracera ce rectangle sur la figure 128; en lui donnant dans l'angle optique l'inclinaison que l'on jugera la plus favorable à l'effet de la perspective, et l'on construira, **fig. 129**, par la méthode générale du n° 40, le quadrilatère $m'n'u'x'$.

109. Souvent lorsque l'on compose un sujet on ne fait pas d'angle optique, on se contente de tracer à volonté sur l'épure la droite *m'n'*, représentant la largeur perspective de la face principale du monument que l'on veut dessiner ; dans ce cas, les autres côtés du quadrilatère se détermineront comme nous l'avons dit n°s 53, 56.

Quand on aura le quadrilatère *m'n'u'z'*, on pourra mettre en perspective les colonnes en faisant seulement usage des cotes, et sans avoir besoin d'aucun dessin auxiliaire.

Pour cela, on construira les horizontales *dd'*, *d''d'''*, et l'on choisira à volonté, sur la ligne d'horizon, deux points de concours *c*, *c'*, par lesquels on tracera les droites *cd*, *c'd'*, ce qui donnera les quatre segments *m'd*, *m'd'*, *z'd''*, *z'd'''*.

Cela étant fait, on élèvera la perpendiculaire *z'h'* sur laquelle on marquera les cotes qui déterminent les largeurs des six colonnes et de leurs entrecolonnements. Ces cotes seront prises, **fig. 131**; sur une échelle de modules divisée avec exactitude, mais qui, du reste, pourrait être plus ou moins grande sans que cela changeât le résultat.

On tracera ensuite *k'd'''*, et menant des parallèles à cette droite par chacun des points de division de la perpendiculaires *z'h'*, on aura partagé *z'd'''* dans le même rapport ; enfin, en joignant les points de division obtenus sur *z'd'''* avec le point de concours *c'*, les largeurs de colonne seront déterminées sur *z'u'*. Des parallèles à la droite *k'd''* partageront *z'd''* dans le rapport de *z'k'*, et joignant les points de division de *z'd''* avec le point de concours *c*, on déterminera les largeurs des colonnes sur le côté *z'n'*. On conçoit que lorsque le tableau sera d'une grande dimension, on pourra marquer par les mêmes moyens les cotes qui déterminent les saillies des bases des chapiteaux et des corniches.

Pour diviser les deux autres côtés *m'n'*, *m'u'*, on portera les cotes sur une verticale *m'h''*, et l'on opérera comme ci-dessus. On pourra encore porter les cotes sur deux droites quelconques *m'h'''*, *n'k'''*, inclinées comme on voudra.

Le choix des points de concours *c*, *c'* est arbitraire : il faut seulement tâcher que les lignes de construction ne coupent pas trop obliquement les côtés du quadrilatère $m'n'z'u'$. On pourra aussi quelquefois, faire usage d'un seul point de concours.

110. En effet, il est évident qu'une partie de ces constructions serait évitée si l'on avait le point de concours de l'une des faces du monument ou celui des diagonales des bases, car dans ce dernier cas, il suffirait, fig. 132, de porter les dimensions sur deux côtés, et l'on devrait alors, choisir autant que possible ceux qui sont les plus rapprochés du plan du tableau. On aurait pu employer ce dernier moyen pour construire la figure 129; mais alors les points d et d' se seraient trouvés hors du cadre; c'est pourquoi j'ai préféré faire usage de deux points de concours, afin que la méthode soit applicable dans tous les cas.

111. Dans les perspectives de front, on peut porter les cotes sur les bords du cadre, mais il faut pour cela que le module employé soit à la base AX du tableau comme le module de la figure 128 est à ax. Ainsi, par exemple, si le module de la figure 128 est contenu vingt fois dans la droite ax, on partagera AX en vingt parties égales, et chacune d'elles sera le module pour les parties de la perspective qui coïncident avec le plan du tableau.

Je terminerai ici la perspective des plans. Mais avant de passer aux élévations, je répéterai ce que j'ai déjà dit plus haut, que les études précédentes sont les plus importantes, et qu'il ne faut pas reculer devant ce travail qui est, en quelque sorte, la seule difficulté de la perspective. C'est pour cela que j'ai disposé chaque planche de manière à former, en quelque sorte, autant de programmes sur lesquels le lecteur peut s'exercer, en ayant bien soin surtout de ne jamais passer à l'étude d'une question sans avoir parfaitement compris toutes celles qui précèdent.

LIVRE II.

PERSPECTIVE DES ÉLÉVATIONS.

CHAPITRE PREMIER.

Principe des hauteurs.

112. Échelle des hauteurs. Supposons que l'on veuille construire la perspective d'une verticale dont le pied serait en a, fig. 133, pl. 32, et qui aurait pour hauteur la droite $a'b'$, fig. 136; on construira au point B, fig. 134, la verticale Bz, à laquelle nous donnerons le nom d'*échelle des hauteurs*, et sur laquelle nous porterons Bb^{iv} égale à $a'b$, fig. 136; de sorte que VB, Vb^{iv}, représenteront deux lignes horizontales et parallèles, éloignées l'une de l'autre de toute la quantité $a'b'$.

113. L'épure étant disposée comme nous venons de le dire, et le point a'', perspective du point a, étant déterminé par la méthode générale (30), on tracera ;

1° L'horizontale $a''a'''$;

2° La verticale $a'''b'''$;

3° L'horizontale $b'''b''$; ce qui donnera la hauteur de la verticale $a''b''$.

Il est inutile de dire qu'en opérant, on se contentera souvent de tracer les intersections. Ainsi, en plaçant la règle horizontalement, on marquera a''' sur AV; on posera ensuite la règle verticalement, ce qui donnera b'''; enfin on posera une seconde fois la règle horizontalement, et l'on aura b''.

114. La construction précédente complète le principe général de la perspective. En effet, un point dans l'espace est déterminé lorsque l'on connaît sa distance à trois plans connus. Or, pour obtenir le point b'', on a déterminé en perspective :

1° Aa''', qui est la distance au plan du tableau ;

2° $a'''a''$, distance au plan vertical qui contient les échelles de fuite et des hauteurs;

3° $a''b''$, qui est la distance au plan horizontal, contenant la base AX du cadre.

115. Il n'est pas absolument nécessaire que le plan vertical, qui contient l'échelle des hauteurs, passe par le point V. Lorsque le dessin est très compliqué et que l'on a de la place à droite ou à gauche du cadre, on peut opérer comme nous allons le dire.

On choisira à volonté, sur la ligne d'horizon, un point C que l'on joindra avec le point X, ou avec tout autre point situé sur la base du cadre ou sur son prolongement; puis au point B', suivant lequel la droite CX est rencontrée par l'horizontale BB', on élèvera la verticale B'x', que l'on prendra pour échelle des hauteurs, et sur laquelle on portera $B'b^{v}$ égal à $a'b'$, fig. 136. On opérera pour le reste comme nous l'avons dit précédemment; ainsi l'on tracera successivement les trois droites :

$a''a^{v}$; $a^{v}b^{v}$; $b^{v}b''$; ce qui déterminera $a''b'' = a^{v}b^{v} = B'b^{v} = a'b'$.

Nous avons dit que la place du point C était arbitraire; en effet, les deux verticales $B'b^{v}$ et Bb^{iv} étant égales et situées dans un même plan parallèle au tableau, la distance réelle des deux parallèles Ca^{v}, Cb^{v} est la même partout que la distance des deux parallèles Va''', Vb'''. On devra seulement tâcher de choisir le point C de manière que les lignes CX, Cb^{v} ne soient pas coupées trop obliquement par les droites $a''a^{v}$, $a^{v}b^{v}$, etc.

116. La droite CX est l'intersection du plan vertical qui contient l'échelle des hauteurs, avec le plan horizontal contenant la base AX du tableau.

117. Disposition de l'épure. J'ai dit plus haut que pour se fortifier dans l'étude de la perspective, il fallait se faire une loi de renfermer toutes les parties de l'épure dans les limites du cadre; mais cette condition n'est pas pas tellement absolue que l'on ne puisse quelquefois s'en écarter. En effet, on ne tracera presque jamais directement la perspective sur le tableau. Il sera bien plus commode de faire, sur une feuille à part, une épure étudiée avec soin, et quand on aura bien arrêté la disposition des lignes principales, on les reportera sur la toile en augmentant leurs dimensions proportionnellement à la grandeur du tableau. Il en sera de même pour les dessins à l'aquarelle; la feuille de papier, fatiguée par les opérations nécessaires au tracé de la perpective, n'aurait plus assez de fraîcheur pour l'exécution du dessin. Il vaudra mieux, après avoir terminé l'épure, en porter le calque sur le papier qui doit recevoir les couleurs.

118. Supposons donc que l'on ait disposé pour l'épure une feuille ou une demi-feuille de papier grand-aigle. Au lieu d'employer pour le tableau toute l'étendue de cette feuille, il sera beaucoup plus commode de réserver au-dessous, comme on le voit **fig. 137,** l'espace nécessaire pour y tracer la perspective du plan de l'objet, et à droite, **fig. 138,** la place de l'échelle des hauteurs que l'on fera alors en dehors du cadre, comme nous l'avons dit plus haut.

Par cette disposition d'épure, la portion réservée pour le dessin restera libre et débarrassée des lignes de construction nécessaires au tracé de la perspective du plan. Il est vrai qu'en diminuant ainsi les dimensions du dessin, on augmente les chances d'erreurs dans le même rapport; mais cet inconvénient sera bien compensé par la facilité du travail et la clarté des opérations.

Au surplus, il ne sera utile de recourir à cette disposition que pour les dessins d'ensemble un peu composés, et surtout pour les perspectives obliques. Dans les vues de front, on pourra facilement tracer toutes les lignes d'opérations dans les limites du tableau.

119. Il est évident que la disposition d'épure proposée revient à remplacer le plan horizontal, contenant la base AX du tableau, par un autre plan horizontal contenant la droite A'X', fig. 137, que l'on peut, par conséquent, choisir à la hauteur que l'on voudra. Plus on abaissera A'X' au-dessous de la ligne d'horizon, moins il y aura de confusion dans les lignes d'opération nécessaires pour construire la figure 137 ; et ces lignes étant vues en quelque sorte de plus haut, leurs intersections se feront suivant des angles moins aigus ; pour obtenir ce résultat, on peut conserver la ligne d'horizon primitive, mais dans ce cas il arrive quelquefois que les parties éloignées de la figure 137 viennent se mêler avec la perspective de l'élévation, ce que l'on peut toujours éviter en prenant, comme nous l'avons fait ici, la droite AX pour ligne d'horizon auxiliaire.

120. Cette dernière hypothèse revient à supposer que l'œil du spectateur s'est abaissé de toute la quantité VV', fig. 139, par conséquent le point de fuite sera F', et B'y' sera l'échelle des largeurs. Les plans horizontaux, contenant les droites AX, A'X', sont coupés par le plan vertical de l'échelle des hauteurs suivant les deux lignes CX, CX', qui, par conséquent, représentent deux horizontales ; et si le lecteur s'étonnait de ne pas les voir aboutir en un même point, il devrait se rappeler que nous avons ici deux lignes d'horizon, puisque nous avons supposé que l'œil du spectateur s'est abaissé de toute la quantité VV'.

121. L'épure étant disposée comme je viens de le dire, supposons que l'on veuille obtenir la perspective d'un prisme rectangulaire, représenté en plan, fig. 140, et en élévation, fig. 141 ; on construira d'abord, fig. 137, la perspective du plan, en opérant comme dans tous les exemples précédents. On prendra ensuite, fig. 141, la hauteur *no*, que l'on portera, fig. 138, de B en o; puis on tracera la droite Co. Les deux droites CB, Co, situées toutes deux dans le plan de l'échelle des hauteurs, représentent deux horizontales qui sont partout éloignées l'une de l'autre de la quantité Bo, égale, comme nous venons de le dire, à la hauteur du prisme donné, fig. 141.

122. Pour déterminer en perspective l'arête verticale du point a', fig. 137, on tracera :

1° L'horizontale $a'a''$;

2° La verticale $a''o''$;

3° Les deux horizontales $u''u'$, $o''o'$; la première donnera u' et la seconde o'.

On ne tracera ces lignes que dans le cas où l'on voudrait compléter l'épure et conserver le souvenir des opérations successives. Mais il est bien entendu, une fois pour toutes, que dans la pratique on se contentera de poser la règle et de marquer les intersections en opérant comme nous l'avons déjà dit au n° 113.

123. En opérant de la même manière, on déterminera les hauteurs des autres arêtes, ainsi que celles de tous les points essentiels situés sur ces lignes. Ainsi, par exemple, si l'on veut construire sur les faces du prisme les horizontales tracées sur l'élévation, fig. 141, on portera les points de division de uo, fig. 141, sur Bo, fig. 138, en les numérotant; et l'on joindra chacun de ces points avec C par des droites; chacune de ces lignes, que nous nommerons *lignes de hauteur*, représentera une horizontale à la même hauteur que l'horizontale correspondante de la figure 141; ainsi les points de division de la verticale $u''o''$ détermineront les hauteurs des points correspondants sur l'arête $u'o'$, fig. 139.

124. Si l'on a sur la feuille ou sur la planche à dessin le point c, vers lequel concourent toutes les horizontales situées dans l'une des faces du prisme, on s'en servira pour construire ces droites, après avoir toutefois déterminé les hauteurs des points de division sur l'arête $u'o'$.

125. Lorsqu'on n'aura pas le point de concours, on pourra déterminer les hauteurs sur les autres arêtes du prisme. Mais il sera plus simple et plus exact en même temps d'opérer comme nous allons le dire.

La droite $a'n'$, fig. 137, étant prolongée, coupera le bord du cadre en un point a'', que l'on peut regarder comme le pied d'une verticale située dans le prolongement de la face $a'n'o'$; le point a'' étant obtenu, on tracera :

1° L'horizontale $a''e''$;

2° La verticale $a''o''$;

3° Les horizontales passant par les points de division de la verticale $a''o''$; ce qui déterminera les hauteurs de ces points sur le bord vertical à gauche du cadre. On joindra ensuite les points situés sur $a''o''$ avec ceux de la verticale $a'o'$.

126. Pour la face $o'a'm'$, on pourra obtenir encore plus d'exactitude en prolongeant $a'm'$ jusqu'à sa rencontre avec C'X'; ce qui déterminera la verticale $a^{v}o^{v}$, suivant laquelle la face $o'a'm'$ prolongée coupe le plan vertical qui contient l'échelle des hauteurs. En joignant ensuite les points de division de la verticale $a^{v}o^{v}$ avec les points correspondants de l'arête $a'o'$, on aura les horizontales demandées.

127. On aura sans doute remarqué qu'aucune des méthodes que je propose n'exclut l'emploi des points de concours, dont au contraire je recommande l'usage toutes les fois qu'ils seront assez rapprochés pour que l'on puisse s'en servir. Mais j'ai voulu donner à la perspective le caractère de généralité qui lui manquait, et mettre le lecteur en état de résoudre toutes les questions, quels que soient le point de vue et la distance au tableau ; j'ai voulu, surtout, qu'il ne fût pas forcé de renoncer à des effets satisfaisants, par l'absence des points de concours nécessaires à l'exécution de l'épure.

La solution de cette importante question a déjà occupé plusieurs des auteurs qui ont écrit avant moi sur la perspective ; c'est au lecteur à juger si j'ai mieux réussi.

CHAPITRE II.

Ligne d'horizon, personnages.

---

128. **Hauteur de l'horizon.** Nous devons nous rappeler d'abord (11) que la ligne d'horizon doit toujours être à la hauteur de l'œil du spectateur. La détermination de cette hauteur dépend du lieu d'où l'on est censé regarder la scène du tableau; ainsi, par exemple, dans la figure 145, planche 33, si l'on place le point de vue à peu près à la hauteur des personnes assises, l'œil du spectateur sera naturellement attiré vers ce point, il lui semblera qu'il prend part à la conversation qui paraît occuper les personnages divers du groupe principal.

129. Si cependant il y avait beaucoup de figures, et que toutes, ou une partie d'entre elles, fussent assises, toutes les têtes seraient à peu près à la même hauteur, ce qui produirait un mauvais effet, et, dans ce cas, il vaudrait mieux placer la ligne d'horizon à la hauteur d'une personne debout.

130. Par la même raison, si tout, ou un grand nombre des personnages du tableau devaient être debout, il serait bon de mettre la ligne d'horizon un peu au-dessus, en supposant le spectateur placé à une fenêtre ou dans une tribune d'où il regarderait le sujet du tableau.

Cette précaution sera nécessaire surtout lorsqu'il s'agira d'un paysage ou d'une place publique, dont on ne peut souvent embrasser l'ensemble que d'un lieu élevé.

131. J'insiste sur ces détails non-seulement pour ceux qui

veulent faire des tableaux, mais encore pour les personnes qui doivent les regarder; parce que si elles ne se placent pas à la hauteur et à la distance convenables, l'effet du tableau sera manqué pour elles; car la puissance d'illusion dans les panoramas et dioramas vient de ce que le peintre s'est en quelque sorte rendu maître du spectateur en le forçant à ne regarder son travail que du point de vue pour lequel il a été fait, et hors duquel l'illusion serait complétement détruite.

Il en est de même des décorations de théâtre qui sont ordinairement faites pour être vues d'un point un peu au-dessous des premières loges, et qui paraîtront d'autant moins exactes que l'on s'éloignera davantage de ce point. Il ne suffit donc pas que le peintre et le spectateur sachent la perspective, le premier pour composer son tableau et le second pour le regarder, il faut encore que le tableau soit placé convenablement.

Je n'ai fait qu'indiquer ici quelques-unes des considérations qui doivent déterminer la hauteur du point de vue. Je traiterai plus tard cette question lorsque je parlerai des dessins d'ensemble.

132. Personnages. La grandeur des personnages qui doivent entrer dans la composition d'un tableau dépend du sujet que l'on veut traiter. Quelquefois les figures sont la partie essentielle, souvent elles ne sont que l'accessoire; mais, dans tous les cas, leur grandeur relative doit être proportionnée à leur éloignement.

133. Le moyen le plus simple sera de faire une échelle de hauteur que l'on disposera comme précédemment, soit dans l'intérieur du tableau, soit en dehors. Supposons que la fig. 142 représente deux personnes dont les pieds s'appuyeraient sur la base du cadre; on fera Xx'' égal à la hauteur de la personne qui est debout, et Xx' égal à la hauteur de celle qui est assise. De sorte que cx' déterminera la grandeur de tous les personnages assis, et cx'' déterminera celle de tous ceux qui seront debout. Ainsi, pour déterminer la grandeur de l'homme placé debout au milieu du tableau, on tracera :

1° L'horizontale passant par ses pieds : ce qui donnera a;

2° La verticale aa'';

3° L'horizontale du point a''; ce qui déterminera la hauteur de la tête.

On fera de même pour toutes les autres figures, en ayant égard aux différences de taille des individus que l'on veut représenter.

134. Dans l'exemple précédent, nous avons supposé que tous les personnages du tableau avaient leurs pieds dans le plan horizontal qui contient la droite AX, mais cela n'a pas toujours lieu; il arrive souvent, comme on le voit figure 146, que les figures du tableau sont placées à des hauteurs différentes. Dans ce cas, on fera comme précédemment Xx' égal à la hauteur d'un homme debout, et Xx'' égal à la hauteur d'un homme à cheval. Ces hauteurs sont données par la figure 145, qui représente la grandeur des personnages dont les pieds seraient sur le bord du cadre.

L'échelle des hauteurs étant disposée comme je viens de le dire, la grandeur de l'homme qui a son fusil sous le bras se déterminera comme dans l'épure précédente, en supposant toutefois que le plan de la route sur laquelle il marche contient la droite AX; il en sera de même pour tous ceux qui seront à la même hauteur. Mais pour celui qui est sur la colline derrière le premier, il faudra tenir compte de son élévation au-dessus du plan horizontal cAX.

Supposons, par exemple, que la partie supérieure de cette colline soit dans le plan horizontal qui contiendrait la droite cx'', on tracera :

1° L'horizontale du point s passant par les pieds de l'homme que l'on veut dessiner;

2° La verticale ss', ce qui déterminera $s's''$ pour la hauteur demandée, que l'on portera avec le compas.

Enfin, pour les figures situées dans le plan inférieur où l'on voit un cavalier, si nous supposons que ce plan contienne la droite ex'', on tracera :

1° L'horizontale du point e passant par les pieds du cheval;

2° La verticale ee'', ce qui donnera $e'e''$ pour la hauteur totale du cavalier, que l'on portera avec le compas.

Ainsi les droites cx'', cX, cx''', sont les intersections du plan vertical de l'échelle de hauteur, par les divers plans horizontaux qui contiennent les pieds des personnages du tableau; la ligne cx' détermine la grandeur des personnages debout, et la ligne cx'' détermine celle des cavaliers.

CHAPITRE III.

Escaliers, Portes, Fenêtres.

---

135. Unité de grandeur. Les applications de la perspective peuvent être de deux espèces. Quelquefois on veut imiter par la peinture la forme apparente d'un monument existant, et connu d'un grand nombre de personnes; c'est ce qui a lieu pour les panoramas, dioramas, etc. Souvent aussi, dans les sujets historiques, la représentation fidèle du lieu de la scène ajoute à l'intérêt de la composition. Dans ce cas, il est absolument nécessaire que le peintre se procure les plans, élévations et profils bien exacts de toutes les parties du monument qu'il veut dessiner. Mais dans la plupart des sujets d'imagination, l'architecture n'est souvent qu'une partie accessoire du tableau, et, dans ce cas, la disposition des parties monumentales que l'on met en perspective dépend surtout de l'effet que l'on veut produire.

Assez souvent les peintres déterminent à peu près, et en se fiant à la justesse de leur coup d'œil, les dimensions apparentes des objets qu'ils représentent. C'est de là que résulte le défaut d'ensemble qui existe dans un grand nombre de tableaux. On doit se rappeler, en effet, que la forme apparente des corps dépend de la distance plus ou moins grande d'où on les regarde; de sorte qu'en déterminant ainsi, à peu près et par sentiment, la largeur d'une marche, d'une porte ou d'une fenêtre, sans établir aucun rapport de grandeur entre ces quantités, on s'expose à introduire plusieurs points de vue dans la composition du tableau, d'où il résulte que le point où le spectateur devra se placer pour regarder l'escalier, ne sera pas le même que celui d'où il devra regarder la porte, et réciproquement.

136. On voit donc combien il est essentiel d'assujettir toutes les parties du tableau à un même point de vue, afin de conserver les rapports de grandeur qu'elles doivent avoir. Pour arriver à ce but, le moyen le plus sûr et le seul qui convienne pour les perspectives obliques, consiste à composer d'abord une esquisse bien arrêtée des principales masses de l'architecture : à construire ensuite, d'après cette esquisse, le plan ou au moins les principales lignes du plan des monuments qui doivent faire partie du tableau.

Quand on aura ainsi recomposé le plan géométral, on en construira la perspective exacte en opérant comme nous l'avons dit dans le livre précédent.

Ces opérations effrayent les artistes; aussi préfèrent-ils presque toujours faire des perspectives de front, parce que dans ces sortes de dessins les dimensions principales étant parallèles et perpendiculaires au tableau, peuvent facilement être déterminées sans le secours du plan géométral. Souvent aussi les changements que, dans l'exécution de leurs tableaux, ils font subir aux groupes principaux de leurs personnages, les engagent à modifier les dispositions de l'architecture, et par suite à retrancher ou ajouter certains détails.

137. Dans tous les cas, pour donner aux diverses parties du tableau les grandeurs relatives qui leur conviennent, il est nécessaire de les rapporter à une commune mesure; et ce qu'il y a de mieux à faire dans ce cas, c'est de prendre pour terme de comparaison la taille des personnages. Ainsi, en supposant que la figure dessinée sur le tableau, pl. 34, ait de hauteur $1^{m},70$,

ce qui est à peu près la taille ordinaire de l'homme; en augmentant de 0m,03 cette hauteur, on aura la valeur de 2 mètres, dont la moitié serait 1 mètre. On portera cette quantité sur l'horizontale *o*-3, et l'on tracera les deux droites V-*o*, V-3, qui représenteront deux lignes horizontales et parallèles, écartées partout l'une de l'autre d'une quantité égale à 1 mètre.

Ainsi, les quantités *kk*, *k'k'* représentent chacune 1 mètre; les parties horizontales *kd*, *k'd'*, *k''d''* représenteront un tiers de mètre chacune dans le plan où elles se trouvent. On aura, de la même manière, les valeurs perspectives des décimètres, centimètres, etc.

138. **Escalier de front.** Supposons que l'on veuille construire la perspective d'un escalier vu de front, c'est-à-dire tel, que la plus grande dimension des marches soit parallèle au tableau : on tracera d'abord, (fig. 148), les trois lignes *se*, *ss'*, *es*; la première déterminera la largeur, la seconde servira d'échelle des hauteurs, et la troisième d'échelle de fuite. On fera les deux segments *eu*, *sv*, pour l'épaisseur du mur de rampe, et l'on marquera les hauteurs de toutes les marches sur la verticale *ss'*; chacune de ces hauteurs doit être d'environ 16 centimètres, et sera déterminée par la droite *o*-3 qui représente un mètre, (fig. 148). Dans cette opération, chaque palier doit être compté pour une marche.

139. Les longueurs et hauteurs des marches étant déterminées, il s'agit d'obtenir leurs largeurs perspectives. Cette opération peut se faire de plusieurs manières.

Première méthode. Si l'on fait un plan géométral du sujet, on déterminera le point *s* par la méthode générale, puis on divisera *perspectivement* la droite *us* en autant de parties égales (67) que l'on voudra faire de marches. Dans l'exemple qui nous occupe, le palier est compté pour quatre largeurs de marches.

140. *Deuxième méthode.* On fera 1-*r* égal à la largeur d'une marche, c'est-à-dire à peu près égal au double de la hauteur,

et l'on contruira (46, 47) la droite $r's$, faisant avec le plan du tableau un angle de 45 degrés. Cette opération déterminera le petit segment 1-s', dont la grandeur réelle serait égale à 1-r'; de sorte que 1-s' sera la largeur perspective de la première marche. Cette opération, qui consiste à déterminer une quantité donnée sur une droite perpendiculaire au tableau, se représentera fréquemment par la suite; c'est pourquoi j'engage le lecteur à relire avec attention tout ce que j'ai dit sur ce sujet aux nos 46 et 47.

141. *Troisième méthode.* Lorsque l'on compose la perspective d'un sujet d'imagination, on peut toujours faire en sorte que la distance du spectateur au tableau soit dans un rapport commensurable avec VF, et dans ce cas les opérations deviendront encore plus simples.

Supposons, par exemple, que VF soit le tiers de la distance du spectateur au tableau; on fera ui égal au tiers de 1-r', qui représente la largeur d'une marche, et l'on joindra le point i avec F, ce qui déterminera sur uz le petit segment us, qui est la largeur perspective de la première marche. Dans le cas où l'on supposerait le spectateur éloigné de quatre fois VF, il faudrait faire ui égal au quart de la largeur d'une marche; au cinquième, si le spectateur était à cinq fois VF; et ainsi de suite (47).

La largeur perspective de la première marche étant déterminée, on portera le segment ui de u en e autant de fois que l'on voudra faire de marches, en ajoutant une largeur proportionnelle à l'endroit du palier; et joignant les points de division de la droite ue avec le point F, les largeurs de marches seront déterminées sur uz.

Enfin les points qui déterminent les hauteurs de marche sur uu' étant joints avec le point de vue par des droites, les intersections de ces lignes avec les verticales abaissées des points de division de uz détermineront le profil ou la coupe de l'escalier par le plan vertical zuu'. En faisant passer par les angles de ce profil des parallèles à la base du cadre, les arêtes de toutes les marches seront déterminées.

142. Si l'on veut que la hauteur du mur de rampe au-dessus de chaque marche soit partout égale à *ux*, on joindra les points *v*, *x* avec V, et les portions de verticales comprises entre les deux lignes *v*V, *x*V étant portées verticalement avec le compas au-dessus des angles correspondants de chaque marche, détermineront l'arête intérieure du mur de rampe. Cette hauteur est ici égale à celle de deux marches.

143. L'épaisseur du mur de rampe sera déterminée par la distance des deux droites *cn*, *uz*, dirigées vers le point de vue. Ainsi, pour avoir l'épaisseur au point *s'*, on tracera :

1° La verticale *s'z* ;

2° L'horizontale *zn* ;

3° La verticale *nn'*, dont l'intersection avec l'horizontale *s'n* déterminera l'épaisseur du mur au point *s'*. On fera la même chose partout où la face supérieure du mur de rampe change de direction.

Le mur de rampe à droite se construira de la même manière ; son épaisseur sera déterminée par l'écartement des deux droites *m*V, *c*V.

Les arêtes inclinées des deux murs de rampe, les droites passant par les angles saillants des marches, et celles qui passent par tous les angles rentrants doivent concourir en un point situé sur la verticale du point de vue. Ce point serait utile pour la vérification des lignes ; mais il est presque toujours trop élevé pour que l'on puisse en faire usage ; on ne pourrait l'obtenir sur l'épure qu'en diminuant la distance du spectateur au tableau, ce qui détruirait le bon effet de la perspective.

144. Les opérations précédentes se réduisent, comme on le voit, à construire la perspective du plan et du profil de l'escalier. Le plan se tracera dessous ou dessus, suivant qu'on le jugera plus commode. Il n'est pas même nécessaire de construire le plan entier ; il suffit, comme nous l'avons fait ici, de déterminer les largeurs et les hauteurs de marches sur deux droites situées dans le plan qui doit contenir le profil.

S'il s'agissait d'un escalier dont le profil serait parallèle au tableau, les constructions seraient encore plus simples. Je ne m'arrêterai pas à cet exemple qui n'offre aucune difficulté.

145. Escalier à perron. Le quadrilatère *mnsu*, fig. 150, devant représenter en perspective le plan de l'escalier, il faudra faire *mn* égal à trois largeurs de marches; celle qui forme le palier pourra, si l'on veut, être plus large que les autres. Pour déterminer la grandeur perspective des côtés perpendiculaires au tableau, on remarquera que la grandeur totale du côté *mu* doit se composer :

1° De l'ouverture de la porte;

2° De six largeurs de marches, savoir, trois à droite et trois à gauche de l'escalier. Or, en supposant ici, comme dans l'exemple précédent, que le spectateur soit éloigné du tableau d'une quantité égale à trois fois VF, on fera *nv'* égal au tiers de *mn*, *v's'* égal au tiers de l'ouverture de la porte, et le segment *s'u'* égal à *nv'*. On évaluera toutes ces dimensions en prenant pour unité l'horizontale *k''d''*, fig. 148, représentant un mètre dans le plan qui contient les deux droites *mn*, *m'n'*; enfin on tracera les droites *v'F*, *s'F*, *u'F*, ce qui déterminera les trois segments *mv*, *vs*, *su*. Le segment *vs* déterminera la largeur de la porte.

Si l'on n'avait pas adopté de rapport commensurable entre la largeur du tableau et la distance, on construirait l'angle optique et l'on emploierait le moyen indiqué n° 46.

On construira ensuite les deux droites *t*V, *r*V, et les deux droites *nv*, *sx* (47), faisant avec le tableau un angle de 45 degrés; les deux lignes *t*V, *r*V, couperont *nv* en deux points, par lesquels on mènera des parallèles au tableau. Cette opération déterminera les angles des marches sur les trois droites *mv*, *nv*, *sx*, situées la première dans la face du mur et les deux autres dans les plans qui partagent en deux parties égales les angles *mns*, *nsx*. Ces opérations étant terminées, on pourra construire l'élévation.

146. Les deux figures 149 et 150 étant supposées faire

partie d'un même tableau, nous donnerons la même hauteur de marche aux deux escaliers; l'horizontale $p'g$ déterminera un segment $h''g$ égal à $0^m,16$ que nous prenons ici pour la hauteur d'une marche. Ce segment étant porté trois fois sur la verticale p'-3, on joindra les points 1, 2, 3, avec le point de vue par des droites dont les intersections avec les verticales abaissées des points de division de *mv*, détermineront le profil $v'm'$, situé dans la face du mur *umm'*. Par les angles de ce profil, on tracera des horizontales dont les intersections avec les verticales abaissées des points de division de *nv* détermineront le profil $v'n'$, situé dans le plan vertical *noo'*. Enfin, on joindra les angles de ce profil avec le point de vue par des droites dont les intersections avec les verticales abaissées par les points de division de *zs* détermineront les angles du profil $s'z'$, situé dans le plan vertical *zoo'*; il ne restera plus qu'à tracer par les angles de ce dernier profil les arêtes parallèles au tableau.

147. Les droites passant par les angles saillants des profils $v'n'$ et $s'z'$ aboutissent au point o'', situé sur la verticale *oo'*; et les droites passant par les angles saillants des deux profils situés dans la face du mur, concourent au point *c* situé sur la verticale passant par le milieu de la porte; les deux points o'', *c* sont à la même hauteur, et peuvent servir à la vérification des lignes. On trouvera deux points analogues pour les droites passant par les angles rentrant des mêmes profils.

148. La largeur de la fenêtre se déterminera comme celle de la porte; ainsi, en admettant toujours que la distance au tableau soit égale à trois VF, on fera *cq* égal au tiers de la largeur que l'on veut donner à la fenêtre, et la droite *q*F déterminera le point *i*. On peut aussi faire *cb* égal à la largeur de la fenêtre, et la ligne à 45 degrés *bi* (45) déterminera le point *i*.

149. **Escalier oblique.** On peut quelquefois, comme nous venons de le voir, se dispenser de construire un plan géométral lorsqu'il s'agit d'une persp[ec]tive de front; mais cela devient

tout à fait impossible quand on veut faire une perspective oblique.

150. Supposons, fig. 151 et 152, l'élévation et le plan d'un escalier; on choisira d'abord le point de vue, le rayon principal et l'angle optique, et l'on construira, fig. 153, la perspective du plan en appliquant les principes exposés dans le livre précédent. Si l'on a de la place à droite ou à gauche du cadre, on disposera l'échelle des hauteurs comme on le voit, fig. 154. Dans le cas contraire, on fera cette échelle dans le cadre. La ligne d'horizon auxiliaire étant FC (119), la droite CX' l'intersection du plan horizontal contenant A'X' par le plan qui contient l'échelle de hauteur.

On fera Bs, fig. 154, égal à trois hauteurs de marches prises sur la figure 151, et l'on tracera la droite Cs dont le prolongement déterminera X-3 égal à trois hauteurs de marches dans le plan du tableau; on partagera X-3 en trois parties égales par deux points que l'on joindra avec le point C; enfin on fera Bu, fig. 154, égal à B'u', fig. 151, et l'on tracera la droite Cu qui déterminera la hauteur du mur. L'épure étant préparée comme nous venons de le dire, on tracera :

1° L'horizontale ce, fig. 153, 154;

2° La verticale ce', fig. 154;

3° Les horizontales passant par les points où la verticale ce coupe les lignes de hauteur.

Cette première opération déterminera sur le bord c'e, à gauche du cadre, les hauteurs de marches et l'arête supérieure du mur. Ensuite on prolongera la ligne et jusqu'à sa rencontre avec la droite CX'; on tracera la verticale tt', et l'on joindra les points où cette verticale coupe les lignes de hauteur avec les points correspondants précédemment déterminés sur le bord du cadre; enfin l'on abaissera des verticales par les points de division des deux lignes mv, su. La rencontre de ces lignes avec les droites qui joignent les points de division des deux verticales ce', tt', détermineront deux profils v'm', s'u', situés dans la face du mur. Pour éviter la confusion des lignes, le second profil n'a pas été conservé ici.

On prolongera ensuite *ss* jusqu'au bord supérieur du cadre, ce qui déterminera la verticale *rr'*, sur laquelle on ramènera par des horizontales les points de division qui déterminent les hauteurs de marches sur la verticale X-3. Les points de division de la verticale *rr'* étant joints avec les points correspondants de la verticale *ss'*, on abaissera des perpendiculaires par les points de division de *ss*, ce qui déterminera le profil *s'x'*, situé dans le plan vertical *ss'r'x'*.

Enfin on prolongera *sx* jusqu'à C'X', ce qui donnera le point *y* par lequel on abaissera la verticale *yy'*, on joindra les points de division contenus sur cette droite avec ceux de la verticale *s'*; et abaissant les perpendiculaires par les points de division de *sx*, on aura le profil *s'x'* situé dans le plan *sxx'*. Il ne restera plus qu'à joindre les angles correspondants des quatre profils obtenus.

181. Deuxième étude d'escalier obligé. Je proposerai, comme sujet d'exercice, de construire la perspective de l'escalier dont le plan nous a déjà occupé n° 98. On prendra la figure 108, pl. 24, pour donnée du problème, et l'on construira, fig. 186, pl. 38, la perspective du plan, en opérant comme nous l'avons dit au n° 98. Cette partie de l'opération se fera au-dessus ou au-dessous du tableau, suivant qu'on le jugera plus commode.

La figure 185 étant l'échelle de hauteur, on fera BH égal à la hauteur totale de l'escalier; on tracera *eH*, ce qui déterminera le point D; puis on partagera XD en vingt-huit parties égales, qui est le nombre total des marches de l'escalier, en comptant chaque palier pour une marche. Enfin on joindra le point *e* avec chacun des points de division de XD, ce qui déterminera les lignes de hauteur pour toutes les marches.

Pour construire l'élévation, on opérera comme dans l'épure précédente. Ainsi l'on tracera :

1° L'horizontale *ss'*, fig. 186, 185;

2° La verticale *s'r'*, fig. 185;

3° Les horizontales passant par les points de division de *r'r''*, ce qui déterminera les hauteurs des sept premières marches sur le bord vertical à droite du cadre, fig. 157. On tracera ensuite :

1° Le prolongement de *ie* jusqu'en *n*, fig. 155;

2° La verticale *nn'*;

3° On joindra les points de division de *n'n''* avec ceux de *e''e'*, fig. 157, par des droites, et les points où ces lignes seront coupées par les verticales abaissées des points de division de *cd* et de *ab*, détermineront les deux profils situés dans le plan vertical *enn'*.

Pour le profil situé dans le plan vertical *epp'''*, on déterminera les hauteurs sur la verticale du point *e* et sur celle du point *r*, ou bien sur celle du point E situé dans le plan du tableau, ou sur toute autre verticale *pp'''* située dans le plan du profil *er*. Ou bien encore on joindra les points de division de l'une des verticales *pp'''*, EE' avec le point *e'* où la droite *er* prolongée rencontre la ligne d'horizon.

Pour le profil *dh*, on déterminera les hauteurs sur la verticale *ee'* et sur celle du point *d*. Les quatre profils projetés sur la figure 156 par *cd*, *dh*, *ab*, *er*, détermineront le perron.

Pour construire le profil *yl*, on déterminera les hauteurs sur la verticale *ee'* et sur *tt'*; on construira de la même manière le profil désigné sur le plan par *gn*, et l'on joindra les points correspondants de ces deux profils, ce qui déterminera la portion de l'escalier comprise entre le premier et le deuxième palier à gauche. La partie à droite, comprise entre le deuxième et le troisième palier, s'obtiendra en construisant les deux profils *ig*, *gu*.

Enfin la dernière partie de l'escalier sera déterminée par les deux profils *ux*, *tk*. Pour le premier, on déterminera les hauteurs sur la verticale du point *s* et sur celle du point *o*, et pour le profil *tk* on déterminera les hauteurs sur la verticale du point A et sur celle du point G dans le plan du tableau.

Si la planche à dessin est assez grande pour que l'on puisse construire à droite de l'épure le point vers lequel concourront toutes les lignes perpendiculaires à la face principale de l'escalier, on évitera la construction des profils *gn*, *gu*. De plus, pour construire les profils lk, uz, il suffira de déterminer les hauteurs sur la verticale du point z et sur celle du point G.

152. **Escalier circulaire, fig. 160, pl. 36.** *La distance du spectateur au tableau est égale à deux fois et demie la largeur du cadre ou cinq fois VF; le point de vue est sur l'horizontale oF, au milieu de la largeur du tableau.*

Le point o et le rayon op, fig. 158, étant déterminés par la largeur perspective que l'on veut donner à l'escalier et par la place que le noyau doit occuper sur le tableau, on fera les deux segments pq, pd, égaux chacun à la cinquième partie de op, et l'on joindra le point F avec les deux points q, d, par des droites que l'on prolongera jusqu'en y et en δ. Par cette première opération, on obtiendra la perspective du quarré circonscrit au plan de l'escalier. Le cercle qui détermine le contour du mur de cage se construira comme nous l'avons dit aux nos 59, 60, en ayant soin de le partager en autant de parties égales qu'il doit y avoir de marches dans une révolution de l'escalier (63). Dans l'exemple qui nous occupe, la circonférence est partagée en vingt-quatre parties, mais le palier prend la place de six marches.

L'échelle des hauteurs étant disposée, fig. 159, comme dans les épures précédentes, on marquera sur l'axe du noyau les hauteurs des marches prises sur la verticale hz, et le reste ne présentera plus de difficulté.

Ainsi, la verticale abaissée du point a, fig. 158, et les horizontales des points a' et a'', fig. 159, détermineront les deux angles saillant et rentrant de la troisième marche, que l'on joindra avec les points correspondants sur l'axe du noyau.

153. On construira de la même manière l'hélice $a't'u'$, qui est l'intersection de la surface intérieure du mur de cage par la surface héliçoïde formant le dessous de l'escalier : cette ligne se projette sur le plan vertical de l'échelle de hauteur par la courbe $a''t''u''$. On suppose ici que la distance verticale entre l'hélice $x''t''u''$ et celle qui passe par les angles rentrants de l'escalier, est partout égale à une hauteur de marche; le point a'

s'obtient par l'intersection de la verticale uu' avec l'horizontale $u'u''$. Il en sera de même de tout autre point.

Le point s' appartenant à l'hélice du noyau, s'obtiendra par l'intersection de la droite $o's'$ avec la verticale ss', abaissée du point où la petite ellipse, qui sur le plan représente le noyau, est rencontrée par le rayon es.

La rampe se construira comme l'hélice $s'l's'$.

154. *Lignes d'appareil.* Lorsque les peintres veulent donner à un monument une apparence de vétusté, ils cassent les angles des pierres et indiquent leurs arêtes. Ces lignes, auxquelles on donne le nom de *joints*, doivent être tracées suivant les principes de la construction, sans quoi elles ne produiraient pas l'effet désiré. Ce n'est point ici le lieu de traiter cette question d'une manière générale : je renverrai pour cet objet aux ouvrages sur la coupe des pierres. Je dirai seulement que dans un monument, chaque rangée de pierres se nomme une *assise*; les plans horizontaux qui séparent les assises se nomment *lits*, et les plans verticaux qui séparent deux pierres d'une même assise se nomment *joints montants*. D'après cela, le point m'', appartenant à l'un des joints horizontaux, sera déterminé par l'intersection de la verticale mm'' avec l'horizontale $m''m''$, et de même pour les autres points.

Pour que les joints montants soient espacés convenablement, et de manière à faire sentir la concavité de la tour, il faudra d'abord les établir sur le plan, fig. 153, soit au milieu de chaque marche, soit à l'aplomb de l'arête verticale.

Les coupes des claveaux de la plate-bande au-dessus de la porte doivent être dirigées vers le sommet d'un triangle isocèle qui aurait pour base la droite el, et les arêtes au-dessous de la plate-bande seront dirigées vers le point de vue.

155. *Ouverture de la porte.* Pour s'assurer que la largeur du ventail est égale à celle de la porte qu'il doit fermer, on construira la perspective du cercle ll' parcouru par le point l, et la position de ce point sur la circonférence dépendra de la place où l'on suppose que le ventail sera parvenu dans son mouve-

ment de rotation. La ligne el' prolongée détermine sur la ligne d'horizon un point de concours c', qui pourra servir pour construire le bord inférieur de la porte, les barres horizontales et la serrure.

Si l'on n'a pas le point c' sur l'épure, on construira le cercle parcouru par l^{v}, ou bien encore on déterminera la hauteur de la porte par l'échelle des hauteurs. Ainsi, la droite le étant prolongée jusqu'en e', on tracera $e'l'$, qui sera la projection de el' sur l'échelle des hauteurs; ensuite :

$l'l''$ donnera l'',
$l''l'''$ donnera l''',
enfin $l'''l^{iv}$ donnera l^{iv}.

186. Si l'on veut que le ventail touche le mur, il faudra que les deux points l', l^{iv} soient situés sur la verticale kl' suivant laquelle le mur est rencontré par le cylindre circulaire décrit par le ventail.

187. *Personnages.* En supposant que chaque marche ait environ $0^{m},16$ de hauteur, on pourra donner à la personne qui monte l'escalier une hauteur de neuf à dix marches, ce qui est à peu près la taille ordinaire d'une femme. Quant à l'homme dont on ne voit qu'une partie à gauche du tableau, on déterminera avec exactitude la place que doit occuper chacun de ses pieds, et l'on dessinera le corps tout entier, après quoi l'on effacera tout ce qui serait en dehors du cadre.

Le lecteur comprendra que sans cette précaution il serait difficile de donner aux personnages dont on ne voit qu'une partie, la grandeur et la position qui leur conviennent.

Nous reprendrons plus tard d'autres études d'escaliers; mais, dès à présent, j'insisterai sur cette remarque très-importante, que chaque marche ayant ordinairement $0^{m},16$ centimètres de hauteur, la hauteur de 10 marches sera $1^{m},60$, tandis que 11 marches feront $1^{m},76$, et comme la taille humaine est à peu près comprise entre ces deux limites, la hauteur d'une marche sera souvent un terme de comparaison pour la grandeur des personnages. Ainsi, on devra prendre à peu près 10 hauteurs de marches pour la taille d'une femme et 11 pour celle de l'homme. Dans d'autres circonstances, au contraire, on déterminera les hauteurs des marches par celle des personnages du tableau; c'est-à-dire que l'on prendra pour une marche le dixième de la taille d'une femme ou le onzième de celle d'un homme.

CHAPITRE IV.

Voûtes.

---

158. **Berceau droit perpendiculaire au tableau, fig. 162, pl. 37.** *La distance du spectateur au tableau est égal au double de* VF *ou quatre fois* VF. La figure 162 est la perspective d'un berceau circulaire, dont l'axe *o*V est perpendiculaire au plan du tableau. La voûte est fortifiée par des arcs doubleaux supportés par des pilastres formant saillie à l'intérieur. On commencera par construire les points *p*, *q*, *s*, *u*, *y*, *h*, et tout le reste sera déterminé :

pq sera la saillie du pilastre;

qy la largeur de la voûte entre les pilastres;

qs l'épaisseur perspective du pilastre;

su la distance perspective du premier pilastre au second. Enfin *qh* la hauteur du plan de naissance de la voûte.

159. Dans beaucoup de cas on peut prendre ces points à volonté, leur position dépendant du plus ou moins de grosseur des pilastres ou de leur écartement. Mais si l'on veut donner à ces quantités une grandeur déterminée, il faudra opérer de la manière suivante.

La distance du spectateur au tableau étant égale à deux fois

VF ou quatre fois VF', il faudra faire *qx* égal au quart de la grandeur réelle de *qs*, et le point *s* sera déterminé par l'intersection de *x*F' avec *q*V.

Par la même raison en faisant *qg* égal au quart de la distance réelle du point *q* au point *u*, la ligne *g*F' déterminera le point *u* du second pilastre.

160. Il semblerait résulter de ce que je viens de dire, que l'on peut regarder le tableau de toutes les distances. En effet, si l'on se place à trois fois VF ou six VF', cela revient à supposer *qx* égal au sixième de l'épaisseur du pilastre, et *qg* égal au sixième de la distance du point *q* au point *u*. Ainsi, l'effet produit pour le spectateur qui s'éloignerait du tableau serait de lui faire paraître les pilastres plus gros et plus écartés.

161. Cet éloignement plus ou moins grand du spectateur ne produira donc pas de déformation sensible dans l'ensemble de la voûte ; mais il n'en est pas de même des ornemens et de tous les détails de décorations intérieures, qui doivent conserver une perspective déterminée et dépendante du point de vue choisi par le peintre. Ainsi, en faisant *ec* égal au quart de *ab*, la droite *c*F déterminera le point *e* ; de sorte que *ae*, qui est la largeur perspective de la porte, sera égale à la moitié de sa hauteur, pourvu qu'on regarde le tableau d'une distance égale à deux fois VF. Au delà ou en deçà de cette distance, la porte paraîtrait plus large ou plus étroite. La largeur de la fenêtre se déterminera comme celle de la porte.

Les trois points *q*, *s*, *u* étant déterminés, on obtiendra tous les points analogues en opérant comme nous l'avons dit (68).

162. Les deux droites *b*V, *k*V, dirigées vers le point de vue, sont situées dans le plan de naissance de la voûte, et par conséquent déterminent les hauteurs des pilastres. La droite *e*V étant l'axe du berceau, contient les centres de tous les cercles parallèles au plan du tableau. Ainsi l'intersection de *e*V par *bk* donnera le point *o*, centre des deux cercles *mn*, *bk*. Le point *i* sera le centre du cercle *xr*, et ainsi de suite.

163. Arcades percées dans un mur perpendiculaire au tableau, fig. 163. *La distance du spectateur au tableau est égale à deux fois* VF. La largeur des pilastres est double de l'épaisseur du mur; de sorte qu'en faisant *ex* = *ae*, la droite *e*F déterminera *ez* pour la largeur perspective du premier pilastre; de plus, en faisant *ep* égal à la moitié de *ai*, la droite *p*F déterminera le point *x*, ce qui donnera *zx* pour la largeur perspective de la première arcade, que nous supposons ici égale à la hauteur du pilastre. Les trois points *e*, *z*, *x* étant obtenus, tous les autres pilastres seront déterminés par la méthode du n° 62.

164. Pour construire les cercles verticaux formant le cintre des arcades, on opérera comme pour des cercles qui seraient situés dans un plan horizontal (59). Ainsi, en partageant *ep* en deux parties égales, la droite *q*F déterminera le point *o* milieu de *zx*, et par suite le point *o'* milieu de *x'x''*.

Puisque nous avons supposé que la largeur de l'arcade est égale à la hauteur du pilastre, le rayon du cintre sera la moitié de cette hauteur. Ainsi, en faisant *o's* égal à la moitié de *oo'*, le point *s* sera le point le plus élevé de l'arc.

Le rayon vertical *o's* étant pour plus de clarté transporté en *o''s*, on décrira l'arc de cercle *sus*, qui représentera la moitié du cintre rabattu dans le plan *oo'o''*, parallèle au tableau. On partagera l'arc *us* en deux parties égales, et l'on construira la tangente *tu*, ce qui déterminera le point *t* sur la verticale du centre. Enfin l'on tracera les horizontales *tt'*, *ss'*, *uv*, *o''o'*, et l'on joindra les quatre points *t'*, *s'*, *v*, *o'*, avec le point V par les quatre droites V*t'*, V*s'*, V*v*, V*o'*, qui seront les lignes de hauteur pour les points correspondants de toutes les arcades.

Ainsi, la rencontre des verticales *x'n'*, *xn''* avec la droite V*s* donnera les points *h*, *k*, ce qui déterminera le quadrilatère *n'hkn''*, perspective du rectangle circonscrit au demi-cercle qui forme le cintre de l'arcade.

On construira ensuite les deux diagonales *o'h*, *o'k*, dont la rencontre avec la droite V*v* donnera les points *u'*, *u''*; enfin l'intersection de V*t'* avec la verticale *oo'*, donnera le point *t'*, appartenant aux deux tangentes *t'u'*, *t'u''*. On aura donc, pour con-

[illegible] l'arc $g'f'a''$, cinq points et cinq tangentes, ce qui est suffisant pour les plus grands arcs. Il serait d'ailleurs facile, par le même moyen, d'obtenir autant de points et de tangentes que l'on voudrait.

165. On fera bien de réserver, comme on le voit ici, un peu de place en dehors du cadre pour construire le prolongement des arcs dont on ne voit qu'une partie.

166. Les arcs situés dans l'autre face du mur pourront être obtenus par les moyens précédents, mais il sera plus simple d'opérer de la manière suivan·e.

On remarquera que les deux droites Ve, Ve sont les traces des deux plans verticaux parallèles entre lesquels le mur se trouve compris. D'après cela, on tracera :

1° La verticale *by*.

2° L'horizontale *yg*.

3° La verticale *gd*; ce qui déterminera *bd* pour l'épaisseur du mur à la hauteur du point *d*. On pourra, par le même moyen, déterminer l'épaisseur à toutes les hauteurs.

167. On sait combien l'illusion est augmentée lorsque les rayons visuels passant entre les colonnes ou les pilastres d'un monument, permettent d'apercevoir des objets plus éloignés. Or, il a fallu ici, pour obtenir ce résultat :

1° Avancer le point de vue vers la droite du tableau (80);

2° Supposer la distance au tableau égale seulement au double de FV;

3° Ne donner pour épaisseur aux pilastres que la moitié de leur larg·ur;

4° Enfin, donner aux arcades une largeur égale à la hauteur des pieds-droits. Mais cette dernière condition ne se rencontre presque jamais dans les monuments; la hauteur du plan de naissance y est ordinairement égale à une fois et demie la largeur de l'arcade.

C'est ainsi que, pour produire certains effets, on est quelquefois conduit à altérer les proportions véritables des monuments que l'on veut représenter. Cette considération doit engager le lecteur à étudier avec soin les perspectives obliques, parce que l'on peut toujours, par leur moyen, éviter les inconvénients dont nous venons de parler.

168. Arcs obliques, fig. 166 pl. 38. *La distance du spectateur au tableau est déterminée par l'angle optique,* **fig. 164**, *le point de vue est au milieu du tableau sur la ligne d'horizon Cd'.* Dans cet exemple, le plan des cercles formant le contour des arcades n'étant pas perpendiculaire au tableau, et le point de concours des horizontales situées dans ce plan n'étant pas sur l'épure, il faudra déterminer les hauteurs sur deux verticales éloignées l'une de l'autre le plus qu'il sera possible.

On commencera par construire la figure 166 d'après le plan donné, fig. 164; il faudra déterminer, soit par la méthode générale (34), soit par la méthode particulière du n° 67, les points *o*, *o'*, qui, sur les figures 164, 166, correspondent au centre de chaque arcade dans les deux faces du pont. Il sera nécessaire aussi de vérifier ces points avec beaucoup de soin, ainsi que ceux qui déterminent les arêtes des piles; c'est de cette précaution que dépendra l'exactitude du résultat.

169. Indépendamment des moyens de vérification que nous avons indiqués n° 35, on peut encore faire usage de celui ci. On prendra, fig. 167, la distance *qe*, que l'on portera, fig. 164, de *s* en *p*, et la droite *pq*, parallèle au côté de l'angle optique, représentera sur la figure 164 la trace du plan vertical qui contient l'échelle des hauteurs.

Enfin on pourra employer le point *c*, *c'*, vers lequel concourt un des côtés de chacun des contre-forts des piles.

Les hauteurs Bu, Bs étant prises sur la figure 166 et portées sur la verticale BH, fig. 167, on tracera les deux droites Cu, Cs, qui seront les deux lignes de hauteur pour la naissance et la clef de chacune des arcades; on décrira l'arc NUs, la tangente *t*U, et l'on ramènera le point U en *u* sur la verticale *st*; enfin on tracera les droites Cu, Ct.

170. L'arc NUs peut être décrit où l'on voudra, pourvu que son rayon soit égal à la portion de verticale comprise entre les deux droites *Cn*, *Cs*. On conçoit cependant que l'exactitude du résultat sera d'autant plus grande, que l'on aura fait sur une plus grande échelle les constructions nécessaires pour déterminer les lignes de hauteur. Aussi, ne doit-on porter sur la verticale HH que les hauteurs des lignes principales de l'élévation ou de la coupe, fig. 165, et déterminer les hauteurs des détails dans un plan plus rapproché du tableau sur une verticale que l'on partagera proportionnellement aux parties du monument que l'on veut construire, soit au moyen de cotes relevées sur ce monument, soit à l'aide de profils dessinés sur une plus grande échelle.

L'épure étant disposée comme nous venons de le dire, on tracera :

1° L'horizontale *n'm*, fig. 166, 167;

2° La verticale *mt*, fig. 167;

3° Les horizontales passant par les points *n*, *u*, *s*, *t*, suivant lesquels cette verticale coupe les lignes de hauteur.

Cette opération déterminera les points *n'*, *u'*, *s'*, *t'*, sur le bord à gauche du cadre. On joindra ces points avec *n''*, *u''*, *s''*, *t''*, situés sur la verticale *m''t''*, par les quatre droites *n'n''*, *u'u''*, *s's''*, *t't''*; la rencontre des droites *n'n''*, *s's''*, *t't''*, avec les verticales des points *o*, fig. 166, détermineront sur chacune de ces lignes le centre de l'arcade, le point le plus élevé, et le point de rencontre des tangentes à 45 degrés ; enfin l'intersection de *s's''* avec les verticales formant les arêtes des piles, détermineront le quadrilatère circonscrit, et par suite les rayons passant par les points à 45 degrés et les tangentes à ces mêmes points, ce qui fera, comme dans l'exemple précédent, cinq points et cinq tangentes pour la construction de chaque arc. On déterminera de la même manière les parties visibles des arcs situés dans l'autre face du pont.

L'arête supérieure des parapets, ainsi que les intersections des piles par la surface de l'eau, ne présenteront pas plus de difficulté. La droite *Ct* donnera la hauteur des intersections de la face principale du pont avec les faces inclinées des contre-forts, et la droite Cr déterminera l'extrémité supérieure de l'arête saillante des contre-forts.

Pour construire le cintre de la porte qui est au milieu du pont, on portera les hauteurs sur les arêtes, ou plus exactement sur le bord à gauche du cadre, et sur la verticale du point z; on fera la même chose pour la partie visible de l'arc qui est derrière. Si l'on ne veut pas indiquer l'ouverture de la porte sur la figure 166, on se contentera de partager l'arête supérieure, fig. 168, dans le même rapport que la droite kl, fig. 165.

171. *Réflexions dans l'eau.* On sait (*Géométrie*) qu'un rayon renvoyé par un miroir plan arrive dans l'œil comme s'il provenait en ligne droite d'un point situé derrière le plan du miroir, à la même distance et sur la même perpendiculaire que le point réel d'où provient le rayon réfléchi.

Ce fait une fois admis, il sera facile d'en déduire le principe général des réflexions dans l'eau. Il suffira de supposer au-dessous de la surface de l'eau un monument fictif symétrique du monument réel qui fait le sujet du tableau. La perspective du monument renversé sera la perspective dans l'eau du monument réel.

Cette perspective se construira comme la première, en observant qu'un point quelconque r et son image réfléchie r' doivent toujours se trouver sur la verticale du point correspondant de la figure 166.

Dans l'exemple qui nous occupe, la droite CX déterminant la hauteur de la surface de l'eau, on construira au-dessous de cette droite toutes les lignes de hauteur qui sont au-dessus, et tout le reste se fera comme pour la perspective de l'objet réel. Si l'on n'a pas fait d'échelle des hauteurs, on se contentera de porter la hauteur perspective de chaque point sur la verticale correspondante, en dessous et à partir du point où cette verticale perce la surface de l'eau. Ainsi, en faisant vr' égal à vr, le point r' sera l'image réfléchie du point r.

172. De ce que nous avons dit que la réflexion dans l'eau est la perspective d'un monument imaginaire, symétrique du

monument réel ; il n'en faut pas conclure que l'image directe et l'image réfléchie doivent être symétriques. On conçoit en effet qu'il doit exister entre les deux images une différence d'autant plus grande que l'œil sera plus élevé au-dessus de la surface de l'eau qui est ici le plan de symétrie des deux monuments, mais non de leurs images, lesquelles dépendent d'un seul point de vue.

173. *Voûtes d'arêtes*, fig. 169, pl. 39. *La distance du spectateur au tableau est égale à* FF' *ou deux fois* VF. Les pilastres se détermineront comme dans les exemples 158 et 163. Ainsi, en faisant *ax* égal à la demi-largeur du pilastre, la droite *x*F déterminera le point *r* ; on fera ensuite *rz* égal à la demi-largeur de la voûte, et la droite *z*F déterminera le point *u* : nous supposons ici que la voûte est construite sur un plan quarré. Tous les autres points analogues s'obtiendront en opérant comme nous l'avons dit au n° 68.

174. La voûte proposée étant le résultat de la rencontre de deux berceaux d'une hauteur égale, on sait que les arêtiers ou intersections des deux cylindres formant l'intrados, sont deux ellipses verticales dont les projections horizontales coïncident avec les diagonales *mi*, *rk* du rectangle ou du quarré formant le plan de la voûte.

Supposons actuellement que l'on veuille obtenir un point de l'arêtier, celui, par exemple, qui serait à la hauteur du point *u*, on construira :

1° La droite *u*V, qui sera l'une des génératrices du cylindre perpendiculaire au tableau ;

2° La verticale *uu'*, ce qui donnera le point *u'* pour la projection du point *u* ;

3° La droite *u'*V, projection horizontale de *u*V ;

4° Enfin, par les points *u''*, *u'''*, suivant lesquels la droite *u'*V coupe les deux diagonales *mi*, *rk*, on élèvera deux verticales dont les intersections avec *u*V détermineront les deux points *u''''*, *u'''''*, qui, sur les arêtiers, sont à la même hauteur que le point *u*.

175. On pourra déterminer, par la même construction, tous

les points analogues situés sur la droite sV; mais ce moyen ne conviendrait plus pour construire les points u''', parce que les intersections de la droite Vs''', par les verticales $u''s'''$, seraient trop obliques. Il sera plus exact, dans ce cas, d'opérer de la manière suivante :

Première opération. On tracera :

1° La tangente ut;

2° Les horizontales nN, sU, sS, tT;

3° On joindra les quatre points N, U, S, T, avec un point quelconque e, pris où l'on voudra sur la ligne d'horizon, ce qui déterminera une échelle des hauteurs avec laquelle on opérera comme dans les exemples précédents. Ainsi l'on tracera :

1° Les deux horizontales $u''u'$;

2° Les deux verticales $u'u'''$;

3° Les deux horizontales $u'''u''$, qui seront deux génératrices du cylindre parallèle au tableau, et qui par leurs intersections avec les verticales des points u'' détermineront les quatre points u'', u''', u^{IV}, u^{V}, situés sur les arêtiers à la même hauteur que le point u sur l'arc de tête nus. On obtiendra de la même manière autant de points que l'on voudra sur les arêtiers, surtout ceux qui sont dans le plan de naissance, et qui par conséquent déterminent la hauteur des pilastres.

Deuxième opération. On tracera :

1° L'horizontale oo';

2° La verticale $o'r'$;

3° Les deux horizontales $t't''$, $s's''$, ce qui donnera les deux points s'', t'', sur la verticale or''.

Le point s'' sera le centre de la voûte, et déterminera la rencontre des deux arêtiers, et le point t'' appartenant aux quatre tangentes $t''u''$, $t''u'''$, $t''u''$, $t''u''$; ce qui permettra de construire ces droites.

Troisième opération. 1° On prolongera la diagonale in jusqu'au point p;

2° On tracera la verticale pe;

3° On tracera la droite es'', qui sera tangente en s'' à l'arêtier projeté sur le plan par la diagonale in;

4° Enfin on tracera la droite Ss'' tangente en s' à l'autre arêtier.

Toutes ces opératons étant terminées, on aura pour chaque arêtier cinq points et cinq tangentes. Savoir :

1° Les arêtes verticales des pilastres ;

2° Les tangentes $t''u''$, $t''u'''$;

3° Les tangentes au point s''.

Toutes les autres voûtes se construiront comme la première. La diagonale *db* étant prolongée jusqu'au point *q*, on tracera la verticale *qw* et la tangente ws'', qui touche l'un des arêtiers de la voûte à droite et l'arêtier correspondant de la deuxième voûte à gauche ; enfin la verticale du point *y* rencontrera la ligne de hauteur *c*S en un point qui appartient à la tangente ks''.

L'arc $s''u'$ étant situé dans un plan perpendiculaire au tableau, se construira comme au n° 164. Le point u' sera dans le prolongement de l'horizontale $s''u''$.

176. Voûte en arc-de-cloître, fig. 170. *La distance du spectateur au tableau est égale à deux fois* VF. Les voûtes en arc-de-cloître sont ordinairement destinées à couvrir de grands espèces ; elles sont formées par des portions de cylindres horizontaux qui, à la hauteur du plan de naissance, se raccordent avec les murs, dont ils sont en quelque sorte le prolongement. Les courbes suivant lesquelles ces cylindres se rencontrent se nomment *arêtiers*, et sont, comme dans l'exemple précédent, des courbes tangentes aux droites verticales situées dans les angles de la salle et provenant de la rencontre des murs. Dans la voûte précédente, les arêtiers, vus de l'intérieur, sont saillants, tandis qu'ici ils forment des angles rentrants.

177. Construction de l'arêtier. L'arc de cercle *nus*, fig. 171, est la directrice de la surface cylindrique formant l'intrados du pan de voûte à gauche du tableau. La droite V*oo'* étant l'axe de ce cylindre, on fera *ox* égal à la moitié de *on*, et l'on tracera F*x*, ce qui déterminera le point *o'*, et par conséquent la droite *no'*, intersection du plan de naissance par le plan vertical contenant l'arêtier.

Les cylindres formant la voûte étant supposés circulaires et de rayons égaux, le plan de l'arêtier partage en deux parties égales l'angle formé par les murs de la salle, et par conséquent la droite *no'* fait avec le plan du tableau un angle de 45 degrés; c'est ce qui a motivé la construction précédente. On tracera ensuite :

1° La tangente *ut*;

2° Les horizontales *ss''*, *zz''*;

3° Les droites V*t*, V*s*, V*z*, ce qui déterminera les points *z'*, *s'*, *t'*;

4° Les droites *s''s'*, *z''z'*, *wt'*.

De sorte que pour construire l'arêtier, on aura les trois points *n*, *u'*, *s'*, et les trois tangentes *ns''*, *wt'*, *s''s'*.

Si le plan qui contient les deux verticales *ot*, *o't'*, était trop près du milieu du tableau, les intersections de *o't'* avec les droites V*z'*, V*s'*, V*t'* seraient trop aiguës; dans ce cas on pourra faire une échelle des hauteurs, fig. 172. Ainsi les horizontales des points *o*, *z*, *s*, *t*, fig. 171, couperont une verticale quelconque *o''t''*, fig. 172, suivant les points *o''*, *z''*, *s''*, *t''*, que l'on joindra avec un point quelconque *c'* sur la ligne d'horizon; puis le point *o'* étant déterminé comme précédemment, on tracera :

1° L'horizontale *o'o''*;

2° La verticale *o''t''*;

3° Les horizontales passant par les points *z''*, *s''*, *t''*; ce qui déterminera *z'*, *s'*, *t'*, sur la verticale *o't'*. L'arêtier à droite pourra se construire de la même manière.

178. Lunette. La pénétration à laquelle on donne ordinairement le nom de lunette, provenant de l'intersection de deux cylindres horizontaux, trouve ici sa place naturelle.

La droite V*o'*, fig. 173, étant l'axe du cylindre circulaire, formant la voûte à droite du tableau, et la ligne *o'o''* étant l'axe de la lunette, que nous supposons formée par un cylindre circulaire, on décrira la demi-circonférence *ms* avec un rayon *o's*, égal à la hauteur de la lunette mesurée dans le plan vertical qui contient son axe.

On fera les deux segments $o'n'$ égaux chacun à la moitié de $o'n$, puis on joindra les points n' avec le point F', ce qui déterminera $n''n''$, et par conséquent $n''n''$ égal à la largeur de la lunette. Ensuite on tracera :

1° Les deux horizontales us passant par les points u milieux des arcs nus ;

2° Les deux droites zz' parallèles à sn' ;

3° Les deux droites $z'z''$, dirigées vers le point F'.

Par cette opération, la droite $n''n''$ sera partagée perspectivement, dans le même rapport que le diamètre ss par les trois points o', z'', z''. Les points o', z'', z'' seront les centres des cercles $z''u'$, $o''t'$, $z''u'$, qui représentent trois sections de la voûte par des plans parallèles au tableau. Cette opération étant terminée, on tracera :

1° Les horizontales ss', uz'' ;

2° Les droites $s''t''$, $u'u'$, dirigées vers le point de vue, et provenant de la section de la voûte par les deux plans horizontaux qui contiennent les points s', u', u'.

Les intersections des lignes $s''s''$, $u'u'$, avec les arcs $z''u'$, $o''s'$, $z''u'$, détermineront les trois points u', s', u', de sorte qu'avec les deux points n'', n'', situés dans le plan de naissance, on aura cinq points de la courbe à double courbure provenant de la pénétration de la lunette dans le grand berceau. En effet, le point u', par exemple, étant situé dans le plan horizontal qui contient la droite $u'u'$ et dans le plan de l'arc $z''u'$, doit se trouver à la rencontre de ces deux lignes.

La droite $s''s''$ touche la courbe cherchée au point s', et les deux droites $t'u'$ sont tangentes aux points u'; le point t' sera donné par l'intersection de l'horizontale tt' avec la droite $t'z'$, qui touche en z' l'arc de cercle $o''s'$; cela résulte de ce que les deux plans qui touchent le cylindre de la lunette à la hauteur du point u, se coupent suivant l'horizontale tt', et l'intersection de cette ligne avec la tangente $t'z'$ sera située dans le plan qui touche le grand berceau suivant $u'u'$; de sorte que les droites $t'u'$ étant situées en même temps dans les plans tangents à la lunette et dans le plan tangent au grand berceau, il en résulte qu'elles seront tangentes à la courbe qui est l'intersection de ces deux surfaces (*Géométrie descriptive*).

Pour construire la courbe *e's"*, provenant de la pénétration du cylindre de la lunette dans la face extérieure du mur, on tracera :

1° L'horizontale *s"e*, qui donne l'épaisseur du mur dans le plan de naissance;

2° La verticale *ee'*, ce qui donne *t'*, sur l'horizontale du point *u'*.

On déterminera de même le point *s"*.

En faisant *ap'* égale à la moitié de *pq*, la porte à droite aura la même largeur que celle du fond.

179. Voûte d'arête oblique. Après les questions de perspective oblique résolues précédemment, l'exemple proposé ici n'offrira aucune difficulté.

Les figures **174** et **175**, **pl. 40**, étant le plan et l'élévation de la voûte, on construira, **fig. 176**, la perspective du plan, et l'on disposera l'échelle des hauteurs, **fig. 177**; la droite CN déterminera la hauteur des points de naissance de tous les arcs; CU donne la hauteur de tous les points à 45°; CS détermine la perspective du point le plus élevé de chaque arc; enfin CT donne sur la vert.cale passant par le centre de chaque voûte un point où viennent aboutir quatre droites qui touchent les arêtiers à la hauteur du point U.

Ainsi, par exemple, **fig. 178**, les points de naissance *n* et les points *u* étant déterminés par la méthode générale, on tracera :

1° L'horizontale du point *s'*, **fig. 178**, ce qui donnera *o'*;

2° La verticale *o't"*;

3° Les horizontales passant par les points *s"*, *t"*; ce qui déterminera le point *s* et le point *t*, et par conséquent les quatre tangentes *tu*.

La diagonale *ae*, **fig. 176**, étant prolongée jusqu'en *z'*, **fig. 177**, on élèvera la verticale *z'z"*; ce qui donnera le point *z"* appartenant à la droite *zx*, qui touche l'un des arêtiers en *s*.

Enfin, on prolongera la diagonale *mp* jusqu'au point *c* situé sur la ligne d'horizon du plan, et le point *c'* déterminera la droite *c'y* qui touche le second arêtier en *s*. On aura donc cinq points et cinq tangentes pour chacun des arêtiers. On pourrait d'ailleurs déterminer de la même manière autant de points et de tangentes que l'on voudrait.

Il est bien entendu que l'on devra profiter de tous les moyens d'abréviations résultant de la disposition particulière des données. Ainsi, la droite qui passe par tous les points désignés sur le plan par la lettre *u'*, celle qui passe par les points *u''*, celle des points *u'''*, etc., viennent aboutir en un point *c''*, d'où l'on déduira le point *c'''*, vers lequel concourrent également toutes les lignes correspondantes de l'élévation. La droite *u'u'* contenant les points *u''*, *u'''*, *u''''*, etc., tous les points correspondants de l'élévation seront aussi sur une même ligne droite *u''*, *u*. Il en sera de même de toutes les lignes analogues. Le point *c''* servira encore pour établir sur la figure **176**, les points *u'*,*u''*,*u'''*, etc. Pour cela, on coupera les deux droites *c''b'*, *c''d'* par une horizontale quelconque *bd* sur laquelle on décrira la demi-circonférence *buud*, que l'on partagera comme l'arc *nsn*, **fig. 174**. Par cette construction, le diamètre *bd*, **fig. 176**, sera partagé comme *nn*, **fig. 174**, et traçant les droites *c''u'*, *c''u''*, leurs prolongements détermineront les points *u'u''* sur les diagonales du quadrilatère qui représente le plan de la voûte. Tous les autres points analogues se détermineront de la même manière. Si l'on n'a pas sur l'épure le point *c''*, on tracera une seconde horizontale *b'd'* que l'on partagera dans le même rapport que *bd*.

Le lecteur remarquera que les pilastres A et B ont été supprimés dans la perspective de l'élévation, **fig. 178**. Cette suppression est une conséquence de ce qui a été dit numéro 17. Il arrive quelquefois que l'on est forcé de supprimer ainsi quelques parties des monuments, afin de pouvoir placer le point de vue assez loin des objets que l'on veut représenter; c'est surtout dans les perspectives d'intérieurs que cet inconvénient se fait plus particulièrement sentir. Pour représenter, par exemple, l'intérieur d'une chambre rectangulaire, on est presque toujours obligé de faire abstraction de l'un des murs et de supposer le point de vue dans une chambre voisine. Cette hypothèse, insensible pour le spectateur, produit dans tous les cas un effet moins désagréable que si l'on rapprochait le point de vue jusque dans l'intérieur de la chambre.

180. Voûte d'arête annulaire, pl. 41. J'ai supposé, dans cet exemple, qu'une voûte annulaire était pénétrée par vingt-quatre conoïdes, ce qui forme autant de voûtes d'arête annulaires. Le point de vue et l'angle optique, **fig. 179**, sont choisis de manière que l'on peut voir en partie les cinq voûtes d'arête consécutives, en y comprenant celle qui contient le plan du tableau.

La première opération consiste à construire avec exactitude le plan géométral de la voûte, **fig. 179.** Pour y parvenir on supposera que le demi-cercle *nsn* soit une section méridienne rabattue sur le plan de l'épure. On partagera ce demi-cercle en un certain nombre de parties que l'on fera égales entre elles pour plus de simplicité. La demi-circonférence *nsn* étant ramenée dans sa position verticale, les points *u*, *u* se projetteront en en *u'*, *u'*, et par leur mouvement autour de l'axe de la voûte annulaire ils engendreront trois cercles projetés sur le plan horizontal par les arcs concentriques *u'u'*, *do*, *u'u'*.

On tracera ensuite *bd* perpendiculaire sur la droite *o'o"* qui partage en deux parties symétriques le plan de l'une des voûtes conoïdes. On fera les deux segments *o"u"*, *u"n"* égaux à *ou'*, *u'n*; on joindra ensuite le point *n"* avec les deux points *b*, *d*, et l'on tracera les deux droites *u"u"'* parallèles aux lignes *n"b*, *n"d*. Par cette construction, la droite *bd* sera partagée dans le même rapport que *nn*. Enfin on joindra les trois points *u"'*, *o"*, *u"'* avec le centre de la voûte annulaire.

L'intersection de la droite *o'o"* avec l'arc de cercle *oo'* donnera le centre de la voûte d'arête; et les intersections des deux droites *u'u"'*, *u'u"'* avec les deux arcs *u'u'* donneront les quatre points *u'* projections horizontales des points des arêtiers qui sont à la hauteur des points *u*.

Tous les points analogues des autres voûtes d'arête pourraient se déterminer de la même manière, mais il sera plus simple de

prendre avec le compas les arcs *vu'* et de les porter pour chaque voûte à droite et à gauche de la ligne qui partage la voûte conoïde en deux parties égales. Ces opérations résultent des propriétés géométriques des voûtes annulaires et des conoïdes. Le lecteur qui voudrait plus de détails sur la construction de ces voûtes et de leur pénétration, devra consulter les *Traités de Géométrie descriptive* et de *Coupe des Pierres*.

La figure **179** étant terminée, tout le reste se fera par les méthodes générales exposées précédemment. Ainsi toutes les courbes de la figure **180** s'obtiendront en opérant comme nous l'avons dit au n° 64. On fera bien de vérifier surtout les arêtes des pilastres. On pourra faire cette vérification de plusieurs manières. Ainsi, par exemple : La droite *ac* étant prolongée jusqu'en *d*, on élèvera la verticale *di*, et le point *i* sera dans le prolongement de la ligne de naissance qui détermine la hauteur du premier pilastre, **fig. 182**.

Par la même raison, les points *u'u'*..... *x* étant en ligne droite, on élèvera la verticale *xz*, ce qui donnera le point *z* appartenant à la droite qui contient les quatre points *u'*. On vérifiera de la même manière tous les points analogues.

Je n'ai pas construit les tangentes aux courbes à double courbure formant les arêtiers de cette voûte, parce que cette question, de nature à faire le sujet d'une bonne étude de géométrie descriptive, est cependant peu susceptible, par sa complication, d'être employée dans la pratique de la perspective, et que d'ailleurs on peut toujours donner aux courbes toute l'exactitude nécessaire en déterminant un plus grand nombre de points.

181. Voûtes sphériques. Lorsqu'une voûte sphérique n'est pénétrée par aucune ouverture, l'opération se réduit à mettre en perspective les différents cercles horizontaux ou verticaux résultant de la combinaison des corniches et caissons destinés à l'ornement de la voûte ; mais cette question se rattachant plus particulièrement à la perspective des moulures, nous la renverrons au chapitre suivant.

182. Voûte en pendentifs, pl. 42. *Le point de vue est au point* V, *l'éloignement du spectateur au tableau est égal à deux fois* VF. On sait que les pendentifs sont les portions triangulaires telles que *ss's"* comprises entre les plans verticaux des arcs *ss'*, *s's"* et l'arc horizontal *ss"* tangent aux deux premiers arcs, fig. 184. On suppose ici que l'on voit une portion des deux voûtes sphériques placées à la suite l'une de l'autre dans la direction du rayon principal. Dans la première, les pendentifs sont formés par les plans verticaux des arcs doubleaux, et dans la seconde, l'arc doubleau parallèle au tableau est remplacé par une niche sphérique en *cul-de-four*.

La construction de l'épure ne présentera aucune difficulté; les cercles parallèles au tableau se construiront avec le compas comme dans l'exemple du n° 158, et les cercles horizontaux ou verticaux se construiront comme nous l'avons dit n°s 59 et 163; le point *a* appartiendra aux trois tangentes *as*, *as'*, *as"*. La droite *xx'*, tangente à l'arc *ss'*, détermine les deux points *x* et *x'*. Le premier de ces points appartient à la tangente *xu"*, et le point *x'* détermine la tangente *x'u'*.

On déterminera de la même manière les tangentes aux cercles formant les arêtes saillantes des arcs doubleaux.

183. *Lignes d'appareils.* 1° Lorsque la sphère est appareillée par assises horizontales, comme les deux voûtes principales de la figure 185, les lignes d'appareils sont de deux espèces, savoir : des cercles horizontaux, et des méridiens se coupant suivant l'axe vertical de la sphère.

2° Lorsque la sphère est appareillée en *cul-de-four*, comme la niche sphérique qui est en face du tableau, les lignes d'appareils sont des cercles parallèles au plan du mur dans lequel la niche est percée, et des méridiens se coupant suivant un axe horizontal et perpendiculaire aux plans des premiers cercles.

184. *Appareil par assises horizontales.* Dans cette espèce d'appareil, les cercles horizontaux pouvant toujours se construire comme au n° 59, on n'éprouvera de difficulté que pour les méridiens verticaux.

Supposons donc, fig. 186, que la courbe mxn' soit la perspective de la moitié de la section d'une voûte sphérique par le plan horizontal de naissance. Pour plus de clarté dans l'opération, on a supprimé tout ce qui est en deçà du plan vertical msn'. Si l'on veut construire le méridien sn'', on supposera que le quart de cercle sun' a tourné autour de la verticale so. Par suite de ce mouvement, le quarré $son's'$ devient $son''s''$, que l'on construira de la manière suivante :

Les trois droites $s's''$, $v'v''$, $n'n''$ dirigées vers le point de vue formant une petite échelle des hauteurs qui servira pour tous les méridiens, on tracera :

1° L'horizontale $n'''n''$;

2° La verticale $n''s''$;

3° Les horizontales $v''v'''$, $s''s'''$; ce qui donnera s''', v''';

4° Enfin, on tracera les deux droites $s'''s$, $v'''v$, la diagonale os''' et la tangente tu'.

Ainsi, par cette construction, on obtiendra pour chaque méridien trois points et trois tangentes; on pourrait même, si l'épure était sur une plus grande échelle, construire un plus grand nombre de points et de tangentes, et dans ce cas on ferait bien de choisir de préférence les points où les méridiens sont coupés par les cercles horizontaux qui déterminent les hauteurs d'assises.

185. *Appareils en cul-de-four.* Supposons, comme dans l'exemple précédent, que la courbe $n''sn$, fig. 187, soit la section de la niche par le plan de naissance. Si l'on veut construire la courbe sn' qui provient de la section de la sphère par un plan perpendiculaire au tableau, on supposera que le quart de cercle sun a tourné autour du rayon so, jusqu'à ce que le point n soit venu se placer en n'. Dans ce mouvement le point m parcourt l'arc de cercle mm' parallèle au tableau, et l'intersection de cet arc par la droite sm', parallèle à on', déterminera le point m' que l'on joindra avec o. Enfin, on tracera :

1° Les deux droites uv, vu', parallèles aux droites ms, sm';

2° L'arc de cercle uu' décrit du point v comme centre.

L'intersection de cet arc avec la droite vu' déterminera le point u', qui d'ailleurs doit se trouver sur la diagonale on'. Enfin la tangente zU rencontre l'axe de rotation so en un point t qui appartient à la tangente $tu'z'$, que l'on peut encore obtenir en décrivant l'arc zz'.

186. Dômes, Coupoles. Dans les exemples précédents nous n'avons parlé que des voûtes sphériques vues intérieurement; mais dans les vues extérieures, lorsqu'un monument est couvert par un dôme sphérique, il est utile d'en déterminer avec exactitude le contour apparent.

Un fait qui paraît d'abord singulier aux personnes peu familiarisées avec les principes de la perspective, c'est que *la perspective d'une sphère est une ellipse.* En effet, supposons que la circonférence décrite, **fig. 188**, soit la projection horizontale d'une sphère; les rayons visuels qui s'appuient sur la surface de la sphère forment un cône circulaire dont la section par le tableau AT est évidemment une ellipse $c''z''$. Ce qui contribue à rendre insensible pour nous ce résultat de la perspective, c'est que lorsque nous regardons une sphère isolée, elle devient pour un moment l'objet principal d'un tableau qui, dans ce cas, serait perpendiculaire à l'axe du cône, et donnerait pour section un cercle.

Par la même raison, lorsque nous regardons de très-loin une coupole hémisphérique, le rayon visuel qui joint notre œil avec le centre de la sphère se trouve à très-peu de chose près perpendiculaire au plan du tableau, et la section par ce plan diffère très-peu d'un cercle.

Mais lorsqu'un objet sphérique peu éloigné de l'œil est placé comme accessoire vers les bords du tableau, la forme elliptique du contour apparent peut devenir assez sensible pour qu'il soit utile d'en tenir compte.

187. 1re *méthode.* Si nous supposons la sphère enveloppée par un cylindre perpendiculaire au tableau, et par un cône droit dont le sommet serait dans l'œil du spectateur, le cylindre touchera la sphère suivant un grand cercle ax, et le cône la touchera suivant un petit cercle cz. Or, si nous supposons que par le point *m*, suivant lequel ces deux cercles se rencontrent, on construise un plan tangent au cône, ce plan touchera le cylindre suivant la droite *um*. De là résulte la construction suivante :

Soit, fig. 189, l'ellipse *d'c'x'z'*, représentant la section de la sphère par le plan horizontal qui contient le centre; *a'm'x'* sera la perspective de la section parallèle au tableau; la tangente *u'm'* dirigée vers le point de vue sera la trace du plan tangent *umv*, fig. 188, et par conséquent la limite de la perspective du cylindre perpendiculaire au tableau; enfin le point de tangence *m'*, fig. 189, sera la perspective du point *m*, fig. 188. De plus, ce point faisant partie du cercle *cz*, fig. 188, le point *m'*, fig. 189, fera partie du contour apparent *c'm'z'*, fig. 189, qui n'est autre chose que la perspective de *cz*, fig. 188.

Ainsi, en résumant, voici l'ordre des opérations :

1° On construira, comme nous l'avons dit n° 99, l'ellipse *d'c'a'x'*, fig. 189, ses tangentes verticales, et les points de tangence *c'*, *z'*. Cette première opération déterminera un diamètre de la courbe cherchée *c'm'z'*, le centre *o* de cette courbe et la direction du second diamètre conjugué qui doit être parallèle aux tangentes verticales.

2° On décrira du point *i* comme centre le demi-cercle *a'm'x'*;

3° On mènera par le point de vue la tangente *u'm'* au demi-cercle *a'm'x'*, ce qui déterminera le point *m'* appartenant à la courbe cherchée. De sorte que l'on aura :

1° Le diamètre *c'z'*;

2° La direction de son conjugué;

3° Un point *m'* de la courbe; ce qui suffira pour la construire.

188. La construction précédente ne serait pas applicable si l'œil du spectateur était situé dans l'intérieur du cylindre projetant la sphère; car il est évident qu'alors, fig. 190, les deux cercles *ax*, *cz* ne se coupant pas, ne pourraient pas déterminer le point *m'*. Dans ce cas, fig. 190, on supposerait la sphère enveloppée par un cylindre parallèle au tableau, et le point *m*, fig. 188, serait remplacé par le point *n*, fig. 190, suivant lequel l'ellipse perspective du cercle *pb* serait touchée par la tangente horizontale représentant la trace du plan *vnu*. Cette tangente et le point de tangence se détermineraient en opérant pour l'ellipse perspective du cercle *pb* comme on l'a fait pour déterminer les tangentes verticales de l'ellipse n° 99.

189. 2° *méthode.* L'ellipse *apc*, fig. **191**, représentant la section de la sphère par le plan horizontal qui contient le centre, on la coupera par un certain nombre de cordes parallèles au tableau, et sur chacune de ces cordes on décrira une demi-circonférence. La courbe qui enveloppera toutes ces circonférences sera évidemment le contour apparent de la sphère.

190. *Remarque.* Il ne résulte pas de ce que nous venons de dire que le spectateur verra la sphère sous une forme elliptique; car il est évident que s'il vient placer son œil au point *v*, fig. **188**, tous les points de l'ellipse *c″z″* provenant de la section du cône par le plan du tableau, se confondront pour lui avec ceux du cercle *cz*, de sorte que les deux courbes n'en feront qu'une seule qui, vue du point *v*, paraîtra parfaitement circulaire, et la section *c″z″* ne paraîtra elliptique que pour ceux qui viendraient regarder le tableau sans avoir la précaution de se placer au point de vue.

Dans les deux figures **189** et **191** j'ai beaucoup rapproché le point de vue, pour éviter la confusion des lignes nécessaires à la démonstration du principe. Aussi en résulte-t-il que les ellipses ne peuvent paraître circulaires qu'en approchant l'œil très-près du tableau. C'est aussi pour plus de clarté dans la démonstration, que j'ai fait voir les deux voûtes en dessus, quoique dans les applications le point de vue soit presque toujours au-dessous du plan de naissance. Mais si les principes précédents ont été bien compris du lecteur, il lui sera facile de les appliquer à tous les points de vue et à toutes les distances.

191. Je terminerai par cet exemple le chapitre des voûtes. Ce que je pourrais dire de plus ne serait pas compris de ceux qui ne connaissent pas la géométrie descriptive, et le lecteur familiarisé avec cette branche des mathématiques aura facilement reconnu que la méthode générale pour avoir la perspective d'une voûte ou d'une pénétration de voûtes consiste à déterminer la perspective des lignes qui seraient nécessaires pour en construire géométriquement les projections.

Je n'ai pris pour exemples que des voûtes ayant pour directrices des arcs en plein cintre; mais il est facile de reconnaître que les mêmes constructions seraient applicables à toute espèce de voûte surhaussée ou surbaissée.

192. Je me suis moins attaché dans les questions précédentes aux proportions des voûtes qu'à la disposition d'épure la plus commode pour mettre en évidence les lignes d'opérations. Plus tard, lorsque tous les principes seront établis et que je pourrai sans inconvénient débarrasser les dessins de toutes les lignes étrangères au résultat, je pourrai donner aux objets représentés les proportions qu'ils doivent avoir pour produire l'effet le plus satisfaisant.

CHAPITRE V.

Moulures.

193. *Principe général.* Les moulures des corniches et entablements sont composées de surfaces planes ou cylindriques dont les directrices sont presque toujours des courbes géométriquement définies. Les arêtes des moulures horizontales étant parallèles entre elles, leurs perspectives doivent concourir en un point de la ligne d'horizon, de sorte que si l'on a ce point sur la planche à dessiner, il suffira de mettre en perspective les courbes qui doivent servir de directrices aux surfaces des moulures. Si l'on n'a pas le point de concours, on y suppléera par une seconde directrice.

194. Supposons, **fig. 192, pl. 43**, que la verticale $a'y'$ soit l'arête d'un monument rectangulaire vu de front; tous les filets de la corniche correspondante à la face perpendiculaire au tableau doivent aboutir au point de vue que je suppose ici en O. Si donc nous construisons le profil géométral xay parallèle au tableau, et d'une grandeur déterminée par les proportions du monument, il ne restera plus qu'à joindre tous les angles de ce profil avec le point de vue, ce qui donnera la moulure de la corniche perpendiculaire au tableau.

Pour déterminer le profil qui est sur l'angle, et qui résulte de la rencontre des deux corniches, supposons que la distance du spectateur au plan du tableau soit égale à deux fois OH, on fera $a'b$ égal à la moitié de $a'd$; puis on tracera :

1° La droite dp-O;

2° La droite bp-H; ce qui déterminera le point p, et par conséquent la droite $pa'x'$, qui fait avec le plan du tableau un angle de 45° (47), de sorte que les deux droites $a'x'$, $a'y'$ déterminent le plan du profil que l'on veut construire. Or, quel que soit le contour de ce profil, on pourra toujours en obtenir autant de points que l'on voudra.

Pour y parvenir, on projettera les points essentiels du profil géométral xay sur l'horizontale ax et sur la verticale ay; on joindra ensuite le point O avec chacun des points de division de ax par des droites qui étant prolongées partageront perspectivement $a'x'$ dans le même rapport que ax.

On peut encore opérer de la manière suivante : on prolongera la droite Oa' jusqu'à ce qu'elle rencontre en m l'horizontale mx'; on portera ensuite sur la verticale $x'n$ les cotes qui déterminent les saillies des divers filets de la moulure, suivant l'ordre d'architecture que l'on voudra construire. Enfin, par les points de division de $x'n$, on tracera des parallèles à la droite nm; et joignant les points de division de mx' avec le point O, la droite $a'x'$ sera partagée proportionnellement aux saillies de la moulure.

L'opération précédente étant terminée, on joindra le point O avec les points de division de ay par des droites dont les prolongements détermineront les hauteurs des points correspondants sur la verticale $a'y'$. Cela étant fait, on choisira dans le prolongement de $x'a'$ un point quelconque e par lequel on construira la verticale es.

On tracera ensuite :

1° L'horizontale ee';

2° La verticale $e's'$;

3° Les horizontales passant par les points de division de $e's'$, ce qui déterminera sur es les hauteurs des différents filets de la moulure;

4° Enfin on joindra les points de division de es avec ceux de la verticale $a'y'$ par des droites qui représenteront des horizontales situées dans le plan du profil $x'a'y'$, et dont les intersections avec les verticales abaissées des points de division de $a'x'$ détermineront les points correspondants du profil $x'a'y'$. Ce profil déterminera les filets de la moulure parallèle au tableau.

195. En résumant, tout se réduit à construire, pour chaque moulure, un ou deux profils, suivant que le point de concours sera dans les limites de la feuille de dessin ou en dehors.

196. Les points de chaque profil résultant des intersections des coordonnées verticales et horizontales déterminées par les saillies et les hauteurs des différents filets de la moulure, on construira les horizontales en déterminant les hauteurs sur deux verticales $a'y'$, es, situées dans le plan du profil. Il ne restera plus, dans chaque cas particulier, qu'à choisir ces verticales placées de la manière la plus favorable.

197. Ainsi, par exemple, pour un monument quarré, fig. 185, on déterminera les hauteurs sur les arêtes des angles et sur la verticale du point z, qui résulte de l'intersection des deux diagonales du plan. Si le monument est rectangulaire, on déterminera les hauteurs sur les arêtes des angles et sur les verticales des points x' et x'' provenant de l'intersection des plans qui divisent les angles en parties égales.

198. Piédestal d'ordre dorique. *Le point de vue est situé en V, fig. 197, la distance au tableau est égale à deux fois VF.* On construira d'abord, fig. 195, la perspective du plan géométral du mur, ainsi que la ligne brisée $u'v'v''v'''$, etc., qui détermine la saillie de la moulure. La distance au tableau étant égale à deux fois VF, on sait que pour obtenir les lignes à 45 degrés $v'x'$, $v''x''$, $v'''x'''$, il faut faire pq égal à la moitié de pu'; pq' doit être la moitié de pu'', enfin, $u''q''$ moitié de $u''p'$, et ainsi de suite. Par la même raison, en faisant $u''q''$ égal à la moitié de la grandeur que l'on veut donner à $u''u'''$, évaluée d'après l'échelle du profil 196, on déterminera le point u'''.

On établira, fig. 196, l'échelle des hauteurs d'après le profil yax, que l'on fera, pour plus d'exactitude, aussi près que possible du plan du tableau. Les droites qui aboutissent au point F seront les lignes de hauteur des différents filets.

Enfin les points essentiels du profil 196 étant projetés sur la droite horizontale mn, on joindra les points de division de cette dernière ligne avec F', ce qui fera une échelle des largeurs pour toutes les saillies de la même moulure, quelle que soit sa place dans le tableau.

L'épure étant disposée comme nous venons de le dire, on posera horizontalement le bord mn d'une carte ou d'une règle et l'on y marquera les points de division correspondants aux diverses saillies de la moulure, et renversant la règle, on reportera ces points sur $m'n'$ dans le prolongement de l'horizontale mn. On joindra V' avec les points de division de $m'n'$ par des droites qui partageront perspectivement, dans le même rapport, la petite diagonale $v'u'$ qui est la trace du plan qui contient le profil $y'x'$, fig. 197.

La verticale $y'a'$ étant dans le même plan que le profil géométral yax, fig. 196, on tracera les horizontales passant par les points de division de ya, ce qui déterminera sur $y'a'$ les hauteurs des points correspondants.

On prolongera ensuite la ligne à 45 degrés $v'u'$ jusqu'au point

z', par lequel on élèvera la verticale $z's'$. Enfin on joindra les points de division de $s'e'$ avec ceux de $y'u'$ par des droites dont les intersections avec les verticales élevées par les points de division de $v'u'$ détermineront tous les points correspondants du profil $y'x'$.

En joignant les angles de ce profil avec le point de vue, on aura tous les filets de la moulure de la face A perpendiculaire tableau; des parallèles à la base du cadre détermineront la perspective de la moulure de la face B.

Le profil $y''x''$ pourra être déterminé par la rencontre des filets horizontaux de la moulure de la face B avec les verticales élevées par les points de division de $v''u''$ que l'on partagera dans le même rapport que $v'u'$. Mais il sera plus exact de construire le profil $y''x''$, en déterminant comme précédemment les hauteurs sur deux verticales $u''y''$, $z''s''$, situées où l'on voudra dans le plan $y''u''z''$.

Les filets de la moulure de la face C étant perpendiculaires au tableau, seront dirigés vers le point de vue et déterminés par le profil $y''x''$.

On construira de la même manière le profil $y'''x'''$ en déterminant les hauteurs sur la verticale $u'''y'''$ et sur une autre verticale quelconque élevée en z''' sur le bord du cadre, ou en z''' dans le plan de l'échelle de hauteur, ou partout ailleurs dans le plan du profil $y'''x'''$. Enfin, le profil $y^{\text{iv}}x^{\text{iv}}$ déterminera les perspectives des filets de la moulure située sur la face D.

L'échelle de modules a servi pour la construction du profil géométral yux, fig. 196; on peut aussi en faire usage (194) pour partager les droites $v'u'$, $v''u''$, $v'''u'''$, ... etc., en parties proportionnelles aux saillies de la moulure.

199. Entablement corinthien, pl. 44. *Le point de vue est en* V, *la distance au tableau est égale à deux fois* VF. La perspective du plan, fig. 199, et l'échelle des hauteurs, fig. 200, se construiront comme dans les exemples précédents. Cependant si l'on fait directement la perspective de la figure 199, sans la déduire d'une projection géométrale étudiée comme nous l'avons dit au n° 24, il faudra que les largeurs perspectives des faces du monument soient déterminées par le nombre des modillons que l'on voudra faire dans chaque face.

Ainsi, par exemple, pour déterminer les dimensions de la masse rectangulaire formant avant-corps, on fera $u'u''$ égale à la somme des largeurs de deux caissons et de deux modillons évaluées à l'échelle du profil de la figure 200, située dans le même plan que $u'v''$. On fera ensuite $u'v'$, $u''v''$ égales à la saillie uv de la corniche du même profil; on joindra les points $v'v''$ avec V, et l'on tracera les lignes à 45°, $u'z'$, $u''z''$, ce qui déterminera les points n',n''.

Si nous supposons actuellement que l'on veuille faire six modillons sur la face perpendiculaire au plan du tableau, il faudra prendre sur l'échelle du profil, fig. 200, la largeur de six modillons, plus celle de sept caissons, auxquelles largeurs on joindra deux fois la saillie des moulures qui, à droite et à gauche, sont au-dessus du larmier. Cette somme représentant la longueur géométrale de $n''n'''$ évaluée dans le plan du profil, fig. 200, on en prendra la moitié, que l'on portera de a en b, fig. 201. On joindra le point b avec F, ce qui donnera $a'b$ égale à la moitié de $n''n'''$ évaluée dans le plan $a'n''$. Enfin, on portera $a'b'$ de n'' en b'' et l'on tracera la droite $b''n'''$-F, dont l'intersection avec $n''n'''$-V déterminera n'''. La distance perspective du point n^{IV} se déterminera de la même manière.

Les profils sur les angles se construiront comme dans l'épure qui précède. Ainsi, après avoir partagé les droites $u'n'$, $u''n''$, $u'''n'''$ dans le même rapport que un, fig. 201, on déterminera les hauteurs : pour le premier profil, sur les verticales des points n', z'; pour le second, sur les verticales des points n'', z''; pour le troisième, sur les verticales des points n''' et z''', ou sur la verticale du point o situé à la rencontre des plans $u''n''$, $u'''n'''$; enfin, pour le dernier profil, on déterminera les hauteurs sur les verticales des points n^{IV}, z^{IV}.

200. *Denticules et modillons.* Quand on aura mis en perspective les principales moulures de la corniche, on déterminera la largeur des denticules par la méthode indiquée aux n°s 67, 68. Ainsi, supposons, fig. 202, que l'on veuille faire quatre denticules entre les points *a* et *c*, on joindra ces deux points avec un point quelconque situé sur la ligne d'horizon par deux droites dont les prolongements *aa'*, *cc'* détermineront le segment horizontal *a'c'* que l'on partagera en onze parties égales. Huit de ces parties seront pour les quatre denticules et trois pour les entre-deux.

Ainsi les points de division de *dk*, *d'k'*, fig. 204, ont servi pour déterminer les denticules des deux faces A, fig. 205, et les parties de la droite *d''k''* ont déterminé les denticules de la face C.

Les points de divisions des lignes *lk*, *l'k'* ont déterminé les largeurs des caissons et modillons des deux faces A, et la droite *l''k''* a servi pour construire ceux de la face C. Le point F a servi de point de concours pour toutes ces opérations.

201. Pour tracer la perspective d'un modillon, on commencera, fig. 205, par construire celle du parallélipipède capable de le contenir, et l'on déterminera dans les faces verticales de ce parallélipipède les tangentes aux courbes principales de la moulure. Il ne restera plus après cela qu'à tracer de sentiment les contours de ces courbes; opération qui ne présentera aucune difficulté, si, comme je le suppose, le lecteur a quelques principes d'architecture.

202. Les caissons qui séparent les modillons pourront se détailler en construisant, fig. 206, une coupe ou profil parallèle au tableau; les angles de ce profil étant projetés sur l'horizontale *tr*, on joindra les points obtenus avec le point de vue par des droites dont la rencontre avec la diagonale déterminera les angles des profils qui sont visibles dans l'intérieur du caisson.

Les figures 207 et 208 sont la projection de face et le profil d'un modillon et d'un caisson : ces deux figures ont été construites avec l'échelle de module qui est au-dessous.

203. **Entablement ionique**, pl. 45. *Le point de vue est en* V ; *la distance au tableau est déterminée par la figure* 210.

Soit, fig. 219, la masse d'un entablement ionique dont la projection horizontale, fig. 210, est en perspective, fig. 216. La droite *cm'* étant la trace horizontale du plan qui partage en deux parties égales l'angle formé par les faces du monument, les perspectives des horizontales situées dans ce plan viendront aboutir au point *c*.

La hauteur totale du profil, fig. 219, étant portée, fig. 217, sur l'échelle de hauteur Bz, on tracera la droite *c'z* et l'on construira les détails de l'entablement ionique sur une plus grande échelle et dans le plan le plus rapproché du tableau qu'il sera possible. On projettera ensuite, fig. 220, les saillies des différents filets de la moulure sur le bord horizontal d'une carte *mn* que l'on reportera ensuite, fig. 216, sur une droite *m'n'* inclinée comme l'on voudra.

On choisira sur la ligne d'horizon un point quelconque *c''* que l'on joindra avec *n'''* par une droite *c''n'''* dont le prolongement déterminera *n''* sur l'horizontale *m'n''*. On joindra *n''* avec *n'*, et l'on tracera par chacun des points de division de *m'n'* des parallèles à *n'n''*. Par cette construction, l'horizontale *m'n''* sera divisée *géométriquement* dans le même rapport que *mn*. Enfin, on joindra les points de division de *m'n'* avec le point de concours *c''* par des droites dont les intersections avec *m'n'''* diviseront cette dernière ligne en parties *perspectivement* proportionnelles aux saillies des différents filets de la moulure (67).

La direction de *m'n'* et la position du point *c''* sur la ligne d'horizon, quoique arbitraires, doivent être choisis de manière à donner les meilleures intersections qu'il sera possible sur les droites *m'n''*, *m'n'''*.

L'opération précédente étant achevée, on déterminera sur la verticale du point *m'* les hauteurs des différents filets de la moulure *zay*, fig. 217, et l'on joindra ces points avec *c* par des lignes qui seront géométriquement horizontales et dans le plan *cm'*. Les intersections de ces droites avec les verticales élevées par les points de division de *m'n'''* détermineront le profil qui résulte de la rencontre des deux corniches sur l'angle du monument. Si l'on n'avait pas le point *c* sur la planche à dessin, on y suppléerait en déterminant les hauteurs sur une verticale quelconque située où l'on voudra dans le plan $cn''m'$.

204. Si, au contraire, on a le point c, il est probable que l'on n'aura pas les points de concours des filets des deux corniches, et dans aucun cas, ces deux points ne seront assez rapprochés pour qu'on puisse les avoir tous les deux. Alors il faudra opérer de la manière suivante :

Les deux droites $n''m''$, $a'x'$, fig. 218, 219, déterminent un plan parallèle au tableau, qui coupe la projection horizontale de la corniche suivant l'horizontale $n''m''$, et l'échelle des hauteurs suivant la verticale ae. On partagera $n''m''$ géométriquement dans le même rapport que nm; et par les points de division de $n''m''$, on élèvera des verticales dont les intersections avec les horizontales qui passent par les points de division de ae, détermineront, fig. 218, tous les angles du profil $x'a'y'$ qui représente la section de l'entablement par le plan $n''m''x'$ parallèle au tableau. Les angles de ce profil étant joints avec ceux du profil construit précédemment dans le plan $cn''m'$, tous les filets horizontaux de la corniche à droite seront déterminés.

205. La construction précédente, quoique très-simple, ne peut pas toujours être employée, parce que la section de la moulure, fig. 215, par un plan $n'm'''$, parallèle au tableau, pourrait, par sa largeur, devenir trop embarrassante ou sortir des limites de la feuille de dessin.

Dans ce cas on construira le profil résultant de la section par tout autre plan vertical $n\,m'$ incliné comme on voudra par rapport au tableau et dans la direction que l'on jugera la plus favorable.

Ainsi, par exemple, on joindra le point c'' ou tout autre point de la ligne d'horizon avec les points $m'n'$; et portant les points de division de mn sur une horizontale $m''n''$ dont on peut toujours déterminer la place de manière qu'elle soit égale à mn, on joindra c'' avec les points de division de $m''n''$ par des droites qui couperont $m'n'$ en parties perspectivement proportionnelles à celles de mn. On déterminera ensuite les hauteurs sur la verticale $m'x''$ et sur $n'a''$, ou sur toute autre verticale située où l'on voudra dans le plan $x''m'n'$, ce qui déterminera, fig. 211, les ordonnées horizontales du profil $x''a''y''$ que l'on construira comme les profils précédents.

La direction de $m'n'$ étant arbitraire, on peut la choisir de manière que le plan du profil $x''a''y''$ contienne un point de concours c', c^{b}, ou l'une des verticales telles que $o'c'$ tracée précédemment dans le plan de l'échelle des hauteurs, fig. 217.

206. L'exiguïté du cadre nuit évidemment ici à l'effet de la perspective (20); mais j'ai préféré donner à l'entablement des dimensions qui permissent d'indiquer clairement toutes les lignes d'opération; d'ailleurs le peu d'étendue du tableau étant une difficulté de plus, sera pour le lecteur une occasion de se fortifier. Il est facile de concevoir aussi qu'avec un cadre plus grand on pourra faire en dedans les profils auxiliaires que, pour plus de clarté, j'ai faits ici en dehors.

207. *Denticules.* Pour déterminer les denticules on agira comme dans l'exemple précédent. Ainsi, pour faire quatre denticules entre les points v, u, fig. 200, on choisira sur la ligne d'horizon un point de concours c'', et l'on tracera les deux droites $c''v$, $c''u$, dont les prolongements détermineront le segment horizontal rt que l'on partagera en onze parties égales; savoir : huit pour les quatre denticules et trois pour les entre-deux. On joindra les points de division de rt avec c'' par des droites qui détermineront les largeurs des denticules sur vu, et par suite sur la droite qui contient les angles saillants inférieurs; enfin les points de division de cette dernière ligne étant joints avec le point de concours des droites qui partagent en deux parties égales l'angle formé par les deux faces du monument, les angles inférieurs adjacents au mur seront déterminés. Ainsi, l'on remarquera que la droite $s'c'''$ donne en même temps deux angles de la première denticule, et que la droite qui passe par le milieu de la largeur de la première denticule détermine un point de la deuxième, et ainsi de suite. On opérera de la même manière pour la seconde face du monument,

8

en employant, si on le juge à propos, un autre point de concours c^a.

Il est bien entendu que la largeur perspective des denticules doit dépendre des dimensions de la corniche et de l'inclinaison des faces du monument par rapport au tableau. Pour satisfaire à cette condition, il faut se rendre compte du nombre de denticules que l'on doit faire dans chacune des faces du monument. Ainsi, par exemple, les droites *vv*, *uu*, fig. 210, étant les traces horizontales des plans qui contiennent les faces extérieures des denticules, on reconnaîtra, au moyen de l'échelle qui aura servi à construire cette figure, qu'il doit y avoir vingt denticules de *v* en *u* et vingt-cinq de *u* en *w*. De sorte que la droite *dh*, fig. 214, qui a servi à diviser les denticules de la face située à gauche du tableau a dû être partagée en cinquante-neuf parties égales, savoir : quarante pour les vingt denticules et dix-neuf pour les entre-deux ; et la droite *lk*, qui a servi pour diviser les denticules de l'autre face, a été partagée en soixante-quatorze parties égales, dont cinquante pour les vingt-cinq denticules et vingt-quatre pour les entre-deux.

Tous ces points de division étant joints avec le point V, les angles supérieurs et les angles saillants inférieurs des denticules ont été déterminés. Enfin, en joignant ces derniers angles avec le point *c*, on a obtenu ceux qui sont situés dans la face du mur.

Si l'on n'avait pas sur le tableau le point *c*, vers lequel concourent les diagonales à 45°, il faudrait y suppléer en déterminant les divisions des denticules sur deux autres droites telles que *ve*, *we*, fig. 210, que l'on construirait en perspective dans le plan horizontal qui contient les angles saillants inférieurs des deux rangées de denticules.

208. Directrices auxiliaires. On a pu voir dans les articles précédents, que la perspective des *moulures droites* se réduit à un principe extrêmement simple. En effet, toute moulure droite, horizontale, ou inclinée, peut être considérée comme formée par une combinaison de surfaces cylindriques ou prismatiques dont les arêtes, parallèles entre elles, sont, en perspective, dirigées vers un point de concours, situé sur la ligne d'horizon, toutes les fois que la moulure est horizontale.

Si le point de concours est sur la planche à dessiner, il est évident qu'il suffit de mettre en perspective *une seule* directrice de la moulure, mais dans la pratique il arrivera très-rarement que le point de concours soit assez près pour que l'on puisse en faire usage. Or, la plupart des auteurs qui ont écrit sur la perspective, ne se sont pas préoccupés de l'effet plus ou moins satisfaisant que devait produire le tableau. Ils ne se sont inquiétés que d'une seule chose, c'est d'avoir les points de concours sur leur papier. Ils ont pensé que l'essentiel pour eux était d'expliquer le principe, et qu'il serait toujours facile dans la pratique d'éloigner le point de vue et par suite les points de concours, pour obtenir de bons résultats. Mais, en cela, ils se sont complétement trompés.

En effet, très-peu d'artistes ont le courage de lire des traités qui, pour être compris, exigent quelques études géométriques. Les uns se contentent de parcourir l'atlas, et s'ils ne trouvent pas d'exemple qui puissent s'ajuster avec le tableau qui les occupe, ils en concluent que l'ouvrage n'est pas complet; d'autres, effrayés par la difformité des exemples qu'ils ont sous les yeux, éprouvent de la répulsion pour des méthodes qui ne répondent pas à leur attente, et préfèrent leur sentiment d'artiste à des opérations géométriques dont les résultats sont aussi peu satisfaisants. Quelques-uns cependant, qui seraient disposés à essayer une rigoureuse application des principes, sont rebutés par le défaut d'espace, provenant de la *très-grande distance* à laquelle il faudrait placer les points de concours, par la longueur et par le fouettement des règles qu'il faudrait employer pour obtenir une bonne perspective.

Ces difficultés sont effectivement rebutantes; et c'est pour les faire disparaître que j'ai donné en 1836 les méthodes indiquées dans l'ouvrage actuel. Ainsi, au principe des échelles de fuite et des largeurs qui permet de construire la perspective des plans sans employer un seul point de concours en dehors de la planche à dessiner, il faut ajouter la construction des *profils auxiliaires* que j'ai faits ici en dehors du cadre, pour ne pas cacher une partie du dessin, mais que l'on peut tout aussi facilement faire en dedans, lorsqu'il n'est pas nécessaire de les conserver pour faire comprendre les opérations.

La construction de chaque profil, qui n'exige pas plus de deux ou trois minutes, est beaucoup plus exacte que l'emploi des grandes règles flexibles qui ne peuvent souvent être bien ajustées que par deux personnes, et la faculté de choisir les plans de ces profils dans toutes les directions, rend cette méthode beaucoup plus générale, pour la construction des moulures, que l'emploi des points accidentels de fuite, que l'on ne peut jamais prendre à volonté, puisque leur place est nécessairement déterminée par la direction des faces principales du monument que l'on veut mettre en perspective : ce qui, au surplus, n'empêche pas d'employer ceux de ces points qui seront situés sur la planche à dessiner. Mais cela sera très-rare, comme on peut le voir par l'étude que nous venons de faire, quoique dans cet exemple le spectateur soit très-près.

209. Moulures inclinées. *Frontons.* La perspective des frontons offre quelques difficultés résultant de la nature de ces espèces de moulures. Je n'entrerai pas ici dans l'examen des rapports qui doivent exister entre la largeur et la hauteur des frontons. Je rappellerai seulement cette règle générale, que si l'on coupe la partie inclinée du fronton par un plan perpendiculaire à sa direction, la longueur *vu* de la section des moulures au-dessous du quart de rond, **fig. 221, pl. 46**, doit être égale à la section verticale *v'u'* de la moulure horizontale; d'où il résulte que cette dernière section sera plus petite que la section verticale *vu''* de la partie inclinée, ou, en d'autres termes, que l'on doit avoir : *vu* est à *vu''* comme la largeur du fronton est à son hypoténuse.

De là résulte la disposition suivante : on construira sur la plus grande échelle qu'il sera possible une élévation géométrale, et l'on choisira sur la ligne d'horizon un point de concours *c* que l'on joindra avec tous les points de division de la verticale B*s* qui passe par le sommet du fronton.

L'échelle des hauteurs étant ainsi préparée, supposons que la figure 223 soit la perspective du plan d'un petit monument quarré ayant un fronton sur chacune de ses quatre faces. Supposons de plus que pour mieux voir le fronton qui est dans la face perpendiculaire au tableau, on ait reculé le point de vue vers la gauche jusqu'en V, la distance du spectateur au tableau étant égale à deux fois VF; on opérera de la manière suivante :

On construira (203) les profils des points x', x'', x''', qui serviront à déterminer les moulures horizontales. On sait d'ailleurs que les filets de la corniche $x'x''$ sont dirigés vers le point de vue.

210. Fronton parallèle au tableau. La petite droite $n'm'$, fig. 223, dirigée vers le point de vue et passant par le centre du monument sera la trace du plan vertical qui partage le fronton en deux parties symétriques. On partagera cette droite dans le même rapport que mn, fig. 222, et l'on tracera :

1° L'horizontale $n'z$;

2° La verticale zs;

3° Les horizontales passant par les points de division de so, fig. 221, ce qui détermine les hauteurs sur la verticale du point n'; on joindra les points obtenus sur cette dernière ligne avec le point de vue par des droites dont les intersections avec les verticales élevées par les points de division de $n'm'$ détermineront le profil du point x^{iv}. Il ne reste plus qu'à mener par les angles de ce profil des parallèles aux deux droites $x^{\text{iv}}x''$, $x^{\text{iv}}x'''$.

211. Fronton perpendiculaire au tableau. Ce fronton présente plus de difficultés que le précédent, parce que les filets des moulures inclinées n'étant pas parallèles au plan du tableau, les perspectives de ces filets ne seront pas parallèles entre elles. Il est vrai que par suite du parallélisme qui existe dans l'espace entre ces lignes, leurs perspectives doivent concourir en deux points situés sur la verticale du point de vue, l'un au-dessus, l'autre au-dessous de la ligne d'horizon; le premier dans le prolongement de $x''x^{\text{v}}$, le second dans le prolongement de $x^{\text{v}}x'$; mais ces points de concours étant toujours trop éloignés pour que l'on puisse s'en servir, je vais indiquer d'autres moyens.

La droite $n''m''$, fig. 223, parallèle au tableau étant la trace du plan qui contient le profil du point x^v, on partagera cette ligne dans le même rapport que mn, et l'on tracera :

1° L'horizontale $n''s'$;

2° La verticale $s's'$;

3° Les horizontales passant par les points de division de $o's'$.

Les intersections de ces horizontales avec les verticales élevées par les points de division de $n''m''$ détermineront le profil du point x^v.

On prolongera ensuite la droite $x'x^v$ jusqu'au bord du cadre, puis on tracera :

1° La verticale $s'''m'''$;

2° La petite horizontale $m'''n''$ que l'on partagera dans le rapport de mn;

3° L'horizontale $n'''s''$;

4° La verticale $s''s''$;

5° On prendra sur le bord d'une carte ou d'une règle les points de division de $s''o''$ et on les portera sur $s'''o''$. Les horizontales passant par ces points et les verticales élevées par les points de division de $m''n''$ seront les coordonnées du profil $s'''y$. Enfin, on joindra les angles de ce profil avec ceux du profil x^v par des droites dont les prolongements seront les filets de l'une des moulures inclinées du fronton.

En effet, le profil $s'''y$ et celui du point x^v étant les sections d'une des moulures inclinées, par les deux plans parallèles $n''m''x^v$, $n''m''s^v$, doivent être géométriquement égaux, et comme de plus il sont parallèles au tableau, leurs perspectives doivent être semblables. Or c'est précisément ce qui a lieu, car on a : la hauteur du profil $s'''y$ est à celle du profil x^v comme $s''o''$ est à $s'o'$, comme $m''n''$ est à $m''n''$. Donc les hauteurs étant proportionnelles à leurs largeurs, ces profils sont semblables. Le profil $s^v y'$ se construira de la même manière. Ainsi l'on tracera :

1° La verticale $m'''s^v$ qui rencontre en s^v le prolongement de $x'x''$;

2° L'horizontale $n'''s''$;

3° La verticale $s''s''$;

4° On prendra les points de division de $s''o''$ que l'on portera sur $s'o'$; les horizontales passant par ces points et les verticales élevées par les points de $m''n''$, seront les cordonnées du profil $s'y'$, qui, avec le profil x', détermine les filets de la deuxième moulure inclinée du fronton.

212. Fronton oblique. *Le point de vue est au milieu du tableau. La distance du spectateur est donnée par l'angle optique,* **fig. 228, pl. 47.** La perspective du plan du monument étant construite, **fig. 231**, et la saillie de la corniche étant déterminée, on disposera l'échelle des hauteurs, **fig. 232**, en portant sur la verticale BS la hauteur des points de la verticale gh qui divise l'élévation géométrale du fronton en deux parties symétriques. La hauteur totale du monument est donnée par la figure **226**. L'épure étant disposée comme je viens de le dire, on construira :

1° Les deux profils situés dans les plans verticaux dont les traces horizontales sont cm', cm''. Les abscisses horizontales de ces deux profils concourant vers le point c, il suffira de déterminer les hauteurs sur les verticales des deux points m', m'';

2° On construira le profil situé dans le plan om''', en déterminant les hauteurs sur les verticales des points m''', o;

3° On fera (205) le profil auxiliaire xy, en déterminant les hauteurs sur les deux verticales $m'x$, $x'x'$.

Ces quatre profils déterminant tous les filets des parties horizontales des corniches, il ne restera plus que les moulures inclinées du fronton.

La droite $x''om''$ étant la trace du plan vertical qui partage le fronton en deux parties symétriques, on construira le profil du milieu du fronton en déterminant les hauteurs sur les verticales des points m'' et x'' ou sur celle du point o. Cela étant fait, on construira où l'on voudra une droite $m''n''z''$, perspective de mz qui, sur la figure **228**, représente la trace d'un plan vertical perpendiculaire à la face principale du monument; on élèvera la verticale $m''s''$ dont la rencontre avec le prolongement de l'arête supérieure à droite du fronton déterminera le point s''.

On tracera ensuite :

1° L'horizontale $m'''z'''$;

2° La verticale $z'''s$;

3° On prendra sur le bord d'une carte les parties de so et on les portera sur $s''o''$;

4° L'horizontale du point s'' déterminera sur le prolongement de la verticale $z'''s$ un point p que l'on joindra avec c' par la droite pp';

5° On tracera l'horizontale $s''z^{v}$;

6° La verticale $z^{v}p'$;

7° L'horizontale $p's'''$, ce qui déterminera le point s''' situé à la même hauteur que s'' dans le plan $z''m'''s''$, de sorte que la droite $s'''s''$ sera l'intersection du plan incliné couvrant le comble à droite, par le plan vertical $z''m'''s''$;

8° On prendra sur la verticale $z^{v}p'$ les points de division de $s'o'$ que l'on portera sur $s'''o'''$;

9° Enfin, on joindra les points de division de $s''o''$ avec ceux de $s'''o'''$ par des droites qui seront les abscisses horizontales du profil $s''y'$. Les ordonnées verticales du même profil s'obtiendront en partageant $s'''m'''$ proportionnellement aux saillies de la moulure.

Le profil $s^{iv}y'$ se construira par les mêmes moyens. Voici l'ordre des opérations : On prolongera l'arête inclinée du quart de rond à gauche jusqu'à sa rencontre avec la verticale $m'''s''$, ce qui déterminera s^{iv}, ensuite on tracera :

1° L'horizontale passant par s^{iv}, ce qui déterminera le point q sur la verticale $z'''p$;

2° La droite $c'q$ dont la rencontre avec la verticale $z^{v}p'$ détermine q';

3° L'horizontale passant par q', ce qui donnera s^{v} à la même hauteur que s^{iv}. La droite $s^{v}s^{iv}$ sera l'intersection du comble incliné à gauche par le plan vertical $z''m'''s''$;

4° On portera sur $s''o''$ les points de division de so, et sur $s'o'$ ceux de $s'o'$;

5° On joindra les points de division de $s'o'$ avec ceux de $s''o''$ par des droites qui seront les abscisses horizontales du profil $s''y''$. Les ordonnées verticales seront les mêmes que pour le profil précédent. Cela provient de ce que les deux profils $s''y'$, $s''y''$ sont dans un même plan vertical.

Enfin, les angles des deux profils $s''y'$, $s''y''$ étant joints avec ceux du profil du milieu du fronton, tous les filets des deux moulures obliques seront déterminés. Les droites $s's''$, $s''s''$, $m''z''$ sont parallèles dans l'espace et doivent par conséquent concourir en un même point de la ligne d'horizon.

213. Moulures circulaires. Nous supposerons dans l'exemple qui fait le sujet de la planche 48 que l'on veut mettre en perspective la pile de pont, déterminée par le plan, fig. 1, et par la coupe parallèle à l'axe du pont, fig. 3.

La partie visible de la moulure se compose de trois parties, savoir : une première partie droite, qui appartient à la grande face latérale de la pile; une partie également droite, située sur la face de tête du pont, et la moulure circulaire qui couronne le demi-cylindre vertical formant le contre-fort de la pile. On remarquera que dans cet exemple, aucun des points de concours principaux n'est situé dans l'intérieur du cadre. Ainsi, les faces de la pile, le plan bissecteur de l'angle formé par ces faces, ne rencontrent la ligne d'horizon qu'en des points trop éloignés pour qu'il soit possible d'en faire usage. Ce sera donc encore une bonne étude sur l'emploi des profils ou directrices auxiliaires dont nous avons parlé dans les exemples précédents.

Pour obtenir la moulure située sur la grande face de la pile, nous emploierons pour directrices, les sections par les deux plans verticaux P et P_2 On disposera d'abord l'échelle des hauteurs que nous avons prise ici, dans le plan vertical qui contient l'échelle de fuite. La hauteur AH, donnée par la figure 3, qui est à la même échelle que le plan, fig. 1, sera portée sur la droite A'Y, fig. 2; puis, renvoyée par les droites VA' et

VH' sur une verticale quelconque A"H" plus rapprochée du tableau. On construira le profil géométral D de la moulure, que nous avons choisie très-simple, afin de mieux laisser en évidence toutes les lignes nécessaires à l'explication du principe.

On projettera les différents points du profil D sur la verticale A"H"; puis on joindra les points ainsi obtenus avec le point de vue, ou si on le préfère avec tout autre point de la ligne d'horizon.

Cela étant fait, nous supposerons d'abord, que la perspective du plan, fig 4, a été tracée par la méthode générale employée dans tous les exemples précédents, et qu'il ne reste plus qu'à construire la perspective de la moulure.

Pour obtenir la section par le plan P on déterminera les hauteurs sur le bord vertical OU du cadre, et sur une autre verticale quelconque située dans le plan P. Le plus simple, sera d'employer la verticale O'U' suivant laquelle le plan P coupe le plan qui contient l'échelle des hauteurs. Ainsi, les points de hauteurs, déterminés sur le bord OU du cadre, et ceux que l'on obtiendra sur la verticale O'U', permettront de tracer les abscisses de la section par le plan P.

Pour construire les ordonnées, on placera horizontalement une carte ou une règle *mn*, sur le bord de laquelle on projettera tous les points essentiels du profil géométral de la moulure; puis, on transportera cette règle en *m'n'*, comme on le voit à l'un des angles inférieurs du cadre. Des parallèles à la droite 0-0 diviseront *géométriquement* l'horizontale 0-4 et des concourantes dirigées vers le point *c*, diviseront *perspectivement* la partie 0-4 de la trace horizontale du plan P. Les points déterminés ainsi, sur la trace 0-4 du plan P seront les pieds des ordonnées, dont la rencontre avec les abscisses correspondantes donneront tous les points du profil demandé 0-U.

Il semble que l'opération aurait été plus simple, si l'on avait construit ce premier profil dans le plan P, qui coupe la ligne d'horizon en un point *c'*, situé près du bord vertical du cadre; on aurait eu alors le point de concours des abscisses du profil qui a pour projection 0-4', fig. 4. Mais la simplification apparente que l'on aurait cru obtenir, serait loin de compenser l'avantage d'avoir le profil plus large qui provient de la section par le plan P: et la construction des cinq points de hauteurs déterminée sur la verticale $O'U'$, ne peut pas être sérieusement considérée comme une augmentation de travail.

On pourrait encore, comme nous l'avons fait au n° 204, employer comme directrice la section par le plan P_2 parallèle au tableau. Mais, ce plan rencontrerait trop obliquement le filet extérieur de la moulure; et le profil qui en résulterait serait par conséquent moins exact que la section par le plan P que l'on peut d'ailleurs tracer dans toute autre direction.

C'est, comme nous l'avons déjà fait remarquer, la faculté de prendre ainsi les plans coupants dans toutes les directions, qui rend cette méthode des *profils auxiliaires* beaucoup plus générale que l'emploi des points de fuite accidentels des filets de la moulure; points qui ne sont presque jamais à la portée du dessinateur, ou qui, lorsqu'ils sont trop près, donnent lieu aux plus ridicules déformations.

Pour construire le profil d'angle situé dans le plan bissecteur P_3 on déterminera les hauteurs sur la verticale $O''U''$ qui forme l'une des arêtes de la pile, et sur toute autre verticale prise à volonté dans le plan P_3 Dans le cas actuel, j'ai pris pour seconde ligne de hauteur la verticale $O'''U'''$ dont le pied est situé en O''', et qui provient par conséquent de la rencontre des deux plans P et P_3 Les points de hauteurs obtenus sur ces deux verticales $O''U''$ et $O'''U'''$, permettront de tracer les abscisses horizontales du profil d'angle. Pour obtenir les pieds des ordonnées, il faut diviser en parties proportionnelles la partie O''-4 de la trace horizontale du plan P_3 On pourrait pour cela employer la disposition ordinaire; mais, dans le cas actuel, il vaut mieux opérer de la manière suivante. Le point de concours des filets de la moulure située sur la face de tête de la pile, ne pouvant pas être placé sur la feuille de dessin, il faudra construire une seconde directrice; on pourra employer avec avantage la section que l'on obtiendrait en coupant la moulure prolongée par le plan P_4 parallèle au tableau. On peut également supposer que la moulure est prolongée jusqu'à la base horizontale du cadre; de sorte qu'en divisant proportionnellement la partie 0-4 de la base du cadre, et le prolongement 0-O^{iv} de la trace horizontale du plan P_4 on pourra, en joignant les points correspondants de ces deux droites, obtenir par une seule opération les pieds des ordonnées pour le profil d'angle situé dans le plan bissecteur P_3 pour le profil situé dans le plan bissecteur P_2 et pour la section par le plan P_1 parallèle au tableau. Les abscisses de ce dernier profil seront horizontales, et déterminées sur l'échelle des hauteurs par la verticale suivant laquelle le plan de cette échelle est coupé par le plan P_1 qui contient le profil que l'on veut construire. Enfin la rencontre des filets de la moulure de la face de tête, avec les ordonnées situées dans le plan P_2 détermineront tous les points du profil suivant lequel la moulure circulaire du contre-fort rencontre celle qui appartient à la face de tête.

Moulure du contre-fort. On a pu voir par les exemples qui précèdent, que deux directrices très-faciles à construire, suffiront toujours pour tracer les filets des moulures droites. On pourra se contenter d'une seule directrice lorsque le point de concours des filets de la moulure sera sur la planche à dessiner ; et l'on a dû remarquer encore, que le profil d'angle peut servir de directrice commune aux deux moulures dont il est l'intersection. Mais, lorsque la moulure n'est pas droite, deux directrices ne suffisent plus. Nous allons voir comment il faut opérer dans ce cas.

La moulure du demi-cylindre qui forme le contre-fort de la pile, est évidemment une surface de révolution; c'est-à-dire qu'elle est engendrée par le mouvement d'une courbe plane que l'on ferait tourner autour de la droite verticale O^vU^v qui forme l'axe du cylindre. On sait (*Géom. descriptive*) que dans toute surface de révolution, les sections par des plans perpendiculaires à l'axe, sont des cercles que l'on nomme *parallèles de la surface,* tandis que les sections par les plans qui contiennent l'axe, se nomment *sections méridiennes*, sont toutes égales entre elles, et peuvent être considérées comme les positions successivement occupées par la courbe génératrice de la surface. De là résulte deux méthodes principales pour mettre en perspective les moulures *circulaires* ou de *révolution.*

Quelquefois on construira les perspectives des cercles ou parallèles provenant des sections par des plans perpendiculaires à l'axe; mais, le plus ordinairement, on préfère construire les perspectives d'un certain nombre de sections méridiennes. En augmentant le nombre de ces courbes, on obtiendra autant d'exactitude que l'on voudra: mais, lorsqu'on a l'habitude du travail graphique, et surtout le sentiment de la perspective, on peut se contenter d'un très-petit nombre de sections. Dans l'épure que nous étudions on n'a conservé que les sections de la moulure par les trois plans méridiens P_6 P_7 et P_8

Pour obtenir la section par le plan P_7 on déterminera les points de hauteur sur l'axe O'U' du cylindre, et sur une verticale quelconque située dans le plan P_7 Dans le cas actuel, j'ai déterminé les hauteurs sur l'axe O'U' et sur la verticale O''U'' qui a son pied au point U'', et qui par conséquent provient de la rencontre du plan P_7 avec le plan vertical qui contient l'échelle des hauteurs. Les pieds des ordonnées de ce profil ont été obtenus en divisant la partie 0-4 de la trace horizontale du plan P_7

Les abscisses du profil situé dans le plan P_6 sont horizontales et déterminées par la perpendiculaire O'U', suivant laquelle le plan vertical qui contient l'échelle des hauteurs est rencontré par le plan P_6 du profil que l'on veut obtenir. Enfin, les abscisses du profil situé dans le plan P_8 ont été obtenues en déterminant les hauteurs sur l'axe O'U' du cylindre, et sur la verticale O'''U''' qui a son pied au point O''', et qui provient de l'intersection des deux plans, P_4 et P_8

On remarquera que la partie de moulure comprise entre les deux plans verticaux P_5 et P_8 est droite, et que la courbure ne commence qu'à partir de la section par le plan P_8

Le reste de l'épure ne présente aucune difficulté. Ainsi le point *u* du plan, fig. 1, étant établi en *u'*, fig. 3, on tracera l'horizontale de hauteur qui lui corresponde; on établira sur la figure 4, la perspective *u''* de la projection horizontale du point *u*, et l'on déterminera sa hauteur *u''u'''* par le moyen ordinaire.

214. Archivoltes. Les moulures circulaires auxquelles on donne le nom d'*archivoltes* étant des surfaces de révolution, on construira la perspective d'un certain nombre de leurs sections méridiennes assez rapprochées pour que l'on puisse tracer les filets circulaires de la moulure.

Soit, **fig. 233, pl. 49**, une partie de l'archivolte d'une porte percée dans un mur perpendiculaire au tableau; on construira d'abord (164) les perspectives des cercles passant par les trois points *s*, *a*, *x*: le premier étant l'arête intérieure de la porte et les deux autres déterminant la saillie de la moulure. Le petit profil *xas* est la section par le plan vertical qui contient l'axe *zu* de la porte, et qui est parallèle au tableau.

Les verticales abaissées des angles du profil *xas* détermineront sur *xy* les saillies des différents filets de la moulure. On tracera ensuite la petite horizontale *a'x'* que l'on partagera dans le même rapport que *yz*, et l'on joindra les points de division des deux lignes *yz*, *a'x'*.

On joindra ensuite les points *a'*, *s'* avec le point de vue par les deux droites *a'a"*, *s's"* que l'on coupera où l'on voudra par une petite verticale *a"s"*. On partagera géométriquement cette verticale dans le même rapport que *as*, et l'on joindra les points de division obtenus sur *a"s"* avec le point de vue par des droites dont les prolongements couperont la petite droite inclinée *a's'* dans le même rapport que *as*.

Enfin, les horizontales passant par les points de division de *a's'* et les droites inclinées qui joignent les points de division des deux petites lignes *a'x'*, *zy*, seront les abscisses et ordonnées du profil *x'a's'*. Il est inutile d'ajouter que l'exactitude du résultat dépendra du nombre des sections que l'on aura construites. Il sera bon surtout de construire les sections par le plan de naissance.

215. Nous venons de voir comment on divise dans un rapport donné une droite *a's'* inclinée par rapport au tableau et au plan horizontal; mais cette construction suppose que le plan vertical qui contient les deux droites *a's'*, *a"s"* coupe la ligne d'horizon en un point situé sur la feuille de dessin.

Dans le cas où cela n'aurait pas lieu, on opérerait de la manière suivante. Soit *as*, **fig. 234**, la perspective d'une droite inclinée comme l'on voudra dans l'espace. Soit de plus $a's'$ la perspective de la projection de as sur un plan horizontal quelconque, qui pourra tout aussi bien être au-dessus. On partagera d'abord (67) $a's'$ dans le rapport demandé, après quoi les verticales élevées par les points de division de $a's'$ partageront as dans le même rapport. Cette construction nous sera utile pour résoudre la question suivante.

216. Archivolte oblique. *Le point de vue est en V. La distance au tableau est déterminée par l'ouverture de l'angle optique*, **fig. 239.** La figure **237** est la perspective du plan de l'un des pieds-droits avec la saillie de l'imposte et de l'archivolte. La figure **238** donne la hauteur du plus grand et du plus petit cercle, ainsi que la hauteur totale de l'imposte dont le profil xas est détaillé dans un plan plus rapproché du tableau. Enfin, l'ordre d'architecture adopté pour cette épure étant le dorique, on sait que le profil de l'imposte est le même que celui de l'archivolte. S'il s'agissait d'un autre ordre, il faudrait faire ailleurs le profil de l'archivolte.

Les moulures de l'imposte se construiront, comme nous l'avons dit (203, 204), à l'aide des profils situés dans les trois plans $n'm'$, $n''m''$, $n'''m'''$, **fig. 237.** Ainsi pour l'archivolte, on opérera comme il suit :

On construira d'abord les perspectives des cercles passant par les points x', d, s', a'', s'' et les droites zy', $s's''$, $x'a''$: la première est l'axe de la porte et les deux autres déterminent la largeur de la moulure. On partagera ensuite les deux segments $x'd$, zy' dans le rapport de ox ou mn, **fig. 238**, et les deux droites $a's'$, $a''s''$ dans le rapport de as (128).

Les droites inclinées qui joignent les points de division des deux segments $x'd$, zy', et les perspectives des horizontales passant par les points de division des lignes $a's'$, $a''s''$, seront les coordonnées du profil $x'a's'$. En recommençant cette construction, on aura autant de sections que l'on voudra. Les points des deux horizontales $a''x''$, $a'''x'''$ étant joints avec le point de vue, ont servi à diviser les deux lignes dx', zy' dans le rapport de ox. Et les divisions des droites $a's'$, $a''s''$ ont été obtenues par le moyen indiqué précédemment (234), en partageant leurs projections horizontales $a^v s^v$, $a^{iv} s^{iv}$ dans le rapport de *as*, fig. 235.

Ce que nous venons de dire sur les archivoltes circulaires, s'appliquerait évidemment à toute espèce de moulures courbes, telles par exemple, que les cintres et les arêtiers des voûtes en ogives de l'architecture gothique : et la seule différence, consiste à remplacer les sections *méridiennes*, par un certain nombre de sections *normales* à la moulure. Nous ferons plus tard quelques études de ce genre.

217. Caissons. Les personnes qui savent tracer les caissons sur les dessins de projections d'architecture, n'éprouveront aucune difficulté pour en construire la perspective. Supposons, en effet, qu'il s'agisse de tracer la perspective de caissons dans un arc-doubleau parallèle au tableau ; on construira les trois profils x, x', x'', fig. 240, pl. 50 : les deux premiers détermineront les arêtes dirigées vers le point de vue, et le troisième donnera les arcs parallèles au tableau.

Pour construire le profil x'', on partagera $z'u'$ dans le même rapport que l'arc zu. Les points de division de $z'u$ sont les centres des cercles parallèles au tableau.

218. Les caissons des deux arcs-doubleaux de la figure 241 se construiront de la même manière ; les trois profils x, x', x'' détermineront les trois caissons du premier, et les trois profils x''', x^{iv}, x^v donneront les caissons du second.

Les horizontales passant par les angles des profils x, x', x'' couperont la verticale du point a et la diagonale co suivant des points qui étant joints avec le point de vue, détermineront les points correspondants des trois profils x''', x^{iv}, x^v. Enfin, en joignant le centre du cercle am avec les angles du profil x'', on aura la hauteur des angles du profil x^{iv}, ce qui déterminera les angles du caisson A. On fera de même pour le caisson B et pour tous ceux qui seront dans le même cylindre.

219. Pour tracer des caissons dans un berceau oblique, fig. 244, on déterminera les profils x, x', x'', x''' dans deux plans perpendiculaires à la direction du berceau; x'', x^{v} dans le plan de naissance et x^{vi}, x^{vii} dans le plan vertical qui contient l'axe. Les quatre premiers profils détermineront les arêtes horizontales des caissons, et les quatre derniers donneront en perspective le point de naissance et le point le plus élevé de chacun des cercles qui forment les côtés verticaux. La perspective de ces cercles ne doit pas embarrasser le lecteur (170).

220. Les caissons des voûtes sphériques, **fig. 245**, se détermineront par la rencontre des cercles horizontaux passant par les profils x, x' et des méridiens qui passent par les angles du profil x''. Les dimensions de ces profils sont déduites de la projection d'un caisson, **fig. 246**.

Il est bien entendu qu'en traçant les profils verticaux x, x' il faut avoir égard à la diminution de grandeur indiquée par la figure **242**; ainsi l'on commencera par construire le développement du fuseau, d'où l'on déduira les hauteurs dans le plan du méridien, que l'on mettra ensuite en perspective par les moyens ordinaires.

221. *Études sur les caissons.* J'ai tâché de réunir dans cette étude, **pl. 50, fig. 243**, les différents genres de caissons les plus usités de l'architecture. Ainsi les caissons quarrés des arcs-doubleaux se construiront comme il a été dit (n°s 217, 218); les caissons octogones et quadrangulaires de la grande voûte sphérique par le moyen du n° 219.

Enfin, pour les caissons quadrangulaires de la niche du fond, on établira les largeurs sur le cercle horizontal de naissance et les hauteurs sur le méridien parallèle au tableau, ce qui permettra de construire les parallèles et les méridiens qui, par leur rencontre, détermineront tous les angles des caissons. Il est bien entendu qu'avant de mettre en perspective les monuments, il faut savoir en dessiner les projections.

Indépendamment de la perspective des caissons, cette planche contient quelques moulures circulaires que l'on obtiendra en opérant comme nous l'avons dit au numéro 213. Pour ces études on fera bien d'augmenter les dimensions de l'épure.

CHAPITRE VI.

Surfaces de révolution.

---

222. Piédouche. Il y a une expression consacrée parmi les artistes, c'est que certaines courbes, certains contours doivent être dessinés de sentiment, plutôt que déduits comme conséquence de principes rigoureux. Il ne manque à cette manière de raisonner qu'une condition, c'est que pour être en état de procéder ainsi, et faut avoir acquis ce sentiment qui fait deviner en quelque sorte la forme apparente des objets que l'on dessine, il dont il est quelquefois impossible d'avoir l'original sous les yeux. Or, cette habitude de déterminer exactement la forme apparente des corps ne peut s'acquérir que de deux manières; savoir, par un grand nombre de copies faites d'après nature sur des objets de même forme que ceux qu'on veut représenter, ce qui souvent ne suffit pas encore, puisque ces formes varient pour chaque cas particulier suivant la place d'où l'on regarde l'objet, ou bien par des études géométriques qui, familiarisant avec les causes d'où proviennent les changements qu'éprouve la forme apparente d'un corps, mettent promptement en état de juger, sans procéder à de nouvelles études, quelles doivent être les variations qui résultent du déplacement du point de vue.

Ce dernier moyen d'acquérir le sentiment des contours est certainement le plus simple, et c'est pourquoi j'engagerai le lecteur à étudier par la Géométrie descriptive les questions qui ont pour but de déterminer le contour apparent d'un corps suivant la place d'où on le regrarde. Je me bornerai ici à un seul exemple de ce genre.

Soient données, **fig. 247** et **248**, **pl. 51**, les projections, verticale et horizontale, de la surface de révolution nommée *piédouche*. On veut en déterminer le contour apparent. La droite AX représente la trace horizontale du tableau dont le plan est perpendiculaire aux projections 247 et 248, le point de vue ayant pour projections les deux points V, V', **fig. 252, 253.**

Nous supposerons que l'on ait fait avancer le tableau parallèlement à lui-même jusqu'en A'X', **fig. 250**, et qu'après l'avoir fait tourner autour de la verticale du point *o* on l'ait reculé et rabattu sur l'épure, **fig. 249.**

Le contour apparent de l'objet représenté, **fig. 247**, se compose : 1° de la perspective du cercle le plus élevé ;

2° De la perspective d'une partie des cercles horizontaux déterminés par les angles du profil ;

3° De quatre petites droites verticales suivant lesquelles les deux cylindres formant les filets au-dessus du quart de rond et du *tore* sont touchés par des plans verticaux passant par l'œil du spectateur ;

4° Enfin de trois courbes à double courbure contenant les points suivants lesquels le quart de rond, le tore et la scotie sont touchées par les rayons visuels qui aboutissent à l'œil du spectateur (*Géométrie descriptive*).

Nous avons dit (5) comment on détermine la perspective d'un point, et par conséquent celle d'autant de points que l'on voudra des cercles horizontaux. On peut d'ailleurs construire la perspective de ces mêmes cercles par le principe exposé n° 59. Il ne reste donc plus qu'à déterminer les courbes à double courbure.

223. Supposons que la droite *sa*, **fig. 247**, qui touche en *a* la section méridienne de la scotie, soit prise pour génératrice d'un cône circulaire. Tout plan tangent à ce cône touchera la surface donnée en un point du parallèle *ac*, *a'c'* suivant lequel les deux surfaces se touchent. On joindra donc le point *s* avec le point de vue par une droite V*s*. Cette ligne sera l'intersection des deux plans tangents au cône et percera en *p*, *p'* le plan horizontal qui contient le parallèle *ac*; et si par *p'* on construit deux tangentes à la projection horizontale *a'c'* du cercle *ac*, les points de tangence *m*, *m'* appartiendront à la courbe demandée.

La même construction répétée fera connaître autant de points que l'on en voudra.

Le point le plus bas et le plus élevé de la courbe seront déterminés par les droites V*i*, V*e* tangentes à la section méridienne : la construction des points de tangence *e*, *i* dépendra de la nature de cette courbe (*Géométrie descriptive*). On opérera de la même manière pour les courbes *zx*, *z'x'*, *tr*, *t'r'*, qui déterminent les contours apparents du quart de rond et du tore.

Quand les trois courbes *zx*, *ei*, *tr* seront déterminées sur les deux projections 247, 248, il sera facile d'en construire la perspective en employant le principe exposé n° 5.

224. Il existe sur la courbe *eni* huit points très-remarquables :

1° Les deux points *ee'*, *ii'*, que l'on obtiendra en menant par le point V deux tangentes à la section méridienne;

2° Les deux points *n*, *n'* suivant lesquels le cercle de gorge est touché par les rayons V'*n'*, fig. 248;

3° Les quatre points *u*, *u'*, *v*, *v'*, que l'on déterminera en construisant par VV' les tangentes à la courbe *eni*, *e'n'i'*. On démontre (*Géométrie descriptive*) que les projections verticales V*u*, V*v* de ces tangentes doivent aussi être tangentes à la projection verticale de la courbe.

Ces mêmes lignes sont projetées sur le plan du tableau par les quatre droites V''*u''*, V''*v''*, et satisfont encore sur cette figure à la condition d'être tangentes à la courbe, parce que les quatre points projetés, fig. 247, 248, par *u*, *u'*, *v*, *v'* deviennent, en perspective, fig. 249, quatre points de rebroussement *u''*, *v''* que l'on peut toujours considérer comme des portions de courbes infiniment petites, et dont les rayons de courbures seraient réduits à zéro.

225. Il résulte de cette circonstance singulière que la partie de la courbe $v''i''v''$, tracée en points sur la perspective, ne pouvant pas être vue puisqu'elle est située derrière le corps, le contour apparent de la scotie se termine brusquement en bas par les deux points v'', v''.

226. Quoique la construction précédente soit de nature à bien faire comprendre la forme du contour apparent d'une surface de révolution, on conçoit que dans la pratique de la perspective il serait difficile d'en faire usage.

On ne pourrait pas trouver sur la feuille à dessin l'espace nécessaire pour les projections du point de vue, des sommets des cônes auxiliaires et des points où les rayons visuels prolongés rencontreraient les plans des parallèles qui servent de bases à ces cônes. Nous allons indiquer d'autres moyens qui, peut-être moins rigoureux sous le rapport de la théorie, sont tout aussi exacts quand au résultat, et infiniment plus commodes dans l'application.

227. *La première méthode*, fig. 251, consiste à mettre en perspective un nombre de cercles horizontaux assez rapprochés, que l'on enveloppera par une courbe tangente formant le contour apparent de la surface.

Cette courbe se termine brusquement au point v, fig. 254, lorsque après avoir touché plusieurs ellipses dans leurs parties convexes elle est parvenue dans l'intérieur de l'ellipse suivante. Si l'on voulait tracer la branche cachée de cette courbe, il faudrait la faire revenir vers le point m en touchant les autres ellipses dans leurs parties concaves; mais cette dernière partie de la construction est inutile pour le but que l'on se propose dans la perspective.

228. *Deuxième méthode*. Pour déterminer le contour apparent d'une surface de révolution, on préfère presque toujours

(213 et 214) construire la perspective d'un certain nombre de sections méridiennes. Ainsi, fig. 252, pour construire la section yax on partagera le rayon horizontal oz en parties proportionnelles aux saillies du profil, et l'on déterminera les hauteurs sur l'axe et sur une verticale quelconque zx située où l'on voudra dans le plan de la section que l'on voudra construire.

Cette courbe sera déterminée par les intersections des verticales abaissées par les points de division de oz avec les droites qui joignent les points de division des deux verticales os, zx.

229. On peut disposer la construction de la manière suivante : on prolongera la verticale so jusqu'à ce qu'elle rencontre la ligne d'horizon en un point c par lequel on construira cz. Ensuite, on tracera parallèlement à la ligne d'horizon une droite quelconque $o'z'$ que l'on pourra toujours, en perspective, regarder comme étant située dans le même plan horizontal que oz.

Cela étant fait, on portera les parties proportionnelles aux saillies du profil sur $o'z''$, d'où on les ramènera sur $o'z'$ par des parallèles à $z''z'$. On joindra les points de division de $o'z'$ avec le point c par des droites dont les prolongements couperont oz dans le rapport demandé.

230. En choisissant le point de concours c à l'endroit où la verticale représentant la perspective de l'axe rencontre la ligne d'horizon, la même droite $o'z''$ servira pour la construction de toutes les sections méridiennes.

La partie vue de la courbe qui forme le contour apparent, fig. 255, toucherait les sections méridiennes dans leurs parties concaves, et la partie cachée de la même courbe les toucherait dans leurs parties convexes.

231. Balustres. Les surfaces du piédouche se retrouvent dans un grand nombre d'objets circulaires ou de révolution, tels que balustres, vases, chapiteaux et bases de colonnes, etc.

Le lecteur fera bien d'étudier ces moulures en très-grandes dimensions. Il se rendra mieux compte de la courbure des lignes.

La planche 52 contient la perspective des balustres dont le plan est tracé sur la figure 1. Les constructions n'ont été conservées que pour le balustre dont l'axe coïncide avec l'un des bords verticaux du cadre. On n'a tracé que deux sections méridiennes qui suffisent toujours lorsque l'on possède le sentiment de la perspective. L'une des sections est située dans un plan parallèle au tableau, et la seconde section est produite par le plan qui contient l'échelle des hauteurs dont les horizontales concourront en un point C situé à l'un des angles supérieurs du cadre, et sur la ligne d'horizon que l'on a dû élever dans cette étude; parce que les balustres étant plus petits que la taille ordinaire d'un homme on est habitué à les voir en dessus.

Pour les balustres dont la perspective est coupé par le cadre, on fera bien, si l'on a de la place, de construire la perspective tout entière, dont on effacera ensuite ce qui serait en dehors du cadre.

232. Pour diviser plus exactement la projection horizontale 0-4 de la section méridienne située dans le plan qui contient l'échelle des hauteurs, on pourra opérer de la manière suivante. On transportera la règle *mn* en *m'n'*. On joindra les points de division de *m'n'* avec le point C ou avec tout autre point, pris où l'on voudra sur la ligne d'horizon. Enfin, on tracera les horizontales *o-o'* et *4-4'* ce qui déterminera les deux points *o'* et *4'* que l'on joindra par une droite *o'-4'*. Les concourantes tracées par les points de division de *m'n'* couperont la droite *o'-4'* suivant des points que l'on ramènera sur la droite *o-4* par des parallèles à la base du cadre. Il est évident que par ce moyen les droites *o'-4'* et *o-4* seront partagées *perspectivement* dans le même rapport que la droite *mn* dont les points de division sont déterminés par les concourantes tracées par le point C' et par les projections horizontales des points essentiels de la section méridienne parallèle au tableau.

Le même moyen servira pour déterminer les ordonnées de tous les profils dont les plans seraient presque perpendiculaires au tableau. La perspective du piédouche qui est sur la balustrade, se construira de la même manière.

233. Vase. La planche 53 est une étude de vase dont la perspective sera encore déterminée par la construction d'un certain nombre de *sections méridiennes*. On n'a conservé ici aucune trace des opérations qui seraient exactement les mêmes que dans l'exemple précédent : car il est évident qu'un balustre n'est lui-même qu'un vase plus ou moins allongé.

234. Bases et chapiteaux. Les principes précédents ont été appliqués, pl. 54, à la construction des figures 258 et 257 qui représentent les perspectives d'une base de colonne ionique et d'un chapiteau d'ordre de Pestum. Le point de vue pour la première figure est au milieu de la droite H'H', et pour le chapiteau le point de vue est au milieu de H"H".

235. *Cannelures.* Pour tracer les cannelures sur la figure 257, on divisera le demi-cercle aec, et les points de division obtenus étant projetés sur le diamètre ac, on les joindra avec le point de vue par des droites dont les prolongements détermineront les intersections des arêtes des cannelures avec l'ellipse $a'e'c'$ (63).

Par suite de la forme conique du fût, il faudra faire cette construction en haut et en bas de la colonne.

236. Chapiteau dorique. *Le point de vue de la figure* 260 *est au milieu de la ligne d'horizon* HH. *La distance au tableau est déterminée par l'ouverture de l'angle optique*, fig. 264. Pour dégager davantage les lignes qui ont servi à construire la perspective du plan, fig. 261, j'ai élevé le point de vue de cette figure jusqu'au milieu de la ligne d'horizon auxiliaire H'H'. Le point c, c', suivant lequel le plan diagonal du chapiteau coupe la ligne d'horizon, servira pour construire le profil situé dans ce plan.

Les profils parallèles au tableau, et tous les profils appartenant aux tailloirs des chapiteaux, se construiront comme aux n°s 203, 204. Le profil mn et celui qui est dans le plan $c'xy$ détermineront la moulure intérieure à droite, et la moulure à gauche se construira en joignant les angles du dernier profil avec ceux du profil $m'n'$.

Pour la partie ronde du chapiteau, on construira un certain nombre de sections méridiennes en opérant comme il a été dit nos 229, 230. Ainsi :

1° On déterminera le point *c″* suivant lequel la verticale qui représente la perspective de l'axe coupe la ligne d'horizon HH ;

2° En supposant que l'on veuille construire les trois sections méridiennes tracées sur l'épure en lignes ponctuées, on tracera trois rayons du plus grand cercle du quart de rond, et l'on joindra les extrémités de ces rayons avec le point *c″* par trois droites dont les prolongements détermineront sur une horizontale quelconque, fig. 260, les segments *ou*, *oz*, *or*, que l'on peut toujours, en perspective, supposer dans le même plan horizontal que le cercle supérieur du quart de rond ;

3° Par le point *o′* situé dans le prolongement de la verticale qui représente l'axe du profil géométral, fig. 259, on construira une droite quelconque *o′s′*, qui sera coupée par les verticales élevées du profil 259 en parties proportionnelles aux saillies de ce même profil ;

4° Ces parties seront ramenées par des horizontales sur la verticale *os*, et de là par des obliques parallèles, sur chacun des trois segments horizontaux *ou*, *oz*, *or* ;

5° Les points obtenus par cette dernière construction seront joints avec le point *c″* par des lignes qui couperont les trois rayons du quart de rond en parties proportionnelles aux saillies des différents filets circulaires du chapiteau ;

6° Enfin, en déterminant les hauteurs sur l'axe et sur une verticale située dans le plan de chacune des trois sections méridiennes que l'on veut construire, leurs coordonnées seront déterminées.

Pour éviter la confusion des lignes, je n'ai indiqué sur l'épure que trois sections ; mais il est facile de reconnaître que par ce moyen on peut en construire, très-promptement, autant que l'on en voudra. La droite *o″s″* servira pour construire la perspective du second chapiteau.

La longueur de la verticale *os* étant arbitraire, on peut se contenter d'y porter les cotes qui déterminent les saillies du profil du chapiteau, prises sur une échelle de module quelconque; cela évitera de construire la droite *o's'*, qui n'est là que pour rattacher entre elles les lignes d'opération.

237. Chapiteau ionique. Pour faire la perspective de ce chapiteau, **fig. 256** et **262**, il suffira de construire, **fig. 263**, celle des parallélipipèdes rectangles contenant la masse des volutes. Avec un peu d'habitude du dessin, il sera facile, après coup, de détailler la forme du tailloir, du coussinet et du quart de rond.

238. Chapiteau corinthien. *Le point de vue pour la figure* **267**, pl. **55** *est au milieu de* HH. *La ligne d'horizon du plan est* H'H'. *La distance du spectateur au tableau est déterminée par l'ouverture de l'angle optique;* **fig. 266**. L'échelle des hauteurs étant disposée, **fig. 270**, on fera les moulures de l'entablement comme dans l'exemple qui précède.

Pour le chapiteau, on en construira le plan, **fig. 265**, sur une échelle quelconque, la plus grande que l'on pourra, et l'on fera le quarré circonscrit *mnuz* que l'on partagera en carreaux.

Ensuite on construira, **fig. 268**, le quadrilatère *m'n'z'u'*, que l'on partagera perspectivement en autant de parties égales que le quarré *mnzu*. Cela étant fait, on dessinera dans ce quadrilatère (64) la perspective des courbes qui forment le plan du chapiteau proposé; après quoi on déterminera la hauteur de chaque point par la méthode ordinaire.

Il ne sera pas nécessaire d'établir complétement, **fig. 268**, la perspective du plan, il suffira de déterminer quelques-uns des points principaux, comme, par exemple, l'œil de chaque volute, la naissance et l'extrémité de chaque feuille, et si l'on a quelque habitude du dessin, il sera facile de détailler le reste : souvent même on se contentera de mettre en perspective la masse indiquée **fig. 271**.

J'ajouterai cependant que le meilleur moyen de se rendre compte de la disposition des feuilles et des volutes, est de faire au moins une fois l'étude que je propose.

239. Colonnade d'ordre de Pestum. *Le point de vue est*

au milieu de la droite HH, **pl. 56.** *La distance au tableau est déterminée par l'ouverture de l'angle optique,* **fig. 273.**

Les données sont : 1° le plan, sur lequel on a projeté l'œil du spectateur, et l'angle optique, **fig. 273**;

2° **Fig. 274.** La projection du tableau sur un plan vertical, parallèle à la direction du rayon principal : la trace du tableau sur cette nouvelle projection est *a'z*.

La droite *v'h'* est la trace du plan horizontal passant par l'œil du spectateur dont la hauteur est déterminée par la petite verticale *a'h'*.

240. On peut, avec cette projection, se rendre compte de la hauteur perspective de chaque objet. Soit, par exemple, la première colonne ; on la projettera sur la figure **274**, et l'on tracera le rayon *v'u'* qui perce le tableau en un point *u'*. Quelques points étudiés de cette manière donneront d'avance une idée exacte de l'effet que doit produire le tableau ; et l'on fera bien, avant de commencer, de faire à main levée un croquis de l'ensemble, afin de mieux apprécier la position perspective de chaque objet.

3° La figure **272** est la projection verticale de la coupe transversale, sur laquelle la ligne d'horizon est représentée par la droite *hh*. Le point de vue auxiliaire de la figure **276** est en V'.

L'échelle de fuite et l'échelle des largeurs étant tracées, on construira, **fig. 276**, la perspective du plan.

241. Pour déterminer la ligne d'horizon sur les figures **277**, **278**, on partagera la hauteur du cadre AZ dans le même rapport que *a'z*, **fig. 274**, de sorte que l'on doit avoir la proportion :

$$\left(\underset{\text{fig. 274}}{a'z : a'h'}\right) = \left(\underset{\text{fig. 277}}{\text{AZ} : \text{AH}}\right).$$

242. Il est bien entendu que le cadre ZAX doit être semblable à celui dont la base et la hauteur sont projetées sur les figures **273** et **274**, c'est-à-dire que l'on doit avoir :

$$\left(\underset{\text{fig. 275}}{\text{AX} : \text{AZ}}\right) = \left(\underset{\text{fig. 273, 274}}{ax : a'z}\right).$$

243. L'épure étant disposée comme nous venons de le dire, les hauteurs sur l'échelle BY se compteront à partir de la ligne d'horizon HH. Ainsi, pour avoir la ligne de hauteur du parquet, on fera sur la figure 277, $h''a''$ égal à ha, fig. 272. La hauteur des colonnes s'obtiendra en faisant $h''m''$ égal à hm, de sorte que l'on ait $a''m''$, fig. 277, égal à am, fig. 272. Pour le point le plus élevé du comble, on aura $h''n'' = hn$. Tout le reste se fera comme dans les exemples précédents.

Pour diminuer convenablement le fût de chaque colonne, on construira le cercle d'en haut et celui d'en bas.

244. Les diamètres perspectifs de tous ces cercles peuvent être déterminés d'une manière fort simple. On tracera d'abord les deux droites cx, cy, fig. 278, ce qui fera une échelle de dégradation pour toutes les colonnes.

Ainsi, par exemple, si l'on veut avoir la grosseur de la troisième colonne à partir du fond de la galerie, on tracera :

1° L'horizontale $o''o'$, fig. 276;

2° La verticale $o''u$, fig. 279, 277;

3° Les horizontales passant par les points o, u.

Alors $o'x'$ sera le diamètre perspectif de la base et $u'y'$ celui du chapiteau.

245. On peut aussi, par le même moyen, obtenir les cannelures en les projetant, fig. 279, sur ces mêmes diamètres, d'où il serait facile de les reporter sur les circonférences des cercles qui déterminent les deux extrémités du fût.

LIVRE III.

PERSPECTIVE DES OMBRES.

CHAPITRE PREMIER.

Considérations générales.

---

246. Ombres. La théorie des ombres, exposée dans les traités de perspective, n'est presque jamais applicable; et voici pourquoi :

La plupart des auteurs admettant que les rayons solaires sont parallèles, en concluent que les perspectives de ces rayons doivent concourir en un même point du tableau. De plus, les plans projetants de ces mêmes rayons étant parallèles, leurs traces horizontales seront également parallèles et concourront en un point de la ligne d'horizon. De là résulte un grand nombre d'exemples dans lesquels les données sont étudiées de manière à obtenir les points de concours sur la planche à dessiner. Mais lorsque l'on arrive à l'application, les difficultés deviennent insurmontables. En effet, lorsque le soleil est à plus de quinze ou vingt degrés au-dessus de l'horizon, lorsque l'angle suivant lequel les rayons lumineux rencontrent le tableau est moindre que 40 ou 50°, il n'y a plus moyen d'obtenir aucun point de concours sur la planche, sur la table à dessiner, ni même dans la chambre où l'on travaille.

On ne peut donc appliquer les principes indiqués que pour une direction de la lumière qui ne convient presque jamais au sujet que l'on veut représenter sur le tableau. Or, cela ne doit pas se passer ainsi.

Lorsqu'un artiste a composé son tableau, lorsqu'il en a dessiné toutes les parties, il doit rechercher quelle est la direction la plus favorable de la lumière, et lorsqu'il a reconnu l'avantage ou la nécessité de projeter une certaine masse d'ombre sur une partie déterminée du tableau, tout le reste de la lumière et des ombres doit être assujetti à la même loi. Il est très-rare, d'ailleurs, que les peintres supposent les objets éclairés directement par le soleil. La lumière directe ne produit que deux tons, le noir et le blanc, qui sont peu favorables à la peinture.

Pour obtenir des résultats satisfaisants, il faut rester le maître de faire varier entre les limites les plus larges la direction et l'intensité de la lumière; il faut pouvoir, lorsqu'on le juge à propos, remplacer la lumière directe provenant du soleil par la lumière diffuse envoyée dans toutes les directions, par les nuages et par les molécules de l'atmosphère: Il doit être permis de supposer dans le voisinage des objets que l'on veut peindre d'autres corps dont la surface renvoie la lumière sur les parties ombrées, qui, sans cela, paraîtraient trop obscures et ne se détacheraient pas assez des corps environnants.

Il suffit que, par l'étude raisonnée des causes qui produisent toutes ces variations de teintes, on s'applique à ne jamais admettre que des suppositions possibles, afin que les points brillants et les parties éclairées ou obscures soient toujours déterminées d'une manière satisfaisante.

On conçoit d'ailleurs qu'aucun principe absolu ne peut être adopté sur cette matière, que les différentes intensités de lumière et d'ombre ne dépendront pas seulement de l'intensité ou de la direction de la lumière, de l'état plus ou moins poli de l'objet représenté, mais encore de la nature chimique des molécules qui composent ou recouvrent cette surface.

Il est certain que la lumière ne produira pas les mêmes effets sur le marbre, la pierre, le bois ou les métaux, sur la soie, le velours ou les autres étoffes de toute espèce. C'est donc par la comparaison raisonnée des effets de la lumière sur les corps eux-mêmes que l'on pourra devenir habile à les représenter avec exactitude.

Ainsi, en général, le compas ne sera presque jamais employé pour déterminer les ombres et la lumière d'un tableau. Si le peintre a fait de bonnes études géométriques de la théorie des ombres, s'il a longtemps observé la nature avec intelligence et s'il a surtout le sentiment artistique, il saura combiner tous les accidents possibles de la lumière, des ombres ou des reflets, de manière à obtenir des résultats remarquables.

Mais, lorsque le tableau devra être éclairé directement par un soleil sans nuages, il faudra construire exactement le contour des ombres portées et des lignes de séparations entre les parties éclairées et les parties obscures sur la surface du corps. Or, dans ce cas, qui sera très-rare, on n'aura presque jamais les points de concours, et le moyen le plus simple sera de tracer les ombres sur les projections des objets, en opérant comme cela est indiqué dans les traités de géométrie descriptive. Puis on reportera les résultats obtenus sur le dessin perspectif, en déterminant les points principaux par les méthodes ordinaires.

Cependant, pour ne rien laisser à désirer, et pour rendre ce traité aussi complet que possible, nous allons étudier le cas, *extrêmement rare,* où l'on aurait sous la main les points de concours des rayons lumineux et des traces de leurs plans projetants.

Nous supposerons, dans ce chapitre, que le lecteur a étudié la théorie géométrique des ombres et qu'il sait au moins déterminer le point d intersection d'une ligne droite avec un plan ou un cylindre, et l'intersection de deux cylindres.

247. L'ombre est l'absence de la lumière; par conséquent il y a ombre là où la lumière ne peut pas arriver; d'où il résulte que pour avoir l'ombre portée par un corps sur une surface il faut déterminer les points de cette surface où atteindraient les rayons de lumière s'ils n'étaient pas arrêtés par la masse du corps qui porte l'ombre.

On sait aussi que les contours des ombres portées sont déterminés par les rayons qui touchent les corps dont on cherche l'ombre, et que les lignes qui passent par les points de tangence forment sur la surface des corps la séparation entre les parties éclairées et les parties obscures. Ces principes généraux, que je suppose connus du lecteur, étant admis, nous allons en faire l'application à la perspective des ombres.

CHAPITRE II.

La lumière provenant d'un point.

---

248. Points de concours. Si nous supposons qu'une lumière soit placée sur une table, comme on le voit, **fig. 228, pl. 57,** le point lumineux s sera évidemment le sommet d'une pyramide qui aurait pour base le rectangle $abce$, formant la surface supérieure de la table : les intersections des faces prolongées de cette pyramide avec les surfaces des murs et du parquet détermineront l'ombre portée par la table.

Ainsi, pour avoir l'ombre du point a, on prolongera le rayon sa jusqu'à sa rencontre avec la droite $s'a'$, qui est la trace horizontale du plan $ss'a'$ contenant le rayon sa.

L'ombre du point b s'obtiendra en prolongeant le rayon sb jusqu'à la verticale $b''b'$ suivant laquelle la surface du mur à gauche est coupée par le plan vertical $ss'b''b'$. On obtiendra de la même manière les points c', e'.

Les deux droites $b'a''$, $c'c''$ sont les intersections du mur par les deux plans $ss''a''$, $ss''c''$. La droite $s''c''$ détermine le point c'', l'horizontale $c''e''$ et la petite ligne $e''e'$ qui est l'ombre portée sur la porte par une partie de l'arête ce. Enfin, le point a'' étant situé en même temps sur la trace du plan incliné $ss'a''$ et dans le plan vertical de la porte, la droite $a''e'$, intersection de ces deux plans, sera l'ombre portée sur la porte par une portion de l'arête ae.

On déterminera de la même manière l'ombre des parallélipipèdes qui sont au milieu de la chambre et près de la porte.

Si les points $x''z''$ résultaient d'intersections trop aiguës, on pourrait concevoir un plan vertical quelconque tel que celui dont la trace horizontale serait $x''s^{vii}$. On construirait le petit quadrilatère $x'z'r$ représentant la projection du solide zx sur le plan $s^{v}s^{vii}x''$; ensuite on tracerait :

1° L'horizontale $s's^{vii}$;

2° La verticale $s^{vii}s^{v}$;

3° L'horizontale ss^{v}; ce qui donnerait s^{v} pour la projection de la lumière sur le plan vertical $s^{v}s^{vii}x''$;

4° Les droites $s^{v}x'x''$, $s^{v}z'z''$, qui seront les projections des rayons lumineux sx, sz;

5° Enfin, les horizontales $z''z'''$, $x''x'''$, qui détermineront les trois points z''', x''', x''.

Le point m' résulte de l'intersection du rayon sm prolongé jusqu'à sa rencontre avec la verticale $m''m'$, suivant laquelle le mur du fond est coupé par le plan $s'm''m'$ qui contient l'arête verticale du ventail. Les ombres des planches et solives ne présentent pas de difficultés.

Ainsi la droite qq', dirigée vers le point s'' qui est la projection de la lumière sur le mur à gauche, sera la trace du plan $ss''q'$ qui contient l'arête inférieure de la planche, et la droite qq' sera par conséquent l'ombre de cette arête. Par la même raison les droites gg', rr', tt' sont dirigées vers le point s'', projection de la lumière sur le mur de fond.

Pour obtenir l'ombre de la corde qui pend verticalement de l'une des solives, on tracera :

1° La verticale $s''s^{viii}$;

2° L'horizontale $s^{viii}s$;

3° La verticale ss^{vi}; ce qui déterminera s^{vi} qui est la projection du point lumineux sur le plan horizontal qui contient les faces inférieures des solives;

4° On tracera la droite $s^{IV}y$, dont le prolongement est l'ombre de la corde sur la face inférieure des solives;

5° Enfin, la verticale $y'y''$, dont l'intersection avec le rayon sy' déterminera le point y'', qui sera l'ombre de l'extrémité inférieure de la corde sur le mur à droite du tableau.

Le point s^{v} étant la projection de la lumière sur le mur à droite; si l'on trace :

1° Les deux horizontales oo', uu';

2° Les deux droites $s^{v}o'$, $s^{v}u'$;

3° Les deux rayons soo'', suu''; on obtiendra les deux points o'', u'' suivant lesquels les rayons so, su prolongés iraient rencontrer la face verticale du mur à droite, de sorte que $o''u''$ étant l'intersection de la surface de ce mur par le plan sou, l'ombre du bâton se composerait de la ligne brisée [illegible].

249. On ne doit pas oublier ce principe, que je suppose connu du lecteur, que l'ombre d'une droite sur un plan qui lui est parallèle doit être elle-même parallèle à cette droite. Ainsi, les lignes $a''a'$, $c''c'$, $x''x''$, $d''d'$, etc., sont parallèles à la base du cadre, parce qu'elles proviennent de lignes qui ont la même direction; les droites $b'c'$, $a'a''$, $t'''a'''$, $r''r'$, etc., sont dirigées vers le point de vue, parce qu'elles sont les ombres d'arêtes perpendiculaires au tableau sur des plans parallèles à ces arêtes.

Enfin, la droite vh et son ombre $v'h'$ étant prolongées doivent concourir en un point de la ligne d'horizon. Ces remarques contribuent souvent à simplifier les constructions ou à vérifier leur exactitude.

On a vu, au n° 165, comment on détermine la perspective du vantail, et la direction des barres transversales qui le fortifient; on pourra quelquefois employer le point de concours des arêtes horizontales de ces barres, de la porte et de la serrure.

CHAPITRE III.

Lumière provenant du soleil.

250. **Points de concours.** Supposons que la figure 294, pl. 58, soit une coupe verticale perpendiculaire au plan *a*T du tableau. Le plan horizontal étant figuré par sa trace AY et le plan vertical de projection par AZ, l'intersection des deux plans AY, AZ aura pour projection le point A. Supposons de plus que le tableau *a*T soit parallèle au plan vertical de projection AZ, la base du tableau sera une droite horizontale qui aura pour projection le point *a*.

251. Or, si par l'œil du spectateur et l'intersection des deux plans AY, AZ on conçoit un plan, l'horizontale projetée par le point *o* sera l'intersection de ce plan avec le tableau et représentera, pour le spectateur qui a ses pieds en *m*, la perspective de la ligne suivant laquelle se coupent les deux plans de projection AY et AZ.

252. Concevons maintenant que le plan vertical de projection AZ soit reculé jusqu'en AZ', la perspective de la droite A' s'élèvera jusqu'en *o'*. De plus, il est évident que si le plan vertical de projection continuait à reculer, la perspective de son intersection avec le plan horizontal s'élèverait graduellement, et qu'au moment où le plan de projection serait parvenu à l'infini, la perspective de la droite suivant laquelle se coupent les deux plans de projection AY, AZ, se serait élevée jusqu'en *o''* à la hau-

teur de l'œil du spectateur, et coïnciderait par conséquent avec la ligne d'horizon.

253. Il résulte de là que dans un tableau, on peut regarder toute la portion de l'épure qui est au-dessous de la ligne d'horizon comme étant la perspective du plan horizontal de projection, tandis que la partie au-dessus de la ligne d'horizon sera la perspective du plan vertical de projection reculé jusqu'à l'infini. Ces notions étant admises, pour déterminer les ombres d'un tableau il suffira de se donner l'ombre d'un seul point.

254. Supposons, par exemple, que le trapèze *aa'ee'*, fig. 289, soit la perspective d'un rectangle placé verticalement; si l'on donne pour condition que *a''* soit l'ombre du point *a*, tout le reste des ombres du tableau sera déterminé. En effet, *aa''* sera la perspective du rayon de lumière passant par le point *a*, et la droite *a'a''* sera la trace horizontale du plan *aa'a''* qui contient le rayon *aa''*. Cette trace prolongée jusqu'à l'infini coupera la ligne d'horizon en un point *s'* par lequel on élèvera la verticale du même plan; et le point *s* où *s's* est rencontré par le rayon *a''a*, sera le point de concours de tous les rayons lumineux.

Pour déterminer l'ombre de tout autre point *e*, on construira le rayon *se* passant par ce point, et si l'on conçoit par ce rayon un plan vertical *ee'e''*, la trace horizontale de ce plan aboutira encore au point *s'*, car les deux rayons de lumière provenant du soleil sont parallèles; d'où il résulte que les traces horizontales *a'a''*, *e'e''* des deux plans projetants *aa'a''*, *ee'e''* seront parallèles et concourront nécessairement en un même point de la ligne d'horizon.

255. On voit donc, en général, que la détermination des ombres de tout le tableau dépendra des deux points *s* et *s'*. Le premier est le point de concours de tous les rayons lumineux, et le second est le point de concours des traces horizontales des plans verticaux qui contiennent ces mêmes rayons.

256. Dans l'exemple précédent, le soleil est devant le spectateur et au delà de l'objet. C'est pourquoi l'ombre vient se porter en avant. Dans ce cas, le point *s* est au-dessus de la ligne d'horizon. Dans la figure **294**, le soleil est à gauche et derrière le spectateur. Alors l'ombre se porte au delà de l'objet, et le point de concours des rayons lumineux est au-dessous de la ligne d'horizon. Mais cela ne change rien à la manière d'opérer. Ainsi l'ombre du point *a* résultera comme précédemment de l'intersection du rayon *as* avec la trace du plan vertical *aa's'* qui contient ce rayon.

257. Dans la figure **290** on se propose de construire l'ombre d'une verticale *aa'* sur la terre et sur un mur vertical dont la trace est *mm'*. Le point *a"* sera déterminé par l'intersection du rayon lumineux *as* avec la droite *a"a"*, suivant laquelle la surface du mur est coupée par le plan vertical qui contient le rayon *as*.

258. Souvent les ombres d'un tableau se déterminent par la condition qu'un point portera son ombre à une place que l'on choisit d'avance. On est conduit à en agir de la sorte par le désir que l'on a d'obtenir certaines masses d'ombres nécessaires à l'effet général du tableau.

259. Quelquefois aussi la direction du rayon de lumière est déterminée par ses projections sur le plan et l'élévation de l'objet dont on veut construire la perspective. Supposons, par exemple, fig. **296**, que les deux droites *mn*, *m'n'* soient les projections verticale et horizontale d'un rayon de lumière; *avr* étant l'angle optique et la droite AX, fig. **295**, représentant la base du tableau.

On tracera, fig. **296**, la droite *vs"* parallèle à la projection horizontale du rayon de lumière, ce qui déterminera le point de concours *s"* dont on construira la perspective *s'*. fig. **295**.

On tracera ensuite la verticale *s's*, et l'on fera l'angle *sVs'* égal à *mnu*, fig. **296**; l'intersection de la droite V*s* avec la verticale *s's* donnera le point *s*, fig. **295**.

260. On peut regarder la droite V*s* comme étant la trace commune à tous les plans projetants des rayons de lumière sur le plan vertical de projection, reculé, comme nous l'avons dit plus haut, jusqu'à l'infini : ce qui explique pourquoi les traces de tous ces plans, quoique parallèles entre elles et à la projection *mn*, **fig. 296**, paraissent, à l'infini, se confondre en une seule.

261. Surfaces planes. *Ombre d'un bandeau.* Les points *s* et *s'*, **fig. 292, 293**, étant déterminés par l'un des moyens qui précèdent, on tracera

1° Le rayon *as*;

2° La droite *as'*;

3° La petite verticale *a'a"*.

Cette opération déterminera *a"* pour l'ombre du point *a*. L'horizontale *a"qy* sera l'ombre de l'arête saillante *axnd* du bandeau sur le mur. On déterminera de la même manière l'horizontale du point *m'*.

La petite ligne inclinée *m'p* doit être parallèle à la droite V*s* qui, à l'infini, représente la projection verticale du rayon de lumière, car la surface du mur étant parallèle au plan vertical de projection, il en résulte que les deux droites *m'p*, V*s*, doivent être parallèles, comme étant les intersections de deux plans parallèles par le plan contenant les rayons de lumière qui s'appuient sur l'arête *mn*. De plus, la droite *m'p* doit passer par le point suivant lequel l'arête *mn* prolongée percerait le mur du fond.

La droite *pn'* doit être dirigée vers le point de vue comme étant l'ombre de la ligne *mn* sur un plan qui lui est parallèle. L'intersection de *pn'* avec le rayon *ns* déterminera le point *n'*, que l'on peut d'ailleurs vérifier ou déterminer de la manière suivante :

L'horizontale *sd'*, **fig. 293**, peut être considérée comme représentant à l'infini la trace verticale du plan formé par les rayons de lumière qui s'appuyent sur l'arête horizontale *nd*. De plus, la perpendiculaire V*c'* sera la trace de tous les plans verticaux perpendiculaires au tableau; donc le point *c'*, suivant lequel se coupent les deux traces *sc'*, *Vc'*, appartient à l'intersection du plan vertical *qVc'* par le plan *ndsc'*; d'où il résulte que la petite droite *qn'* est l'ombre d'une partie de l'arête *nd* sur la face perpendiculaire au tableau.

262. *Ombre du mur à gauche et du bandeau sur le mur de face.* Le contour de cette ombre se compose de la manière suivante :

1° La droite *o'o''* dirigée vers le point *s'*;

2° La verticale *o''o'''*, qui est l'ombre de l'arête verticale du mur;

3° L'horizontale *rx'*, ombre d'une partie de l'arête *ax*;

4° La verticale *x's'*, ombre de *zx*;

5° Les deux droites *vo'''*, *ei*, provenant de l'ombre de l'arête *ov* sur les faces verticales du mur et du bandeau.

Le point *o'''* sera déterminé par l'intersection du rayon *os* avec la verticale *o''o'''*, suivant laquelle la surface du mur est coupée par le plan vertical *o'o''o'''*. Les droites *vo'''*, *uz'*, *ei*, doivent être parallèles à *Vs*. Enfin, la petite droite *ei*, qui est l'ombre d'une partie de *ov* sur la face du bandeau, doit partir du point *k* suivant lequel la droite *ov* perce le plan vertical *eim*, et la droite *uz'* doit passer par le point où se rencontrent les arêtes supérieures des deux bandeaux.

263. *Ombre de la porte.* Le point *h'* s'obtiendra par l'intersection du rayon *hs* avec la verticale suivant laquelle le mur qui est dans le fond est coupé par le plan vertical qui contient l'arête du pied-droit.

264. *Ombre des rampes.* Les arêtes des rampes étant prolongées, concourent en un point *c''* situé sur la verticale du point de vue. La ligne *c''s* sera donc à l'infini, la trace verticale des plans formés par les rayons de lumière qui s'appuient sur les arêtes des rampes. Le point *c*, suivant lequel la droite *c''s* coupe la ligne d'horizon, sera le point de concours des intersections de ces mêmes plans avec les plans horizontaux de la terre et des marches.

Il résulte de là que le contour de l'ombre portée se composera de la manière suivante :

1° Sur la terre, une petite droite dirigée vers le point *s'*; cette ombre est portée par l'arête verticale du petit mur de rampe à gauche de l'escalier;

2° La continuation de la même ombre se relève sur la face verticale de la première marche;

3° Une petite droite parallèle à V*s* et provenant de l'intersection de la face verticale de la première marche par le plan des rayons qui s'appuyent sur l'arête perpendiculaire au tableau;

4° Sur la face horizontale de la première marche, une très-petite portion de l'ombre de la même arête, dirigée vers le point de vue et terminée par le sommet de l'angle rentrant que cette ligne fait avec l'ombre de l'arête inclinée;

5° Une petite droite dirigée vers le point *c*, et formant l'ombre d'une partie de l'arête inclinée;

6° Sur la face verticale de la deuxième marche, la continuation de l'ombre de la même arête devient parallèle à la droite *c''s*;

7° Sur la face horizontale de la deuxième marche, une très-petite partie de la même ombre dirigée vers le point *c*;

8° Enfin, une petite ligne dirigée vers le point de vue et provenant de la deuxième arête perpendiculaire au tableau.

Le lecteur fera bien d'exécuter toutes ces opérations sur une plus grande échelle et de vérifier les résultats en construisant les rayons de lumière passant par chacun des angles de la ligne brisée. L'ombre de la deuxième rampe se construira par les mêmes moyens, et le contour sera composé dans l'ordre suivant :

1° Sur la terre, une droite dirigée vers le point *s'* et qui est l'ombre portée de la petite arête verticale;

2° Une ligne dirigée vers le point de vue et provenant de l'arête perpendiculaire au tableau;

3° Une droite dirigée vers le point *c* et représentant l'ombre portée sur la terre par une partie de l'arête inclinée;

4° La continuation de cette ombre se relève sur la face verticale du mur, et parallèlement à *c''s*, jusqu'au point d'ombre provenant de l'angle saillant formé par la rencontre de l'arête rampante avec l'arête horizontale supérieure ;

5° Enfin, le dernier côté, parallèle à la droite V*s*, et qui doit aboutir au point où l'arête horizontale perce la face verticale du mur.

CHAPITRE IV.

Ombre sur les surfaces courbes.

---

265. Surfaces cylindriques. Soit V le point de vue, **fig. 297, pl. 59**;

s le point de concours des rayons lumineux ;

s' le point de concours des traces horizontales des plans projetants verticaux des rayons lumineux.

V*s* sera, à l'infini, la trace de tout plan contenant un rayon de lumière et perpendiculaire au plan vertical de projection. Ainsi cette droite peut être regardée comme une projection verticale commune à tous les rayons lumineux. La droite *sc* est, à l'infini, la trace commune à tous les plans contenant les rayons de lumière et parallèles à la base du cadre ; par conséquent *c* est le point de concours des intersections de ces plans avec tout autre plan vertical et perpendiculaire au tableau.

266. *Berceau perpendiculaire au tableau.* Supposons qu'il s'agisse de déterminer l'ombre portée dans l'intérieur du berceau A, formé par un cylindre perpendiculaire au plan du tableau et terminé par un mur de face. Supposons, de plus, que l'on veuille déterminer d'abord l'ombre du point *n*.

On sait (*Géométrie descriptive*) que pour construire l'intersection d'une ligne droite avec un cylindre, il faut faire passer par la droite un plan parallèle à ce cylindre. Or, la trace verticale de ce plan doit se confondre, à l'infini, avec la droite V*s* qui joint le point de concours des rayons lumineux avec le point V, vers lequel concourent les génératrices du cylindre donné ; de sorte que le plan auxiliaire dont nous venons de parler coupera le plan vertical qui contient l'arc *ann'*, directrice du berceau suivant la droite *nn'* parallèle à V*s*. La génératrice *n'n''*-V sera l'intersection de la surface du cylindre par ce même plan auxiliaire, et le point *n''* résultant de la rencontre de cette génératrice par le rayon *nn''*-*s* sera l'ombre du point *n*.

En recommençant cette construction, on obtiendra autant de points que l'on voudra de la courbe *rq*.

267. On peut encore envisager cette question comme la recherche de l'intersection de deux cylindres, dont l'un forme la surface d'intrados du berceau donné, tandis que le second, incliné par rapport au tableau, serait formé par les rayons de lumière qui s'appuient sur l'arc *ann'*, et dans ce cas la droite V*s* représente, à l'infini, toutes les traces verticales du système de plans parallèles aux deux cylindres et suivant lesquels on doit les couper pour obtenir leur intersection. Le point *r* est déterminé par la tangente parallèle à V*s*. Le point *q* doit se trouver sur l'arc de cercle *d'q*, qui est l'ombre de l'arc *ar* sur le mur du fond.

Pour construire cette ombre, on tracera :

1° Le rayon de lumière *ad'*-*s*;

2° Le rayon *ee'*-*s*;

3° L'horizontale *d'e'*; ce qui donnera le centre *e'* et le rayon *e'd'* de l'arc *d'q*.

L'ombre dans le berceau B se construira comme celle du berceau A, à l'exception de la verticale *pd*, provenant du pied-droit de la voûte d'arête qui est à gauche du tableau.

268. *Berceau parallèle au tableau.* Cette opération est encore la conséquence des principes de Géométrie descriptive que nous venons de citer. Ainsi, pour obtenir l'ombre du point *u*, on tracera :

1° Le rayon *uu''-s* ;

2° La droite *uu'-c*, qui est l'intersection du plan qui contient l'arc *uou'* par le plan auxiliaire parallèle au cylindre et contenant le rayon du point *u* ;

3° L'horizontale *u'u''* suivant laquelle ce plan coupe le cylindre.

L'intersection de *u'u''* avec *uu''-s* donne *u''* pour l'ombre du point *u*. Le point *o* sera déterminé par la tangente *o-c*. Enfin la portion de l'ombre sur le pied-droit pourra être déterminée de la même manière, ou comme nous l'avons dit au n° 257.

269. *Voûte d'arête.* La voûte d'arête à gauche du tableau étant une combinaison des deux berceaux précédents, la manière d'opérer sera la même. Ainsi, pour l'ombre du point *z* qui appartient à l'arc de tête du berceau parallèle au tableau, on tracera (268) :

1° La droite *zz'-c*, intersection du plan de l'arc *ztz'*, par le plan incliné qui contient le rayon du point *z* ;

2° L'horizontale *z'z''*, génératrice du berceau ;

3° Le rayon *zz''-s*, dont l'intersection avec *z'z''* donne *z''* pour l'ombre du point *z*.

Pour obtenir l'ombre du point *m* dans la surface du cylindre parallèle au tableau, on tracerait :

1° L'horizontale *mm'*, suivant laquelle le plan auxiliaire qui contient le rayon du point *m* coupe le plan de l'arc *amy* ;

2° La droite *m'm''-c* ;

3° La droite *m''m'''*, génératrice du berceau ;

4° Le rayon *mm'''*, dont l'intersection avec *m''m'''* détermine le point *m'''* pour l'ombre du point *m*. Cette ombre est ici cachée par le pied-droit.

Enfin, pour déterminer l'ombre du point *x* de l'arêtier dans le berceau parallèle au tableau, on tracera :

1° La génératrice *xx'* ;

2° La droite *x'x''-c* ;

3° La génératrice *x''x'''*, dont l'intersection avec le rayon *xx'''-s* détermine *x'''* pour l'ombre du point *x*.

270. *Berceau oblique.* Soit *c* et *c'*, **fig. 298, pl. 60,** les points suivant lesquels les deux faces principales du monument vont couper la ligne d'horizon ;

s étant le point de concours des rayons lumineux ;

s' étant le point de concours des traces des plans verticaux projetant les rayons lumineux ;

cs représentera à l'infini, la trace commune au système de plans parallèles au berceau et aux rayons de lumière ;

c'c'' sera la trace verticale du plan qui contient l'arc *nen'*;

D'où il résulte que le point *c''* provenant de la rencontre des droites *csc''*, *c'c''* sera le point de concours des lignes suivant lesquelles le plan de l'arc *nen'* est coupé par le système de plans auxiliaires parallèles aux rayons de lumière et au cylindre qui forme l'intrados du berceau.

Ainsi, pour déterminer l'ombre du point *n*, on tracera :

1° La droite *nn'-c''*, suivant laquelle le plan de l'arc de tête est coupé par le plan auxiliaire *nc''c ;*

2° La droite *n'n''-c*, génératrice de l'intrados ;

3° Le rayon *nn''-s*, dont la rencontre avec *n'n''* détermine *n''*.

Le point *e* s'obtient en construisant la tangente *t-c''*.

271. *Voûte d'arête oblique.* Soit *c*, *c'* les points de concours des deux cylindres dont la rencontre forme la voûte proposée ;

s étant le point de concours des rayons lumineux ;

s' étant le point de concours des projections horizontales de ces mêmes rayons.

On tracera la droite *cs*, que l'on prolongera jusqu'à ce qu'elle coupe la verticale *c'c''*; ce qui donnera en *c''* le point de concours des lignes suivant lesquelles le plan *nu* est coupé par les plans auxiliaires parallèles aux rayons de lumière et au cylindre dont les génératrices concourent en *c*.

272. On tracera ensuite la droite *c's*, que l'on prolongera jusqu'à sa rencontre avec la verticale *cc''*, et l'on aura en *c''* le point de concours des lignes suivant lesquelles le plan *mn* est coupé par le système de plans parallèles aux rayons de lumière et au cylindre dont les génératrices concourent en *c'*.

273. Pour mieux faire comprendre les opérations, j'ai dessiné le résultat sur une plus grande échelle ; ainsi le lecteur doit conserver en même temps sous les yeux les figures **299**, pl. **60** et **300**, pl. **61**.

Pour abréger le discours, je désignerai les deux berceaux par les lettres A et B situées dans les faces verticales de leurs piedsdroits. Voici l'ordre des opérations :

Ombre du point n *dans le berceau* A. On tracera :

1° La droite *nn'-c"* ;
2° La génératrice *n'n"-c'* ;
3° Le rayon *nn"-s* ; ce qui donnera *n"*.

Le point *r* sera déterminé par la tangente *r-c"*.

Ombre du point u *dans le berceau* B. On tracera :

1° La droite *uu'-c"* ;
2° La génératrice *u'u"-c* ;
3° Le rayon *uu"-s* ; ce qui donnera *u"*.

Le point *t* s'obtient en construisant la tangente *t-c"*. On opérera de la même manière pour construire *z"*, ombre du point *z*.

Ombre du point m *dans le berceau* A. On tracera :

1° La droite *mm'-c'*, suivant laquelle le plan D est coupé par le plan auxiliaire parallèle aux rayons lumineux et au cylindre A ;
2° La droite *m'm"-c"* ;
3° La génératrice *m"m"'-c'* ;
4° Le rayon *mm"'-s* ; ce qui donnera *m"'*.

Ombre du point v *sur le mur*. On tracera :

1° La verticale *vv'* ; ce qui donnera *v'* sur la projection horizontale de l'arêtier.
2° La droite *v'v"-s'* ;
3° La verticale *v"v"'* ;
4° Le rayon *vv"'-s*.

Ombre du point o *sur le mur*. On tracera :

1° La verticale *oo'* ;

2° La droite $o'o''$-s';
3° La verticale $o''o'''$;
4° Le rayon oo'''-s.

Enfin, on remarquera que x' est l'ombre du point x, et que s' provient du point s. L'arc $x's'$ est l'ombre de xs.

274. Ombre dans la niche sphérique. Avant d'entreprendre la construction de l'épure, je rappellerai au lecteur le principe au moyen du quel, en géométrie descriptive, on détermine l'ombre dans une niche sphérique.

Soient, **fig. 303, pl. 62,** les projections verticale et horizontale d'une niche sphérique. On sait que l'arc de grand cercle *aus* est la directrice du cylindre formé par les rayons lumineux, et que le contour de l'ombre portée résulte de l'intersection de ce cylindre avec la surface intérieure de la niche. Enfin on démontre que la partie de ce contour, qui est au-dessus du plan de naissance, est un arc de grand cercle projeté sur le rabattement par la droite $o'u''$.

Or, si l'on conçoit un cylindre A qui aurait pour directrice le grand cercle *aus*, $u'o's'$, et dont la direction serait perpendiculaire à celle des rayons lumineux; il est évident que ce cylindre contiendra la courbe d'ombre $o'u'$, de sorte que cette ligne étant située dans le cylindre A et dans le cylindre B formé par les rayons lumineux, pourra être considérée comme l'intersection de ces deux cylindres. De là résultent les constructions que nous allons indiquer.

275. *Première méthode.* Pour rendre la démonstration plus claire, en écartant les lignes d'opération, j'ai placé le point de vue très-près du tableau.

La direction du rayon de lumière étant déterminée par ses deux projections *ab*, *a'b'*, **fig. 301,** supposons que la distance au tableau soit égale à VD ou VV', **fig. 302.**

On tracera parallèlement à *a'b'* la droite Vr' que l'on peut considérer comme la projection horizontale du rayon de lumière que l'on aurait rabattue sur le plan du tableau en la faisant tourner autour de la ligne d'horizon.

s' sera donc le point de concours des traces horizontales des plans projetants des rayons de lumière, et le point *s* résultant de la rencontre de la verticale *s's* avec la droite V*s* parallèle à la projection verticale *ab* des rayons lumineux, sera le point de concours de ces mêmes rayons.

Les données précédentes étant admises, si l'on conçoit par la droite V*s* un plan perpendiculaire au tableau, et que l'on rabatte ce plan en le faisant tourner autour de V*s*, le point de vue viendra se placer en V'' et le rayon de lumière du point de vue se rabattra suivant la droite *s*V'' qui, dans ce rabattement, donnera la direction du cylindre B, fig. 303, de sorte que la droite V''*c*, perpendiculaire sur V''*s*, sera la direction du cylindre A, et le point *c*, résultant de la rencontre de V''*c* avec *s*V sera le point de concours des génératrices du cylindre A.

Ainsi, la droite *sc* représente, à l'infini, la trace commune à tous les plans auxiliaires par lesquels il faut couper les deux cylindres A et B, fig. 303, pour construire leur intersection *o'u''* qui est la courbe d'ombre cherchée. Si donc nous revenons à la figure 302, les constructions devront être faites dans l'ordre suivant :

Pour déterminer l'ombre du point *n*, on tracera :

1° Parallèlement à *cs*, la droite *nn'* suivant laquelle le plan de l'arc *anz* est coupé par le plan auxiliaire parallèle aux deux cylindres A et B ;

2° La droite *n'n''-s*, génératrice du cylindre B formé par les rayons lumineux ;

3° La droite *n'n''-c*, génératrice du cylindre A, perpendiculaire au cylindre B.

L'intersection des deux droites *nn''*, *n'n''*, déterminera le point *n''* pour l'ombre du point *n*. La même construction répétée fera connaître autant de points que l'on voudra de la courbe *om''*. Le point *o* sera déterminé par la tangente parallèle à *cs*. Enfin, si l'on construit les deux droites *c-nn'''*, *s-n'n'''*, on aura un point *n'''* qui fera partie de l'intersection du cylindre des rayons lumineux avec la partie de la sphère qui serait en deçà du plan de l'arc *anz*.

Il est bien entendu que les raisonnements précédents ne s'appliquent qu'à la recherche de la portion xm'' de l'ombre qui a lieu dans la surface sphérique de la niche, et qui représente l'ombre de l'arc om. Pour le reste on emploiera le principe du n° 257.

Ainsi, pour avoir l'ombre du point x dans le cylindre de la niche, on tracera :

1° La verticale xx';

2° La droite $x'x''$-s';

3° La verticale $x''x'''$;

4° Le rayon xx'''-s dont l'intersection avec $x''x'''$ donnera x''.

276. 2e *méthode*. Si la distance du spectateur au tableau était très-grande, l'éloignement du point c rendrait la construction précédente impraticable. Dans ce cas on pourra suppléer à l'absence de ce point en le remplaçant par celui vers lequel concourent les droites suivant lesquelles le plan de la courbe d'ombre est coupé par le système de plans auxiliaires qui projettent les rayons lumineux sur le plan vertical.

Ainsi, les données étant les mêmes que dans l'épure précédente, on construira la figure rabattue 305 comme s'il s'agissait de déterminer la projection verticale de l'ombre, puis, après avoir construit VV'' égale à la distance du spectateur et perpendiculaire sur sV, on tracera la droite V''c' parallèle à $o'u''$, fig. 305, ce qui déterminera le point c', fig. 304. Cela étant fait, pour construire l'ombre du point n, on tracera :

1° La droite nn', parallèle à Vs, et représentant l'intersection du plan de l'arc anz par le plan auxiliaire qui contient le rayon du point n;

2° La droite $n'n''$-c', suivant laquelle ce même plan coupe celui qui contient la courbe d'ombre;

3° Enfin le rayon nn''-s, dont l'intersection avec $n'n''$ donnera n''.

277. On opérerait de la même manière si l'on voulait obtenir u'', qui serait l'ombre du point u dans la portion de surface sphérique prolongée au-dessous du plan de naissance.

La construction de ce point peut servir de vérification. En effet, si l'on trace $u''u'''$ parallèle à $o'o''$, et que l'on joigne u''' avec le point de vue, la droite u'''-V doit passer par le point u''. Cela provient de ce que u''' est la projection, et u'' la perspective du point d'ombre qui, sur la figure **305**, est projeté en u''.

On n'oubliera pas que la droite V''s doit être parallèle à $u'u''$, **fig. 305**, ou, ce qui est la même chose, à la droite $a''b$, **fig. 301**, chacune de ces deux lignes représentant l'un des rayons de lumière rabattu sur le plan vertical de projection.

278. Points de concours trop éloignés. Dans les exemples qui précèdent, nous avons toujours supposé que l'on avait sur l'épure les points de concours des rayons lumineux et de leurs projections horizontales. Mais si, comme nous l'avons dit plus haut **258**, on veut obtenir certaines masses d'ombres nécessaires à l'effet du dessin, on pourra quelquefois alors être forcé d'éloigner les points de concours bien au delà des limites de la planche à dessiner.

279. Dans ce cas, le plus simple sera de faire une projection géométrique et bien arrêtée de toutes les ombres portées par les saillies du monument, et de construire ensuite la perspective du résultat par les moyens ordinaires. Si cependant on n'avait besoin que de quelques masses peu accidentées dans leurs contours, on pourrait facilement les déterminer directement en perspective sans sortir des limites de l'épure.

280. Soit, **fig. 308, pl. 63,** $b'd'$ la projection horizontale d'un rayon lumineux, et bd, **fig. 309,** la projection verticale du même rayon; il s'agit de déterminer l'ombre d'une droite verticale nn', **fig. 307.** La droite nn'', parallèle à bd, étant la projection du rayon de lumière sur le plan vertical $n'n''$, la ligne n''-V contiendra l'intersection de ce même rayon avec la surface de la terre. Il ne restera donc plus qu'à déterminer ce point.

Si l'on avait sur le tableau la perspective du point c, **fig. 308,** il suffirait de construire la droite $n'n''$ dirigée vers ce point; mais si l'on veut remplacer le point de concours c par un autre point c' situé au bord du cadre, il faut que l'on ait :

$$\left(\underset{\text{fig. 307}}{n''n' : n''n'''}\right) = \left(\underset{\text{fig. 308}}{co : ox}\right).$$

De là résulte la construction suivante :

On tracera où l'on voudra sur l'épure, **fig. 306**, une droite $b''d''$ parallèle à la projection verticale du rayon de lumière bd, et l'on partagera l'horizontale $p''d''$ dans le rapport de oc à ox, **fig. 308**, par un point h que l'on joindra avec b''. Cette figure servira pour tout le dessin.

Ainsi, par exemple, pour déterminer l'ombre du point n, **fig. 307**, on tracera :

1° L'horizontale $n'n''$;

2° La droite nn'' parallèle à $b''d''$, ce qui déterminera n'';

3° La droite nn''', parallèle à $b''h$, ce qui partagera $n'n''$ dans le rapport de co à ox, **fig. 308**;

4° On joindra le point n'' avec le point de vue;

5° Enfin, on tracera la droite $n''c'$, ce qui donnera n'' pour l'ombre du point n, et par conséquent la droite $n'n''$ pour l'ombre de la verticale nn'.

281. On peut encore opérer de la manière suivante : Après avoir tracé, **fig. 314**, la droite $b''d'''$, parallèle à bd, **fig. 309**, on déterminera le segment $d'''h'$, de manière que l'on ait :

$$\left(\underset{\text{fig. 314}}{p'd''' : d'''h'}\right) = \left(\underset{\text{fig. 308}}{co : oa}\right).$$

Cela étant fait, si l'on veut avoir l'ombre du point u, **fig. 315**, on tracera :

1° L'horizontale $u'u'''$;

2° La droite uu'' parallèle à $b''d''$;

3° La droite uu''', parallèle à $b''h'$;

4° La droite u'-V, dirigée vers le point de vue;

5° Enfin, u'''-c'', ce qui déterminera u''.

Ainsi, on pourra prendre le point de concours à gauche ou à droite, suivant qu'on le jugera convenable.

On voit, par la nature des intersections qui déterminent l'ombre du point *v*, qu'il vaut mieux, pour ce point, employer le point de concours à droite, tandis que pour le point *u* il aurait mieux valu se servir du point à gauche *c"*, en opérant comme nous l'avons fait, fig. 307.

282. Ombre à 45°. La figure 311 est l'application du principe précédent à la détermination de l'ombre d'un prisme, en supposant que les deux projections du rayon de lumière font des angles de 45° avec la droite suivant laquelle se coupent les plans de projection.

Les données étant la base et l'élévation d'un prisme, fig. 316, 317, la projection horizontale *vz* et la projection verticale *db* du rayon de lumière. On construira d'abord, fig. 313, la perspective du plan, celle de l'élévation, fig. 311, et la figure auxiliaire 312, en traçant la droite *b'd'* à 45° et partageant *pd'* comme *co* : *ao*, fig. 316.

On opérera ensuite de la manière suivante :

Pour l'ombre du point *n*, on tracera :

1° L'horizontale *n'n"*;

2° La droite à 45° *nn"*;

3° La droite *nn'"* parallèle à *b'h*;

4° La droite *n"*-V;

5° La droite *n'"*-*c'*, ce qui donne *n*[v].

Pour avoir l'ombre du point *u* sur le mur, on commencera par déterminer son ombre *u"* sur la terre, et la droite *u'u"*, qui est l'ombre de l'arête *uu'* déterminera la verticale *u'"u*[v], dont l'intersection avec le rayon *uu"* donnera le point *u*[v].

283. Je me bornerai aux exemples précédents, qui, avec la théorie géométrique, que j'ai supposée connue du lecteur, suffiront pour lui donner un sentiment très-exact des masses d'ombres.

Il est rare, d'ailleurs, comme je l'ai dit au commencement de ce chapitre, que dans la peinture on détermine rigoureusement le contour des ombres; la lumière qui provient d'un soleil éclatant ne donnant en quelque sorte que deux espèces de tons, le noir et le blanc, est peu favorable aux effets du clair-obscur.

Les peintres préfèrent un jour reflété par un grand nombre de nuages qui leur permettent d'envoyer en quelque sorte des jets de lumière partout où ils en ont besoin pour faire ressortir les contours de certains corps.

Dans les intérieurs surtout, les jours qui arrivent par toutes les croisées donnent lieu à une infinité de pénombres que l'on peut, il est vrai, déduire par le raisonnement comme conséquences de la théorie géométrique des ombres, mais dont les formes souvent peu arrêtées ne sont pas susceptibles d'être obtenues par une opération graphique.

Il y a cependant quelques circonstances où il faut nécessairement appliquer la théorie géométrique des ombres : c'est, par exemple, lorsque dans un site tiré d'un climat méridional, la présence constante du soleil est indispensable à l'expression fidèle du sujet; ou bien encore lorsque l'état de l'atmosphère est un moyen de ramener les souvenirs du spectateur vers la scène que l'on représente et dans laquelle il a été acteur ou témoin.

J'ajouterai même que si, dans le sujet, il y a un monument connu d'un grand nombre de personnes, il doit être éclairé absolument comme il l'était à l'heure de la journée où s'est passée l'action que l'on reproduit sur la toile.

LIVRE IV.

APPLICATIONS.

CHAPITRE PREMIER.

Considérations artistiques.

284. **Distances comparées.** Nous avons dit bien des fois, qu'abstraction faite de la méthode employée par les peintres, les photographes ou les géomètres, la différence entre une bonne et une mauvaise perspective provient uniquement des positions relatives de l'objet, du spectateur et du tableau.

Il y a surtout deux sortes de distances à étudier, savoir :

1° La distance du spectateur à l'objet ;

2° La distance du spectateur au tableau, d'où résulte la distance du tableau à l'objet, et par conséquent la place que le tableau doit occuper entre l'objet et le spectateur.

La distance du spectateur à l'objet doit être étudiée avec le plus grand soin ; c'est la plus importante des conditions auxquelles il faut satisfaire pour obtenir une bonne perspective. C'est pourquoi nous allons entrer dans quelques détails à cet égard.

285. Distance du spectateur à l'objet. Si la distance du spectateur à l'objet est trop petite, on ne pourra pas voir cet objet sans tourner la tête, sans la lever ou la baisser; et cela fera autant de tableaux différents que l'on aura changé de fois la direction du rayon principal. Tandis que si l'on s'éloigne assez de l'objet pour que l'on puisse en voir l'ensemble d'un seul coup d'œil, ou au moins sans déplacer la tête, l'effet sera satisfaisant.

Ces différences d'aspects sont rendus sensibles sur les **pl. 4, 5, 6, 7** et **8**, que nous avons déjà discutées dans le ch. II du *Traité.*

Ainsi la perspective de la **fig. 15**, **pl. 5**, est mauvaise, parce que le spectateur placé au point **1** de la **fig. 12**, **pl. 4**, est trop près du monument M, tandis que la perspective de la **fig. 20** est bonne, parce que le spectateur, placé au point **6** de la **fig. 12**, est suffisamment éloigné.

La perspective de la **fig. 21**, **pl. 6**, est mauvaise, parce que le monument placé au point **1** de la **fig. 14** est trop près du spectateur, tandis que la perspective, **fig. 26**, est bonne, parce que le monument, placé au point **6** de la **fig. 14**, est suffisamment éloigné.

En général, si la distance du spectateur à l'objet est convenable, la perspective sera bonne; et si la distance est mal choisie le tableau sera mauvais.

Lorsqu'il s'agit de la perspective d'un monument rectangulaire vu de front, on peut se placer à *une fois et demie* la plus grande dimension de la partie visible du monument; mais s'il s'agit de vues obliques cela ne suffit pas et l'on devra s'éloigner au moins à *deux fois et demie, et souvent trois fois* la plus grande dimension visible de l'objet qui est le plus rapproché de l'œil.

Cela provient de ce que si un monument rectangulaire a ses faces principales parallèles ou perpendiculaires au tableau, chacun des nombreux angles droits formés par les arêtes de ce monument, aura un de ses côtés parallèle au tableau et, par cette raison, il se déformera beaucoup moins en perspective que les angles droits d'un monument vu obliquement.

Ces conditions d'éloignement, sans lesquelles il ne peut y avoir de bonne perspective, établissent en faveur des méthodes géométriques, un avantage incontestable sur toutes les autres. En effet, la difficulté de trouver un point de vue convenable existe pour la plupart des édifices situés dans l'intérieur des grandes villes, et tous les moyens artistiques ou mécaniques seront impuissants pour donner une bonne perspective d'un monument qui est entouré de maisons.

On pourra bien exécuter un dessin d'ensemble représentant un quartier de la ville dont le monument proposé ferait partie, mais il sera toujours impossible d'obtenir une bonne perspective d'un édifice qui ne serait pas suffisamment isolé du côté par où on le regarde.

On peut dessiner le dôme du Panthéon se détachant sur le ciel au-dessus des maisons qui l'environnent; mais, à moins d'abattre une partie du quartier Saint-Jacques, on ne pourra jamais faire à la vue une perspective satisfaisante du monument tout entier.

Je citerai pour exemples les ridicules perspectives que les dessinateurs et les photographes ont faites de la Bourse et de la Madeleine; ce qui provient de ce qu'il n'existe, du côté où la vue des deux monuments offrirait quelque intérêt, aucun point assez éloigné pour que les déformations angulaires soient insensibles.

Les croquis à main levée d'un monument trop près, les détails si intéressants obtenus par la photographie devront donc souvent être rectifiés par la géométrie, et corrigés de manière à reproduire l'ensemble, tel qu'on le verrait si l'on avait pu se placer à une distance convenable.

286. Distance du spectateur au tableau. Nous avons vu dans l'article précédent que la distance du spectateur à l'objet est la plus essentielle des conditions auxquelles il faut satisfaire lorsque l'on veut obtenir une bonne perspective. La distance du spectateur au tableau n'a pas une aussi grande importance, et l'on comprend qu'en s'éloignant ou se rapprochant du cadre, c'est comme si l'on s'éloignait ou se rapprochait d'une fenêtre par laquelle on regarderait les objets extérieurs.

Lorsque ces objets seront très-éloignés, on pourra se déplacer dans la chambre d'une quantité appréciable, sans que les déformations deviennent très-sensibles, et l'on peut en faire l'expérience en regardant les pieds d'une table ou d'une chaise. On verra que les variations de forme sont beaucoup plus grandes lorsqu'on est près de l'objet que lorsqu'on en est à une grande distance. Mais, lorsque les objets sont rapprochés et surtout lorsqu'ils sont au bord du cadre, il ne faut pas placer le spectateur trop près du tableau qui, dans ce cas, couperait très-obliquement la plus grande partie des rayons visuels. De sorte qu'à l'exception des figures qui occupent le centre du tableau, tous les objets deviendraient de véritables anamorphoses. Il faut donc alors que le spectateur soit assez éloigné pour voir l'ensemble du tableau d'un seul coup d'œil, ou au moins sans se déplacer. Nous allons tâcher de résoudre cette partie essentielle de la question.

Si l'on observe les personnes qui regardent un tableau, de manière à en bien voir l'ensemble, on remarquera qu'elles se placent presque toutes à une distance égale à peu près à *une fois et demie* la largeur du cadre. S'il s'agit d'une gravure ou d'un dessin, elles le prendront dans la main, puis elles éloigneront ou rapprocheront ce dessin de l'œil, jusqu'à ce que la vision ait lieu d'une manière bien nette; et presque toutes placeront l'œil à peu près à *une fois et demie* la largeur du dessin. Il est bien entendu que je ne parle ici que des vues ordinaires et que cela n'est pas applicable aux myopes, qui doivent renoncer à voir dans leur ensemble les tableaux et les dessins de grandes dimensions.

Les myopes qui regardent un tableau sont comme des gens qui se placeraient trop près d'un orchestre exécutant une œuvre musicale. Les sons de quelques instruments arriveraient trop tôt à leur oreille, tandis que d'autres y parviendraient trop tard et ces sons n'auraient pas entre eux les rapports d'intensité convenables à la perfection de l'ensemble.

287. Angle optique. Nous avons dit plus haut, qu'entre le spectateur et l'objet le plus rapproché, il devait y avoir au moins *deux fois et demie* et souvent *trois fois* la plus grande dimension de cet objet, et nous avons ajouté que cette condition était indispensable pour obtenir une bonne perspective d'un monument dont les dimensions principales ne sont pas parallèles ou perpendiculaires au tableau. Mais la distance du spectateur au tableau, et par conséquent, l'ouverture de l'angle optique ne sont pas des conditions aussi absolues.

Lorsqu'on veut que le cadre ne soit pas entièrement rempli par l'objet qui fait le sujet principal du tableau, lorsque surtout les parties latérales ne sont pas occupées par des constructions architecturales trop près du spectateur; on peut, sans inconvénient, comme on le voit sur la **pl. 64**, ouvrir l'angle optique afin de faire voir un plus grand nombre d'objets.

En effet, l'éloignement du spectateur par rapport au tableau, n'est une condition importante que parce qu'elle entraîne comme conséquence l'éloignement des objets les plus rapprochés de l'œil; car si on laisse entre ces objets et le spectateur une distance convenable, on pourra rapprocher le tableau et par conséquent ouvrir l'angle optique autant que l'on voudra.

Dans ce cas, les maisons M et N, **fig. 2**, seront de véritables anamorphoses, c'est-à-dire qu'elles ne paraîtront vraies que si le spectateur, placé au point O, se tourne successivement dans les directions indiquées par les rayons visuels OM, ON, etc.

Or, cela ne se passe pas ordinairement ainsi. Le spectateur qui veut voir quelques détails intéressants dans le voisinage de la maison *m* du tableau vient ordinairement se placer au point O', et la maison M, dessinée au point *m* pour être vue du point O, n'aura plus la forme qui lui convient si on la regarde du point O'.

De plus, le spectateur verra au point *m* l'objet M qui, vu du point O', devrait occuper le point *m'* du tableau.

Ces déformations sont peu sensibles pour les maisons M et N, parce qu'elles sont très-éloignées; mais s'il s'agissait d'objets plus près du tableau, les altérations de forme seraient beaucoup plus apparentes.

Ainsi, par exemple, s'il y avait en *u*, la perspective d'un objet U très-près du tableau, il ne serait plus permis au spectateur de quitter le point O; car s'il se rapprochait jusqu'en O", par exemple, de manière que la distance O"U soit le tiers de OU, ce rapprochement considérable détruirait complétement l'illusion.

On peut facilement vérifier ce que nous venons de dire, en regardant la figure 1 avec attention. Pour mieux faire comprendre ce que j'avais à dire relativement à l'angle optique, j'ai cru devoir, dans cet exemple, placer le spectateur à une distance égale seulement à *une fois* la largeur du cadre. Or, cette largeur étant exactement de 22 *centimètres*, il s'ensuit que, pour bien voir le dessin, il faut placer son œil en face du point qui est au milieu de la ligne d'horizon HH' et à 22 *centimètres* du papier. On reconnaîtra qu'à cette distance la perspective est très-exacte. Si l'on éloigne le dessin, si on le fait mouvoir de droite à gauche ou réciproquement, comme si l'œil occupait successivement les points O" ou O" de la fig. 2, les déformations seront peu sensibles pour l'église, pour les maisons et pour l'obélisque placé devant l'église, parce que ces objets étant très-éloignés, le déplacement de O" en O" change très-peu leur position par rapport au spectateur. Mais il n'en serait pas de même pour la tour quarrée U, que je n'ai tracée qu'en points sur la fig. 1. Si on la regarde en se plaçant au point de vue, à la distance de 22 *centimètres*, et fermant un œil pour éviter la double vision, la perspective de cette tour paraîtra exacte; mais si, pour mieux voir quelques détails, on vient se placer en face, elle paraîtra fausse, et cette déformation serait bien plus grande si on avait donné plus de hauteur à ce monument qui, dans le dessin actuel, n'a pas plus de quatre à cinq fois la hauteur d'un homme.

Ce que nous venons de dire s'applique surtout aux vues d'intérieur, dans lesquelles il y a souvent des parties architecturales très-voisines du plan du tableau. Dans ce cas, il ne faut pas faire un cadre trop large, parce que les objets figurés au bord seront vus trop obliquement; et, s'ils ont été peints dans cette prévision, les déformations seront très-sensibles lorsque le spectateur se placera en face de ces objets pour mieux en apprécier les détails.

Je citerai à l'appui de cette remarque une observation que beaucoup de personnes peuvent vérifier. La figure 3 est le plan de la salle dans laquelle est exposé, à Versailles, le tableau du *Sacre de Napoléon Ier*, par David. Cette salle étant très-vaste, le spectateur, placé en O, pourra voir le tableau dans son ensemble, et le résultat sera satisfaisant, pourvu qu'il ne s'approche pas des bords A et B du cadre. Mais, s'il vient se placer en O', dans l'intérieur de l'une des petites salles voisines, de manière que les arêtes *m* et *n* de la porte se projettent en M et N sur le tableau, et figurent ainsi les côtés verticaux d'un cadre moins large *m'n'*; la partie MN, qui ne contient plus que le groupe central et mieux peint des principaux personnages, produit alors un effet admirable.

Il serait sans doute préférable, que la porte *mn* fût en face du tableau; mais l'inclinaison des rayons visuels sur le plan AB n'est pas assez grande, pour rendre sensibles les déformations qui en résultent.

Nous venons de voir qu'il ne fallait pas prendre un cadre trop large, parce que les parties latérales, surtout dans les vues intérieures, seraient nécessairement des anamorphoses; mais il ne faut pas non plus prendre un cadre trop étroit, qui serait presque entièrement rempli par la perspective de l'objet principal, comme on peut le voir en comparant les figures 29 et 34 de la planche 8 du traité.

Dans un cadre trop petit, comme par exemple dans la *Jeanne Gray* de Paul Delaroche, les personnages ne paraissent pas avoir la liberté de leurs mouvements; il semble qu'ils vont se cogner la tête contre le plafond.

La *Mort d'Élisabeth*, par le même artiste, paraît avoir lieu dans un cabinet de toilette.

Un cadre trop près des figures détruit l'illusion; il faudrait qu'en regardant la scène principale on pût éviter de voir le cadre; sans cela, il fera toujours l'effet d'une porte, et la scène paraîtra se passer dans une chambre voisine dont on n'ose pas approcher.

Une figure seule dans un cadre trop petit produit l'effet d'un portier qui mettrait la tête à son vasistas pour reconnaître les personnes qui passent devant sa loge.

Chérubini couronné par une Muse, dans son portrait, par Ingres, produit l'effet d'un spectateur auquel une ouvreuse vient offrir le programme. Si la Muse était supprimée le cadre serait très-bien.

Le cadre trop étroit et trop court dans lequel M. Winterhalter a resserré le portrait de la *princesse russe Woronzoff*, la fait paraître excessivement grande. Enfin, la belle étude d'*Ève*, par Clésinger, gagnerait considérablement si elle était placée dans un cadre plus grand.

288. Ligne d'horizon. La distance du spectateur à l'objet et au tableau, l'ouverture plus ou moins grande de l'angle optique, ne sont pas les seules conditions auxquelles il faut satisfaire. La hauteur de l'horizon a beaucoup d'influence sur le résultat, et doit être étudiée avec le plus grand soin.

J'ai dit plus haut que la ligne d'horizon est un arc d'hyperbole dont la courbure insensible ne peut jamais être exprimée sur un tableau.

Si un spectateur placé à 60 mètres au-dessus du niveau de la mer, dirige un rayon visuel vers un point quelconque de l'horizon réel, l'angle formé par ce rayon avec le plan horizontal, ne sera que d'environ 12′ ou $\frac{1}{5}$ de degré; quantité inappréciable, et qui, par conséquent, permet de prendre pour horizon rationnel la trace du plan horizontal qui contient l'œil du spectateur.

La hauteur à laquelle on doit placer la ligne d'horizon sur le tableau, dépend du sujet que l'on veut traiter. Ainsi, par exemple, si le tableau représente un salon dans lequel plusieurs personnes seraient réunies, les unes assises, les autres debout, on placera l'horizon à la hauteur d'une personne debout. Dans ce cas, le spectateur éprouvera la même impression que s'il était debout auprès des personnes représentées sur le tableau. Si le sujet ne contient que deux ou trois personnes assises, on fera bien de placer l'horizon à la hauteur de leurs yeux.

Après quelques moments d'attention, le spectateur pourra croire qu'il est lui-même assis auprès des personnes qu'il a devant lui, et qu'il prend part à leur conversation. Mais si l'une d'elles paraît lever un peu la tête, comme si elle regardait quelqu'un qui serait debout, il faudrait, comme dans l'exemple précédent, placer l'horizon à la hauteur d'une personne debout.

Si la réunion est nombreuse, comme dans une cérémonie ou assemblée quelconque, on devra élever l'horizon afin de faire voir un plus grand nombre de personnages; et dans ce cas, il faut tâcher de disposer l'ensemble de la composition de manière à produire pour le spectateur le même effet que s'il était dans une tribune d'où il assisterait à la cérémonie qui est représentée sur le tableau. Il faudrait également élever la ligne d'horizon, si le tableau contenait un grand nombre de personnes réunies sur une place publique ou dans une plaine, et l'on pourra toujours dans ce cas, supposer le spectateur placé sur une terrasse ou plutôt à une fenêtre dont l'ouverture produirait pour lui le même effet que le cadre du tableau. La même disposition serait également convenable s'il s'agissait d'un paysage ou d'une bataille à laquelle assisterait le spectateur placé sur une éminence ou à la fenêtre d'un édifice. Enfin il faudra, autant que possible, motiver ou plutôt tâcher de faire oublier le cadre qui contribue souvent à détruire l'illusion, surtout dans les vues obliques d'intérieur dans lesquelles les côtés de l'encadrement sont presque toujours coupés d'une manière disgracieuse par les grandes lignes d'architecture.

Nous avons insisté bien des fois sur les déformations qui ont lieu lorsqu'on se place trop près des objets que l'on veut dessiner. Ces altérations sont surtout sensibles quand il s'agit d'architecture. Les bases de colonnes vues d'en haut, tandis que les chapiteaux sont vus d'en bas, forment autant de tableaux différents. Une partie de cet inconvénient disparaît lorsque le spectateur s'approche assez du tableau pour qu'il soit obligé lui-même de baisser et lever successivement la tête, pour regarder les bases ou les chapiteaux; mais lorsqu'il s'éloigne pour voir l'ensemble, le tout ne forme plus qu'un chaos ridicule.

Quelques peintres ont pensé qu'ils rendraient les déformations moins sensibles en adoptant plusieurs horizons, de sorte qu'après avoir choisi un horizon pour les bases, ils prennent une seconde ligne d'horizon pour les chapiteaux. Nous allons faire voir comment cela produit en partie l'effet désiré. Soit, fig. 4, le tableau AT, incliné comme on le voit par rapport au mur M auquel il est suspendu. Les points B et C indiquent sur le tableau les hauteurs des bases et des chapiteaux d'une colonnade très-rapprochée du spectateur. Le point H indique la hauteur de la ligne d'horizon adoptée pour les chapiteaux, et le point H' indique l'horizon adopté pour les bases. Le spectateur pouvant se déplacer dans la salle d'exposition, et ne trouvant pas le point de vue, se contentera d'examiner les détails du tableau et se placera pour chacun d'eux au point qui lui paraîtra le plus convenable. Ainsi, après s'être arrêté un instant au point O pour regarder les chapiteaux, il s'avancera jusqu'au point O' pour regarder les bases, et pour chacune de ces deux stations successives, le rayon principal, perpendiculaire au plan AT du tableau, viendra toujours aboutir sur la ligne d'horizon correspondante. Il est vrai que du point O, les bases lui sembleront défectueuses, ainsi que les chapiteaux lorsqu'il les regardera du point O'; mais ces défauts seront peu sensibles si le tableau a de grandes dimensions, parce que, dans ce cas, il ne pourra pas regarder à la fois les bases et les chapiteaux. L'impossibilité où il sera de trouver un point de vue convenable, lui semblera résulter du peu de largeur de la salle ou de la trop grande inclinaison du tableau. Mais s'il s'agissait d'un petit tableau, cette *tricherie* serait inapplicable, parce que le point de vue étant situé dans la salle, on pourrait voir ensemble les bases et les chapiteaux dont les déformations seraient alors très-sensibles. Nous conclurons de là, qu'à l'exception de cas très-rares, et que l'on doit chercher à éviter, il ne faut pas employer deux horizons différents pour un même tableau. On conçoit d'ailleurs que cette méthode ne produirait aucun effet utile si le tableau n'était pas incliné de manière que le spectateur pût amener successivement son œil aux points O et O'.

Ce qui précède vient à l'appui de ce que nous avons dit bien des fois, qu'il ne faut pas dessiner d'objets trop rapprochés de l'œil, lorsque le spectateur ne peut pas, ou *ne sait pas* se placer au point de vue. Quant aux objets éloignés, nous avons déjà reconnu que le déplacement du spectateur altérera peu les formes apparentes.

289. Point de vue. Dans les perspectives de front, on ne place presque jamais le point de vue au milieu du cadre. On agit ainsi pour éviter la symétrie monotone que présenterait le tableau ; symétrie qui ne semblerait pas naturelle, parce qu'en parcourant une route ou une longue galerie, on ne s'assujettit jamais à suivre exactement la ligne qui est à égale distance des deux faces latérales, et l'on est par conséquent habitué à voir une de ces faces plus large que l'autre. Ensuite, cela permet de séparer un peu les arbres, les pilastres, ou les colonnes situées sur l'un des côtés du tableau. Mais il ne faut pas abuser de ce moyen, parce qu'alors le tableau tout entier ne serait plus qu'une anamorphose. Ainsi par exemple, dans son tableau de la *Mort de César*, M. Gérôme a placé le point de vue de telle manière que, pour bien voir ce tableau, il faudrait monter sur une échelle, et placer son œil à peu près sur l'horizontale projetante qui contient l'angle supérieur à droite du cadre ; dans ce cas, on n'aura encore sous les yeux que le coin d'un tableau. On a dit, pour excuser la singularité de cette disposition, qu'il fallait considérer cette toile comme un extrait d'une composition beaucoup plus vaste, qui comprenait la salle entière du sénat. Mais alors, il fallait refaire la perspective avec un point de vue convenable à la scène particulière dont l'artiste faisait le sujet principal du tableau : et s'il était absolument nécessaire d'écarter les deux colonnes, entre lesquelles est placé le fauteuil renversé, on pouvait obtenir facilement ce résultat, en traçant une perspective oblique, au lieu d'une vue de front qui rejette le point de vue en dehors du cadre.

Les personnes qui ignorent les lois de la perspective, se trompent souvent sur la position du point de vue. Ainsi dans l'exemple qui fait le sujet de la planche 64, le point de concours des horizontales situées dans la grande face de l'église étant très-éloigné, cette face leur semblera au premier coup d'œil parallèle au tableau. Ils prendront alors le dessin pour une perspective de front, d'où ils concluront que le point de vue, c'est-à-dire le point de concours des perpendiculaires au tableau, doit se trouver à droite et un peu en dehors du cadre, à la rencontre de la ligne d'horizon HH; avec les horizontales situées dans la plus petite face de l'église; de sorte qu'elles croiront mieux voir le tableau en venant se placer devant ce point. Cela serait une grave erreur. En effet, il suffit de jeter un coup d'œil sur l'angle optique, fig. 2, pour reconnaître que le point de vue désigné sur le plan par la lettre *v*, est exactement au milieu du cadre; et l'on devra se rappeler, une fois pour toutes, qu'il en sera toujours ainsi dans les perspectives obliques. Car, dans ces sortes de tableaux il n'y a aucun motif qui puisse engager à placer le point de vue ailleurs qu'au milieu de la ligne d'horizon.

Pour bien voir un tableau, il faut se placer au point de vue : et quand nous disons le point de vue, il est bien évident qu'il ne suffit pas de se placer au centre du tableau, lorsqu'il s'agit d'une perspective oblique, ou vis-à-vis du point vers lequel concourent les lignes perpendiculaires au tableau, dans les perspectives de front; mais quand on s'est placé exactement en face de ce point, il faut encore s'avancer ou se reculer jusqu'à ce que l'on soit à la distance convenable, absolument comme lorsque l'on allonge ou que l'on raccourcit une lorgnette jusqu'à ce que l'on ait trouvé le point où la vision se fait bien. Malheureusement peu de personnes prennent cette précaution, sans laquelle aucune perspective ne peut être rigoureusement vraie. Les unes s'approchent du tableau parce qu'elles ont la vue basse; d'autres pour mieux voir certains détails.

Plusieurs peintres, prévoyant ces déplacements du spectateur, adoptent *plusieurs points de vue*.

Ainsi, ils prennent un point de vue différent pour chacun des groupes principaux de personnages. Mais on comprend qu'il est impossible d'en faire autant pour les grandes lignes d'architecture qui ne peuvent et ne doivent être tracées que pour un seul point; de sorte que les personnages et l'architecture n'étant pas assujettis au même point de vue, il n'y a plus aucune vérité dans l'ensemble de la composition.

Cette méthode vicieuse a cependant trouvé des partisans. Ainsi, M. de la Gournerie ne paraît pas attacher au point de vue une grande importance artistique; il le regarde comme un *point de construction utile pour tracer l'épure*, mais il ne pense pas que le spectateur doive nécessairement venir y mettre son œil; que, d'ailleurs, cela lui serait souvent impossible, par suite de la place occupée par les tableaux dans les musées ou galeries d'exposition; que l'inclinaison des tableaux pourrait, dans certains cas, placer le point de vue si bas que l'on serait forcé de se coucher sur le parquet pour regarder ces tableaux; qu'en outre, la plupart des spectateurs, après avoir jeté un coup d'œil sur l'ensemble, changent de place à chaque instant pour voir successivement tous les détails.

Il y a malheureusement beaucoup de vrai dans ce que nous venons de dire, mais ce n'est pas une raison pour employer *plusieurs points de vue dans un seul tableau*. Il faut savoir avant tout si les tableaux sont faits pour ceux qui ne savent pas les regarder; s'ils sont destinés à décorer les appartements, comme les glaces, les draperies, les meubles de toute espèce, ou s'ils ont pour but d'exprimer une pensée, de faire naître des sentiments, d'éveiller des souvenirs. Dans le premier cas, le point d'où on les regardera est tout à fait indifférent, et pourvu qu'il y ait un beau cadre bien sculpté, surtout bien doré, le but sera rempli. On peut, comme les Chinois, prendre autant de points de vue que l'on voudra; mais si le sujet du tableau doit être une expression vraie de la nature, il faut que tout soit assujetti à un seul point de vue. J'avoue, pour mon compte, qu'avant de regarder les détails d'un tableau j'aime à en bien saisir l'ensemble. Pour cela, je cherche à me placer au point de vue, et si je ne le trouve pas, je suis vivement contrarié. Je ne m'empresserai pas cependant d'accuser l'artiste. Je sais, comme je viens de le dire, que la difficulté que l'on éprouve à retrouver le point de vue provient souvent de ce que le tableau est mal placé, de ce qu'il est trop élevé, trop incliné ou dans une salle trop étroite. Mais, si le peintre a pris plusieurs points de vue, c'est à lui que j'attribuerai le mauvais effet produit par son tableau.

Quelques exemples prouveront que, pour apprécier le mérite d'un tableau, il faut se placer au point de vue. A l'époque de la restauration, le peintre Gérard avait fait un portrait de Louis XVIII assis dans son cabinet, ayant devant lui une table de noyer. Ce portrait fut placé dans le grand salon du Musée, à une hauteur assez grande pour qu'il pût frapper tous les regards. Mais, par suite de l'élévation à laquelle le tableau avait été suspendu, il était impossible au spectateur de retrouver le point de vue et la distance ; de sorte qu'aucune des lignes du tableau ne paraissait avoir la direction qui lui convenait. Les meubles, les cadres, les bibliothèques, la pendule, tout cela paraissait renversé dans tous les sens. Ce mauvais résultat fut tellement sensible, que le *lendemain*, le tableau était placé dans la galerie à une hauteur telle que l'on pût mettre son œil au point de vue, et je puis affirmer qu'à cette place, l'accord qui existait entre la perspective et le portrait produisait un effet très-satisfaisant.

Pour second exemple, je citerai un tableau d'Eugène Delacroix. Je dois avouer d'abord que le talent de ce peintre ne m'est pas du tout sympathique, et qu'à tort ou à raison, la première sensation pour moi est presque toujours désagréable. Mais lorsque j'éprouve une impression contraire à celle d'un grand nombre de personnes, je commence par me condamner, et je fais mes efforts pour ramener mon sentiment à l'opinion commune. J'ai donc l'habitude, à chaque exposition, de me placer devant les tableaux de M. Delacroix, et d'y rester jusqu'à ce que j'aie reconnu les causes de l'enthousiasme exprimé par ses partisans. Sans réussir toujours, il m'est souvent arrivé de modifier ainsi mes impressions primitives ; mais tous mes efforts ont d'abord échoué devant le tableau qui représente l'entrée des croisés à Constantinople. Ce tableau avait été placé dans le grand salon, au-dessus de la porte qui communique avec la galerie d'Apollon. Il était donc trop élevé pour que l'on pût se mettre au point de vue. Mais, indépendamment de cette circonstance, il y a dans la disposition du sujet traité par le peintre, une cause qui augmentait encore le mauvais effet provenant de la place occupée par le tableau.

Le principal personnage, à cheval et très-rapproché du spectateur, occupe une éminence au delà de laquelle on voit la ville de Constantinople située dans une vallée. Or, pour le spectateur peu éloigné du groupe principal, cela produisait le même effet que s'il avait été lui-même sur la partie la plus élevée du terrain, de sorte que pour regarder la ville située dans la vallée, il aurait dû baisser les yeux, tandis qu'il était obligé de lever la tête par suite de la hauteur trop grande à laquelle on avait placé le tableau. Je ne doute pas que cette raison ne fût la cause de l'impression désagréable produite sur moi.

Ce qui me le ferait penser, c'est que le cadre ayant été suspendu très-bas dans les galeries de Versailles, où j'eus l'occasion de le voir souvent, l'ensemble, vu d'un point convenable, me parut alors parfait, et c'est un des tableaux que je revois avec le plus de plaisir.

Je crois pouvoir conclure des exemples que je viens de citer que, pour regarder un tableau qui contient beaucoup de constructions architecturales, *il faut se placer au point de vue.*

On a cité le stéréoscope pour justifier l'emploi de plusieurs points de vue; on a dit que l'illusion provenait surtout de ce qu'il y a deux dessins, l'un pour l'œil droit, et l'autre pour l'œil gauche. Mais la comparaison n'est pas juste, et prouverait seulement qu'il ne faut jamais prendre le point de vue assez près pour que la différence des deux visions soit sensible. On devrait plutôt en conclure que, si l'on prend plusieurs points de vue, il faudrait, comme pour le stéréoscope, faire plusieurs tableaux et tâcher de trouver un moyen qui permît de les regarder à la fois, ce qui, je crois, serait assez difficile.

On insistera sans doute sur cette remarque, que le spectateur se déplace pour voir séparément et de plus près chacune des figures. Mais, je le répète, si les objets sont éloignés, ce déplacement ne produit aucune déformation sensible; et si au contraire les objets sont très-près du tableau, il faut les regarder de côté, et dans la direction du rayon visuel qui leur correspond.

Mais il vaut mieux éviter de placer des figures, ou des objets matériels trop près du tableau, et lorsque le peintre ne peut pas faire autrement, lorsque surtout la toile est trop large pour qu'il puisse se placer au point de vue pour les dessiner, il doit disposer son modèle dans la direction du rayon visuel correspondant; car si, pour peindre un personnage placé au bord du cadre, on se place en face du modèle, la figure ne paraîtra vraie que pour ce point, et paraîtra fausse lorsqu'on la regardera du point de vue principal, de sorte que la déformation que l'on aura voulu éviter pour chaque figure en particulier, existera pour toutes, lorsqu'on les regardera ensemble; et d'ailleurs, l'architecture ne pouvant être dessinée que pour le point de vue du tableau, ne serait plus en rapport de grandeur et de position avec les personnages, si l'on adoptait un point de vue particulier pour chacun deux.

Les artistes doivent donc avoir égard à la position relative des figures, et s'ils croient utile d'adopter un point de vue particulier pour chacune d'elles, ils ne doivent prendre cette licence que pour celles qui sont éloignées, et pour les groupes placés vers le centre du tableau. Quant à ceux qui sont au bord du cadre et très-près du plan du tableau, ils doivent être dessinés du point de vue principal, ou au moins suivant la direction du rayon visuel qui leur correspond.

Dans tous les cas, il ne faut dessiner des objets près du tableau que lorsque le tableau est très-loin du spectateur, afin que les objets eux-mêmes n'en soient pas trop près.

En théorie, on devrait allonger la tête d'un homme vu d'un point au-dessus, ou au-dessous; on devrait augmenter le diamètre d'une colonne ou la diagonale d'un pilastre situé au bord du cadre. Mais cela serait de véritables anamorphoses, et c'est principalement pour les éviter qu'il ne faut pas *se placer trop près des objets*. Quelquefois cependant, en dessinant le dessus d'un chapeau, on fera mieux sentir que le personnage est placé au-dessous du plan horizontal qui contient l'œil du spectateur. En faisant voir le dessous de la mâchoire inférieure, l'ouverture des narines, et diminuant un peu la hauteur du front, on donnera plus de vérité à la figure d'un orateur placé dans une tribune à peu de distance du tableau. Mais il ne faut user de ces moyens qu'avec la plus grande réserve.

Quant aux grandes toiles, comme par exemple la *Prise de la Smala d'Abd-el-Kader*, il est évident que l'on ne peut pas les regarder d'un seul point qui ne pourrait pas être placé dans la salle d'exposition, et qui d'ailleurs serait trop éloigné pour que l'on pût distinguer les détails. On est donc forcé, dans ce cas, de prendre plusieurs points de vue; mais cela est sans inconvénient, parce qu'il n'y a aucune construction architecturale. D'ailleurs, des toiles de cette largeur ne sont pas des tableaux. Ce sont des *panoramas développés*, qui produiraient beaucoup plus d'effet s'ils étaient placés sur la face intérieure d'un mur cylindrique dont le spectateur occuperait le centre.

Une partie des critiques précédentes pourraient être adressées à plusieurs des planches du traité actuel. Sur quelques-unes, le point de vue est trop haut ou trop bas, il est souvent trop près du cadre; ailleurs, le cadre paraîtra trop petit. Mais il ne faut pas oublier que ces planches ne sont pas des tableaux, ce sont des études de principes, et l'on comprendra qu'il y avait là une difficulté qui n'existera pas dans la pratique. Ainsi, pour que le résultat produise un bon effet, il faut, comme nous l'avons dit bien des fois, que l'objet ne soit pas trop près du spectateur; et pour que les opérations puissent être indiquées sans confusion, il faut que le dessin soit aussi grand que possible. Or, les dimensions du cadre étant déterminées par la grandeur de l'atlas, il fallait trouver le moyen de faire entrer un grand dessin dans un petit cadre. Mais dans les applications, on n'a plus besoin de conserver les lignes et les notations nécessaires à l'explication de l'épure; ce qui permet alors de choisir le cadre et le point de vue de la manière la plus convenable.

290. Illusions d'optique. Dans un sujet de fantaisie, les parties architecturales n'ont pas nécessairement une grandeur déterminée. Les monuments peuvent être plus ou moins grands, mais l'ensemble doit toujours être dans un rapport convenable et possible avec les figures humaines. Ainsi, par exemple, une colonne trop grande ferait paraître les figures voisines trop petites; une colonne trop petite les ferait paraître trop grandes. C'est là ce que l'on appelle des *illusions d'optique* contre lesquelles les artistes ne sauraient trop se mettre en garde.

Un jeune peintre me montrait un jour une étude représentant un intérieur d'église. L'une des figures paraissait évidemment trop grande, quoiqu'elle fût dans un rapport convenable avec tous les autres personnages du tableau : voici d'où cela provenait.

Il avait donné trop de largeur à la face fuyante du pilastre voisin, fig. 5, pl. 65, et les lignes d'assises, ou *joints de lit* de cette face, concouraient en un point trop rapproché. Ces erreurs donnaient au pilastre l'apparence d'un objet très-près, tandis que dans l'ensemble de la composition, il occupait une place éloignée. Or, puisque par sa forme apparente le pilastre paraissait plus près, on s'attendait à le voir plus grand; mais le peintre ne l'avait pas fait plus grand, alors il paraissait trop petit : c'est pourquoi la figure voisine paraissait trop grande. Dès que l'artiste eut diminué la largeur de la face fuyante, fig. 5, et relevé les joints de lits de cette face, la figure parut avoir la grandeur convenable.

Supposons pour 2e exemple les portes dessinées sur les figures 7 et 8. Plaçons dans la première, fig 7, une figure qui remplisse presque entièrement l'ouverture; la voûte paraîtra très-petite, et produira l'effet d'un égout dans lequel serait un ouvrier : tandis que si dans la porte, fig. 8, on place un personnage très-petit, la voûte paraîtra immense. Ainsi, dans l'exemple cité plus haut, une inégalité dans l'architecture fait paraître les figures inégales, tandis que dans le dernier exemple, c'est l'inégalité des personnages qui produit l'inégalité apparente des monuments.

J'ai quelque temps hésité à dessiner les figures de cette planche, et l'on ne doit considérer ces dessins que comme un complément de démonstration. Il est très-difficile, en effet, de rendre sensibles sur le papier les illusions dont nous venons de parler. Je crois cependant que l'on y réussirait en isolant chaque figure; c'est-à-dire que, pour bien voir ce dont je viens de parler, il faudrait cacher avec la main les objets qui sont à côté du dessin que l'on regarde. Ainsi, par exemple, on cacherait la figure 8 pour regarder la figure 7, et l'on cacherait au contraire la figure 7 pour regarder la figure 8. Enfin on pourrait découper dans une feuille de papier l'ouverture par laquelle on regarderait le dessin que l'on veut isoler.

Les exemples que nous venons de citer sont des illusions d'optique qu'il ne faut pas confondre avec des effets d'optique. Il y a effet d'optique *lorsque l'on voit* les objets autrement qu'ils ne sont réellement, tandis qu'il y a illusion lorsqu'on *croit les voir* autrement.

L'effet d'optique est réel et dépend de certaines combinaisons physiques et quelquefois mécaniques de la lumière; tandis que l'illusion d'optique ne dépend que de notre imagination.

Ainsi, lorsque nous regardons les objets avec un verre grossissant, une lunette, un microscope, il y a un effet d'optique, parce que nous les voyons réellement plus gros qu'ils ne le sont : tandis que si nous *croyons* seulement les voir plus gros, il y aura illusion.

Je citerai pour exemple un phénomène très-connu qui est en même temps un effet et une illusion d'optique.

Tout le monde a remarqué la lune lorsqu'elle se lève pleine et entourée de vapeurs après une chaude journée d'été. Elle paraît alors énorme et couleur de sang; or il y a ici deux phénomènes qu'il ne faut pas confondre. Ainsi, la couleur est un effet d'optique, tandis que la grosseur n'est qu'une illusion. Pour faire comprendre la différence qui existe entre ces deux phénomènes, je rappellerai ce qui a lieu lorsqu'un rayon de lumière traverse obliquement un prisme triangulaire de cristal. Ce rayon, fig. 12, se décompose en rayons colorés, plus ou moins réfrangibles. Sans chercher à expliquer ici la cause de ce curieux phénomène, je ferai remarquer que les rayons rouges sont ceux qui se brisent le moins. Or on sait que la terre, fig. 14, est entourée d'une couche d'air d'une certaine épaisseur. Si l'on conçoit au point U un plan P tangent à la partie solide du globe, la couche d'air située au-dessus de ce plan formera un segment sphérique à une base, dont la section par le plan vertical qui contient le spectateur et la lune, sera le segment de cercle désigné sur la figure par une teinte légère. Remplaçons pour plus de simplicité le segment de cercle par le triangle *amc*, et supposons que la lune commence à s'élever au-dessus du plan P, les rayons horizontaux LT envoyés par cet astre pénètrent obliquement dans la couche d'air qui nous environne, et se brisent comme s'ils traversaient un prisme dont la section serait le triangle *amc*.

Les rayons violets, plus réfrangibles, atteignent la surface terrestre en des points situés entre nous et la lune, tandis que les rayons rouges moins réfractés, sont les premiers qui parviennent jusqu'à nous ; et l'on conçoit que cet effet augmentera les jours où l'atmosphère sera chargée de vapeurs épaisses résultant d'une journée très-chaude. Ainsi, la couleur rouge, sous laquelle la lune se présente alors à nos yeux, est bien un effet d'optique provenant de la réfraction qui en altère la couleur, et qui fait que *nous la voyons* réellement plus rouge qu'à l'ordinaire. Mais la grosseur apparente de cet astre est une illusion d'optique, et l'on peut s'en assurer de la manière suivante.

Concevons un long cylindre noirci intérieurement, comme serait, par exemple, un tuyau de poêle ou simplement un tube de carton. Supposons qu'à l'une des extrémités de ce tube on ait adapté un disque, au centre duquel on aurait percé un trou circulaire d'une grandeur telle qu'en plaçant son œil à l'autre extrémité du tube, on verrait le bord de la lune coïncider exactement avec la circonférence du trou. Si l'on regarde une seconde fois la lune, lorsqu'elle sera très-près d'atteindre le zénith, on la verra remplir entièrement l'ouverture circulaire par laquelle on avait d'abord regardé lorsqu'elle était à l'horizon, ce qui prouve bien que le diamètre apparent de la lune est toujours le même. Au surplus, si l'on mesure ce diamètre au zénith et à l'horizon, avec les instruments astronomiques les plus parfaits, on ne trouve pas la plus petite différence, d'où il faut bien conclure que la *grosseur énorme*, sous laquelle nous apercevons quelquefois la lune au moment où elle se lève, n'est qu'un effet de notre imagination, et doit être classée par conséquent parmi les illusions d'optique. Nous allons tâcher d'expliquer la cause de ce dernier phénomène.

Si, par une soirée de brouillard, on regarde des lumières placées à des distances différentes, on verra celles qui sont très-éloignées, beaucoup plus rouges que les autres. Cet *effet d'optique*, observé par nous depuis notre enfance, nous a familiarisé avec cette idée, que la couleur rouge de la lumière était une conséquence de son éloignement; de sorte que malgré nous, lorsque nous *voyons* une lumière plus rouge qu'à l'ordinaire, nous éprouvons la même sensation que si elle était plus loin; et comme ce phénomène a toujours lieu lorsque la lune est à l'horizon, l'idée d'éloignement qui résulte de sa couleur est fortifiée par les arbres, les maisons, les montagnes, qui, placés comme points de comparaison entre nous et la lune, contribuent encore à augmenter *en apparence* l'espace qui nous sépare de cet astre. Or, dès que nous avons acquis la sensation qui serait produite par un plus grand éloignement de la lune, nous faisons instinctivement et sans y penser les raisonnements qui suivent.

La lune nous *paraissant* plus loin qu'à l'ordinaire, nous nous attendons à la voir plus petite; mais elle n'est pas plus petite, c'est pourquoi elle nous paraît plus grosse.

Ce qui précède suffira sans doute pour faire comprendre la différence qu'il y a entre un effet et une illusion d'optique. Mais ce dernier phénomène est si dangereux, il égare si souvent la vue des dessinateurs, que je crois utile de citer encore quelques exemples.

Dans un tableau, fig. 4, concevons un arbre A placé au premier plan; supposons qu'après avoir calqué cet arbre, on le transporte en B à la même distance que l'arbre C, et sans rien changer à ses dimensions. Peignons l'arbre A en couleurs très-vives, tandis que les teintes des arbres B et C seraient plus pâles, comme s'il y avait un grand nombre de molécules aériennes entre ces arbres et l'œil du spectateur. L'arbre B paraîtra, non-seulement plus grand que l'arbre C, ce qui est vrai, mais aussi plus grand que l'arbre A, ce qui est faux, puisque l'arbre B est calqué sur l'arbre A, et lui est par conséquent égal.

Il est évident que cette différence apparente de grandeur sera une illusion d'optique, provenant de ce que l'arbre B, par sa place et par sa couleur affaiblie, produit l'effet d'un arbre éloigné. Or, dès que cet arbre paraît plus loin on s'attend à le voir plus petit, et cela n'ayant pas lieu, il paraît alors trop grand.

On connaît d'ailleurs les effets de l'irradiation, on sait que si deux figures quelconques, deux cercles par exemple l'un noir, fig. 14, et l'autre blanc, fig. 15, sont identiquement de la même grandeur, la figure blanche paraîtra beaucoup plus grande que la noire. C'est pourquoi une femme habillée en blanc paraît toujours beaucoup plus grande et plus grosse que la même femme habillée en noir.

Ces illusions, provenant de la lumière plus ou moins vive qui éclaire les objets, sont très-dangereuses pour les dessinateurs. En effet, si un peintre a *cru voir* un arbre trop grand, il le dessinera trop grand, puis prenant malgré lui ce premier objet pour terme de comparaison, il verra et dessinera trop grands tous les objets environnants. Ainsi, les hommes, les animaux, les maisons qui seront dans le voisinage de cet arbre, lui paraîtront trop grands. Si une maison a deux fois la hauteur de l'arbre, il conservera ce rapport sur son dessin, de sorte que s'il a dessiné ce premier arbre cinq fois trop grand, il en sera de même des personnages et de la maison. Si au contraire cet arbre lui paraît trop petit, les objets environnants lui paraîtront trop petits, et il les dessinera trop petits.

Beaucoup de peintres ne se rendent pas un compte suffisamment exact de la loi suivant laquelle décroissent les formes apparentes des objets éloignés. Ils sont souvent trompés, comme nous venons de le dire, par des causes accidentelles, comme, par exemple, une surface plus ou moins éclairée, plus ou moins plongée dans l'ombre. Deux de mes anciens élèves, en se promenant dans la campagne de Rome, eurent un jour l'idée de dessiner chacun une vue du château Saint-Ange. Mais l'un d'eux avait emporté une *camera lucida*, tandis que l'autre, très-habile dessinateur, crut pouvoir se fier à l'exactitude de son coup d'œil. Lorsqu'ils eurent comparé leurs croquis en prenant pour terme de comparaison l'un des objets environnants, il se trouva que le château dessiné par celui qui n'avait employé que ses yeux, était au moins *dix fois* aussi grand que le dessin obtenu par celui qui s'était servi de la *camera lucida*. Ce résultat leur parut si curieux, qu'ils avaient conservé leurs dessins, sur lesquels j'ai moi-même vérifié l'énorme différence de grandeur des deux monuments.

C'est principalement dans les compositions de fantaisie que les dessinateurs font quelquefois des fautes très-grandes, qu'ils pourraient facilement éviter, s'ils tenaient compte des rapports qui existent entre les distances et les grandeurs apparentes.

J'ai vu, il y a quelque temps, un tableau, fig. 2, sur lequel l'auteur avait peint un monument dont la hauteur perspective n'atteignait pas à la bouche d'un cheval situé sur le premier plan, et du reste fort bien peint. Or, si nous concevons, fig. 10, le spectateur S, le tableau AT et le cheval C, il est évident que la perspective *mn* ne peut se rapporter qu'à un monument MN assez petit pour que le rayon visuel M*m* puisse passer *au-dessous* de la tête du cheval; et dans ce cas le cheval et le monument n'ayant plus entre eux les rapports de grandeurs convenables feront l'effet de jouets d'enfants que l'on aurait placés sur une table, ou sur un tapis; tandis que si le monument, fig. 1, avait été dessiné de la même grandeur, *au-dessus* du cheval, il aurait paru très-grand parce que dans ce cas, fig. 15, le rayon visuel N*n* qui passe au-dessus du cheval ne peut rencontrer le sol que très-loin, et dès que l'on croit voir le monument très-loin, il paraît alors très-grand. D'ailleurs on compare toujours un objet à celui qui en est le plus rapproché. Ainsi, le monument dessiné sur la figure 2 paraît très-petit parce qu'on le compare au cheval; tandis que sur la figure 1 il paraît très-grand parce qu'on le compare aux arbres voisins.

Tous ces rapports doivent être étudiés avec la plus grande attention, non-seulement par les personnes qui peignent les tableaux, mais encore par ceux qui les regardent. On a dit qu'un tableau bien peint pouvait être regardé à toutes les distances ; que l'on pouvait, sans inconvénient, s'éloigner pour voir l'ensemble ou se rapprocher pour mieux voir les détails. Nous avons déjà reconnu que cela ne pouvait avoir lieu pour les lignes d'architecture, qui paraissent fausses dès que l'on abandonne le point de vue. Je vais démontrer que cela présente les mêmes inconvénients lorsqu'il s'agit des personnages.

En effet, les rapports de grandeur des figures humaines dépendent du point de vue choisi par le peintre ; et si le spectateur n'occupe pas ce point tout sera faux. Si les personnages figurés sur le tableau sont très-éloignés, le déplacement du spectateur, dans la salle d'exposition, changera très-peu les rapports des distances et par conséquent la grandeur apparente des figures ; mais il n'en sera pas de même lorsque l'un des personnages ou plusieurs d'entre eux seront près du tableau. Pour le prouver, supposons, fig. 16, deux figures placées l'une en O très-loin du tableau AT, et la seconde très-près en M. Supposons de plus, pour mieux fixer les idées, que les distances au tableau et au spectateur soient telles que la perspective *vo* du personnage O soit exactement le quart de la perspective *vm* du personnage M.

Si le spectateur vient se placer en S, il sera au point de vue choisi par le peintre, et le résultat semblera naturel. Mais si, pour mieux voir l'ensemble, le spectateur s'éloigne, le rapport de grandeur des figures diminuera, tandis que le rapport des images ne changera pas ; or si nous supposons, fig. 17, que le spectateur se soit éloigné jusqu'au point S', de manière que la perspective *v'o'* du personnage O' soit égale à la moitié de *v'm'*, il est évident que si le spectateur vient se placer en S", fig. 16, le tableau AT lui semblera faux, puisque sur ce tableau la personne O qui, vue du point S", devrait paraître égale à la moitié de *vm* n'en sera que le quart. De sorte que, vu du point S", le personnage *vo* paraîtra deux fois trop petit ou *vm* deux fois trop grand, et si par la comparaison avec les objets voisins la figure *vm* du tableau AT paraît avoir la grandeur naturelle, la figure *vo*, qui sera peut-être un vieillard, paraîtra n'avoir que la taille d'un enfant, pour le spectateur placé en S", tandis que pour le spectateur placé en S, elle aurait la taille convenable.

M. Coudert, dans son tableau des états généraux, a fait la faute dont nous venons de parler. Afin d'appeler l'attention sur les députés du tiers état, il les a placés trop près du tableau, et lorsque le spectateur s'éloigne pour voir l'ensemble, les figures du premier plan paraissent trop fortes; tandis que les autres figures, séparées des premières par toute la largeur de la salle des états, sont beaucoup trop petites et ne paraissent pas alors plus grandes que des marionnettes.

Les illusions d'optique n'ont pas seulement pour effet d'altérer dans l'imagination la forme et la grandeur des objets que l'on a sous les yeux; elles changent souvent aussi la direction apparente des lignes.

Pour apprécier la direction d'une ligne, nous la comparons ordinairement à une autre ligne dont la direction nous est bien connue. Nous avons l'habitude de prendre pour termes de comparaison les nombreuses arêtes horizontales ou verticales des objets rectangulaires qui se présentent si souvent à nos regards. Or, lorsque ces termes de comparaison viennent à nous manquer, ou lorsque notre vue est détournée par quelques grandes lignes qui traversent les parties les plus apparentes de l'espace que nous regardons, nous ne pouvons plus apprécier avec exactitude la direction des lignes secondaires. Quelques exemples vont éclaircir ce qui précède.

Lorsqu'une maison élevée, une colonne ou une tour, fig. 6, est construite sur un terrain incliné d'une certaine étendue, si l'on regarde dans une direction perpendiculaire à la pente du terrain, et s'il n'y a dans le voisinage aucune grande ligne horizontale ou verticale qui puisse aider à rectifier la vue, c'est le monument qui paraîtra incliné, et non la surface du sol. Si l'on perce une porte verticale dans un mur très-long, construit suivant l'inclinaison du terrain, c'est la porte qui paraîtra penchée, et non le mur.

Les colonnes corinthiennes accouplées qui supportent les arcs doubleaux de la grande galerie du Louvre, paraissent se renverser du côté des murs, ce qui provient du grand nombre de tableaux qui penchent vers l'intérieur de la salle et qui cachent les murs, dont la verticalité pourrait seule aider à vérifier la verticalité des colonnes.

Un des exemples les plus frappants de cette sensation singulière peut facilement être observé à Versailles sur les rampes courbes qui entourent le parterre où est situé le bassin de Latone. Si l'on se place en face et à quelques mètres de l'une des statues qui concourent à la décoration de cette partie du parc, fig. 9, il est impossible de ne pas éprouver le sentiment pénible que l'on ressentirait si l'on voyait la statue et son piédestal près de tomber du côté où le terrain s'élève. Ce qui provient de la direction inclinée des murs en charmilles auxquels les statues sont adossées : et cette *illusion*, extrêmement sensible, ne cesse complétement que lorsque, arrivé au pied de la statue, on peut avec un fil à plomb s'assurer que les arêtes sont parfaitement verticales.

Dans cet exemple, les charmilles, en masquant les troncs des grands arbres, ne laissent plus aucun moyen de vérifier la verticalité de la statue et des arêtes du piédestal.

L'effet que l'on éprouve dans ce cas, pourra être reproduit très-exactement et sans aucune exagération, en découpant dans une feuille de papier une ouverture quarrée, dont on ferait coïncider un côté avec la ligne du sol, de manière à cacher complétement le cadre de la planche et toutes les figures voisines.

291. Sujets à éviter. Non-seulement on doit éviter les irrégularités apparentes qui proviennent de l'imagination, mais on doit encore éviter les irrégularités réelles. Ainsi, par exemple, si l'on dessine une maison ou un monument construit sur un plan irrégulier, un espace quadrangulaire dont les angles ne seraient pas droits, si l'on met en perspective un pont biais ou deux routes qui se rencontrent obliquement, le spectateur qui ne sera pas prévenu croira toujours qu'il a sous les yeux une perspective mal faite.

Les effets produits par des objets dont on ne voit qu'une partie sont quelquefois très-singuliers; ainsi, par exemple, il y a aux environs de Paris, je ne me rappelle plus à quel endroit, une longue maison placée de manière que, si on la regarde d'un certain point, l'arête supérieure du comble paraît coïncider exactement avec les rails d'un chemin de fer situé derrière. Le reste du chemin étant masqué par des arbres, on ne voit que la maison; de sorte que, si un train vient à passer, il est presque impossible de ne pas croire que les wagons roulent sur le faîte du bâtiment. On comprend combien cela, quoique vrai, serait ridicule dans un tableau.

On doit surtout éviter de peindre ou dessiner des sujets extraordinaires; il faut que la vue du tableau impressionne le spectateur. Si vous mettez sous mes yeux un coucher de soleil qui ne ressemble à rien de ce que j'ai vu, vous n'éveillez chez moi aucun souvenir et vous ne produisez aucune sensation. Si vous dessinez un homme qui est en train de tomber par une fenêtre, vous rappelez un fait dont je n'ai jamais été témoin; car si quelques personnes ont vu un homme tomber, elles ne l'ont jamais vu rester en l'air.

La statue d'Icare tombant sur la tête, au milieu de l'exposition de 1855, était extrêmement ridicule, abstraction faite du mérite plus ou moins grand de l'exécution.

Tatius et Romulus, dans le tableau des Sabines, paraissent vrais pendant deux ou trois minutes; mais au bout d'un quart d'heure leur immobilité devient fatigante.

Lorsqu'on regarde l'apothéose de Napoléon par M. Ingres, on se demande à quoi servent les jambes et les pieds des chevaux puisque la terre leur fait défaut. J'aurais mieux aimé faire enlever ce char par des aigles ou par quelques animaux fantastiques.

J'ajouterai que les roues me paraissent également superflues. Je sais bien que les poëtes ont inventé le char d'Apollon, mais ils l'ont fait rouler sur des nuages, tandis que le char de M. Ingres ne roule sur rien. A une grande hauteur, le mouvement peut paraître insensible; mais à une distance assez petite pour que l'on puisse compter les veines des chevaux, leur immobilité complète est d'autant plus agaçante qu'ils paraissent remuer les jambes.

Il ne faut pas conclure de ce qui précède que l'on ne doit

jamais peindre des scènes de mouvement; mais il faut éviter de dessiner un homme dans une position qu'il ne puisse pas conserver au moins pendant quelques instants. Il ne faut pas non plus peindre une scène d'agitation au milieu de personnages immobiles.

Le mouvement doit exister partout ou nulle part. Si un groupe principal trop près du tableau, et par conséquent très-apparent, est animé de mouvements rapides, l'œil se fixera sur les personnages qui entourent ce groupe et l'illusion sera promptement détruite par l'immobilité des objets environnants, tandis que si la confusion existe partout, comme dans les batailles d'Alexandre, dans les tableaux de Salvator Rosa; dans la bataille de Taillebourg, de Delacroix; dans le tableau de la prise de Malakoff, par M. Ivon, l'œil ne s'arrête jamais longtemps sur le même épisode, et *l'immobilité des personnages en mouvement* est beaucoup moins sensible.

On me blâmera peut-être d'avoir osé critiquer les grands maîtres. Mais il fallait bien trouver quelque part les exemples à l'appui des considérations que je voulais exposer. Si j'avais cité les tableaux de peintres inconnus, il est évident que l'on n'aurait rien compris à ce que je voulais dire, tandis qu'en désignant des tableaux destinés à prendre place dans les grands musées ou dans les galeries particulières, j'aurai mis les artistes en mesure de vérifier ou de combattre l'exactitude des observations que j'ai cru devoir me permettre.

On remarquera d'ailleurs que, dans tout ce qui précède, je ne me suis jamais posé en juge du mérite de la peinture, pour laquelle je me reconnais tout à fait incompétent. Je n'ai parlé que des fautes qui auraient pu être évitées si l'auteur avait cru devoir tenir compte des effets ou des illusions d'optique. Les erreurs de perspective que j'ai signalées sur quelques tableaux des peintres célèbres, prouveront que les plus grands talents ne sont pas toujours suffisants pour faire des œuvres irréprochables. Enfin, j'ai voulu insister sur ce point, qu'un tableau peut quelquefois perdre une partie de sa valeur artistique par l'exécution vicieuse de certains détails considérés par le peintre comme n'ayant qu'une importance secondaire.

292. Personnages. Jusqu'ici, nous nous sommes principalement occupé de l'architecture. Mais il est encore de la plus grande importance d'étudier la figure humaine dont la forme et la grandeur apparente dépendent de sa position par rapport au point de vue.

En effet, il ne suffit pas de donner aux figures la grandeur qui leur convient suivant la place qu'elles occupent sur le tableau; il faut encore que cette grandeur soit en proportion avec l'architecture. Lorsqu'il s'agit d'un monument connu, dont les parties sont cotées avec exactitude, la grandeur des figures est déterminée par les dimensions mêmes de ce monument. Nous avons dit au n° 137, que la hauteur ordinaire d'une marche est d'environ 16 centimètres. Or 10 hauteurs de marches feraient 1^{m},60, tandis que la hauteur de 11 marches feraient 1^{m},76.

Mais la taille des personnages, hommes ou femmes, est ordinairement comprise entre ces deux limites; donc, lorsqu'il y aura un escalier, il faudra donner aux figures une grandeur comprise entre 10 et 11 hauteurs de marches.

Ainsi la hauteur d'une marche est une quantité constante que l'on pourra prendre souvent pour terme de comparaison. C'est-à-dire que la grandeur des figures pourra être déterminée par la hauteur des marches, tandis que d'autres fois on déterminera la hauteur des marches par celle que l'on aura d'abord adoptée pour les figures.

Lorsque le tableau ne contiendra pas d'escaliers, tous les détails devront être réglés sur les figures humaines dont la grandeur apparente dépend de la distance au tableau et au spectateur.

Quand on dit que le sujet d'un tableau est de *grandeur naturelle*, cela veut dire que les figures situées dans le plan du tableau auraient environ 1^{m},60 ou 1^{m},76 de hauteur; d'où il résulte que tous les autres personnages du tableau devront être plus petits que nature, et si l'on donnait à quelques-uns d'entre eux une grandeur naturelle, ils paraîtraient trop grands. Ainsi, par exemple, si un personnage placé à 20 ou 30 mètres au delà du tableau est dans sa grandeur naturelle, il aura une taille plus grande que nature puisqu'à une distance de 30 mètres au delà du tableau il est aussi grand qu'un homme ordinaire. Cependant il paraîtra de grandeur naturelle s'il est en proportion avec tous les objets dont il est entouré. Mais si on le fait aussi grand qu'un marronnier qui serait situé à la même distance du tableau, quand il n'aurait que 2 ou 3 décimètres de hauteur, il fera l'effet d'un énorme géant; tandis que, si on ne le dessine pas plus haut qu'un mouton, il paraîtra tout petit.

L'homme qui est dans le fond du tableau, connu sous le titre de *Ma sœur n'y est pas*, par M. Hamon, a plus de quatre fois la grandeur qu'il devrait avoir pour être en proportion avec les autres personnages du tableau.

L'Herminie de M. Delacroix et la cavale, dans son esquisse de l'*Exil d'Ovide*, paraissent *plus grandes que nature*, parce qu'elles ne sont pas en proportion avec les personnages du tableau dont elles font partie. Il aurait suffi cependant de tracer deux horizontales concourantes (133) pour donner à ces figures la grandeur relative qui leur convenait.

Ce sont là des fautes d'autant plus regrettables que provenant d'un peintre célèbre, elles seront reproduites sans scrupules par des élèves ignorants, qui croiront se faire remarquer en imitant les négligences de leur maître.

Dans un bon tableau, dont la perspective est exacte, les personnages paraîtront toujours de grandeur naturelle, quelle que soit la dimension que le peintre leur aura donnée, pourvu que vous ne les compariez pas à quelque objet extérieur, comme, par exemple, à la tête d'un homme qui viendrait se placer entre vous et le tableau, ce qui arrive trop souvent.

Lorsqu'il y a peu de monde dans une galerie, le spectateur peut s'approcher pour examiner les petits tableaux, il peut s'éloigner pour regarder les grands et, dans tous les cas, il sera toujours placé d'une manière convenable. Mais, dans les expositions publiques, lorsqu'il y a une grande foule, il est impossible de bien voir les tableaux. Au moment où vous êtes parvenu à trouver la place qui convient le mieux pour regarder le tableau qui vous intéresse, lorsqu'après quelques instants d'attention votre œil commence à se familiariser avec les grandeurs apparentes des figures; lorsqu'enfin ces grandeurs apparentes commencent à vous paraître réelles, un monsieur ou une dame, et souvent tous les deux, viennent se placer devant vous pour regarder un tableau situé au-dessus, au-dessous, ou dans quelque autre partie de la salle. Leurs têtes, projetées sur le tableau que vous regardiez, en cachent les trois quarts, et les personnages qui vous paraissaient avoir la grandeur naturelle, se trouvent immédiatement réduits à une taille lilliputienne, aussitôt que vous les comparez à la tête, ou seulement au nez de la personne qui est venue se placer devant vous.

La vue d'un tableau exige du recueillement; c'est pourquoi je vais dans les musées au moment de l'ouverture, afin d'y être à peu près seul; et quand la foule arrive je m'en vais, ou, si je reste, c'est pour voir le monde, mais ce n'est pas pour regarder les tableaux, dont le dessin et la couleur n'ont plus aucune vérité lorsqu'on les compare aux personnes ou aux objets réels qui les entourent. Exposez le plus beau tableau de paysage dans la forêt de Fontainebleau et vous verrez l'effet qu'il produira. Eh bien! c'est ce qui arrive lorsque la foule se place devant un tableau. Un portrait bien peint peut produire un grand effet lorsqu'on le regarde en l'absence du modèle; mais lorsque l'original vient se placer à côté du portrait, l'illusion cesse aussitôt.

293. Figures vues en raccourci. Les personnages figurés sur un tableau sont souvent placés dans des positions très-diverses. Les uns sont inclinés en avant, d'autres en arrière; quelquefois renversés complétement. Les bras, les jambes, les doigts sont plus ou moins ployés, suivant l'action qui fait le sujet du tableau. L'expression de ces attitudes diverses est une des plus grandes difficultés de la peinture et peut être considérée comme la perspective du corps humain.

Pour étudier cette partie de leur art, les peintres font venir un modèle, auquel ils donnent la position du personnage qu'ils veulent dessiner. Cela est bon pour les artistes habiles, qui voient bien et qui dessinent bien; mais on n'arrive pas là du premier coup; et nous l'avons déjà dit, les commençants confondent souvent le *trop court* avec le *raccourci*.

Supposons, par exemple, qu'un homme ait le bras droit pendant, comme on le voit sur la figure 1, planche 67.

Si, en conservant les largeurs, on diminue proportionnellement toutes les longueurs, de manière, par exemple, que la distance o'-1' ne soit que les quatre cinquièmes de o-1, que o'-2' soit égal aux quatre cinquièmes de o-2, que o'-3' ne soit que les quatre cinquièmes de o-3, et ainsi de suite; on obtiendra un bras qui sera trop court d'*un cinquième*, tandis que le bras droit de la figure 3 est un bras vu en raccourci.

La faute que nous venons de signaler provient de ce que les personnes qui commencent l'étude du dessin ne comprennent pas bien le modèle qu'elles ont sous les yeux; elles ne saisissent pas de suite les variations de courbure produites dans les lignes par les déplacements des parties du corps humain. Or, pour acquérir promptement le sentiment de ces variations de courbure, il faut procéder par analyse et décomposer la question.

Ainsi, pour dessiner un corps incliné, il faut le placer d'abord dans la position la plus simple; puis, par deux mouvements successifs, dont l'un serait parallèle au plan du tableau, tandis que le second serait parallèle au plan horizontal, on pourra toujours amener le corps dans telle position que l'on voudra, et cela sera beaucoup plus facile que de placer d'abord le modèle dans la position suivant laquelle on veut le dessiner. Quelques exemples éclairciront ce que je viens de dire.

Comme il ne s'agit ici que d'une étude de principes nous emploierons la méthode des projections, ce qui rendra les démonstrations plus simples et par conséquent plus faciles à comprendre. On sait d'ailleurs qu'une projection n'est autre chose qu'une perspective pour laquelle le spectateur serait infiniment éloigné du tableau; d'où il résulte que pour appliquer à la perspective les principes que nous allons démontrer, il suffira de supposer le spectateur assez loin pour que les rayons visuels dirigés vers les différents points de l'objet soient sensiblement parallèles.

Nous rappellerons d'abord que la projection d'un point sur un plan est le pied de la perpendiculaire abaissée de ce point sur le plan.

On sait de plus que la position d'un point dans l'espace est déterminée lorsque l'on connait les projections de ce point sur deux plans quelconques que l'on nomme *plans de projection*. L'un de ces plans étant horizontal, on peut supposer que le second plan de projection coïncide avec le tableau. Ainsi, **fig. 13, pl. 66**, un point quelconque de l'espace sera déterminé par sa projection a sur le plan horizontal et par sa projection a' sur le plan du tableau.

Lorsque la question est composée, on emploie un troisième plan de projection AP, que l'on rabat sur l'épure en le faisant tourner autour d'une verticale quelconque, AY, située dans ce plan.

La perpendiculaire abaissée du point aa' sur le plan P déterminera la projection a'' du point A sur ce plan. La droite AZ est l'intersection des deux premiers plans de projection, et les droites AP, AY sont les intersections de ces deux plans par le plan auxiliaire P.

Cela étant admis, supposons, **fig. 6**, qu'une ligne droite soit perpendiculaire au plan horizontal, sa projection horizontale sera un point ab, et sa projection verticale $a'b'$ sera perpendiculaire à la ligne AZ.

Or, si l'on suppose que cette droite tourne autour de l'horizontale projetante du point aa' en restant parallèle au plan du tableau, on pourra l'incliner de manière qu'elle fasse tel angle que l'on voudra avec le plan horizontal; dans ce premier mouvement, le point bb' décrira un arc de cercle $b'b''$. Si l'on fait ensuite parcourir au point $b''b'''$ l'arc horizontal $b'''b^{\text{v}}$, l'angle avec le plan horizontal n'aura pas changé, et par ce double mouvement on pourra faire prendre à la droite donnée telle position inclinée que l'on voudra.

Dans l'application, on préfère souvent remplacer le second mouvement par un changement de plan de projection. Ainsi, après avoir amené la droite ab, $a'b'$, **fig. 12**, dans la position $a'b''$, ab''', en la faisant tourner autour de l'horizontale projetante du point aa' on la projettera sur un plan vertical AP, qui en tournant autour de la droite AY donnera $a''b^{\text{v}}$ pour la projection sur le plan AP de la droite inclinée $a'b''$, ab'''.

Pour obtenir sur la figure 3 la projection d'une croix inclinée, on construira d'abord les projections les plus simples, A,A′, on fera ensuite tourner la croix autour de l'horizontale projetante uu', ce qui donnera les deux projections A″ et A‴ de la croix inclinée; puis, les perpendiculaires abaissées sur le plan vertical AP détermineront la projection A^{iv}, que l'on obtiendra en faisant tourner le plan P autour de la verticale AY, jusqu'à ce qu'il coïncide avec le plan du tableau.

Pour construire la figure 2 il n'est pas nécessaire de faire tourner tous les points l'un après l'autre comme le point *b* de la figure 6. On pourra se contenter de ramener toutes les hauteurs sur une verticale quelconque $u'h$, que l'on inclinera suivant la projection $u'h'$ et sur laquelle on construira facilement une figure égale à la figure 1.

En opérant de la même manière on obtiendra la projection B^{v} du balustre, figuré successivement par les projections B′, B, B″, B‴, et enfin B^{iv}, qui est la projection sur le plan AP que l'on a rabattu sur le tableau, en le faisant tourner autour de la droite AY.

On remarquera que les arêtes circulaires projetées par des lignes droites sur les figures B′ et B″ deviennent courbes sur les projections B‴ et B^{v}. *C'est surtout dans l'exactitude de cette courbure que consiste la vérité du raccourci.*

J'ajouterai, pour le petit nombre d'artistes qui n'ont pas cru inutile d'acquérir quelques notions mathématiques, que ces courbes auront beaucoup plus de vérité si, au lieu de les tracer de sentiment, on tient compte de leurs propriétés géométriques. Ainsi, les arêtes circulaires devant se transformer en *ellipses*, on pourra construire les quarrés circonscrits qui se projetteront par des droites sur les figures 7 et 8, par des quarrés sur la figure 10, par des rectangles sur la figure 11, et enfin par des parallélogrammes sur la figure 9. Ces rectangles et ces parallélogrammes sont *conjugués*, c'est-à-dire que les points de tangence sont partout au milieu des côtés, ce qui donne une grande facilité pour construire les ellipses ou au moins pour en bien comprendre la forme et la position. En perspective les quadrilatères circonscrits deviennent irréguliers, mais lorsque la distance est convenablement choisie, ils diffèrent peu des parallélogrammes, et dans ce cas, il est facile de les tracer de sentiment.

Les courbes qui déterminent sur les figures 11 et 9 les contours apparents du tore, du quart de rond, de la scotie et du col du balustre ne sont pas des ellipses. Nous avons vu, pl. 51, comment on pourrait les déterminer géométriquement, et l'on trouvera ces méthodes dans tous les traités de géométrie descriptive. Ces études, faites au moins une fois, contribueront beaucoup à faire comprendre la perspective des objets inclinés.

Le contour du galbe se déterminera de la même manière et serait une ellipse si la partie correspondante du balustre appartenait à un *ellipsoïde de révolution*. Enfin, dans une épure faite sur une grande échelle, on pourra déterminer géométriquement tous les points de rebroussement indiqués sur les figures 11 et 9. (*Voir les études sur la surface annulaire dans les traités de géométrie descriptive et des ombres.*)

On voit que si un objet passe d'une position droite à une position inclinée, il y a des points qui montent tandis que d'autres descendent. Il faut donc étudier avec le plus grand soin quels sont les points qui se déplacent, de combien chacun se déplace et dans quel sens; pourquoi certaines lignes, qui d'abord paraissaient droites deviennent courbes, tandis que d'autres qui étaient courbes paraissent devenir droites; et toutes ces modifications de lignes qui, dans les deux exemples précédents ont été déterminés par la géométrie, ont également lieu dans les divers mouvements de la figure humaine.

Ainsi, pour faire dessiner à un commençant les bras de la figure 3, planche 67, je me garderai bien de placer immédiatement sous les yeux de l'élève un modèle dans la position indiquée par la figure.

Je commencerai par lui faire étudier la disposition ostéologique du squelette humain; je lui ferai bien reconnaître la position exacte des trois centres de rotation E, C, M, correspondant à l'épaule, au coude et au poignet; puis, je lui ferai dessiner la figure 1, vue de face, et la figure 2, qui est exactement de profil, en laissant pendre le bras, comme cela est indiqué par la place des trois points E, C, M, fig. 1 et 2.

Cela étant fait, si l'on fait tourner ce bras autour du centre E, fig. 2, jusqu'à ce que le point M soit arrivé en M', le point C viendra se placer en C', et prenant ce dernier point pour centre du mouvement de l'avant-bras, on amènera le point M' en M'' en lui faisant décrire l'arc de cercle M'M''.

Lorsque le bras droit de la figure 2 aura pris la position EC'M'', il sera facile d'en conclure les hauteurs pour les points essentiels du bras droit de la figure 3, en ayant égard au gonflement des muscles, produit par le ployement du bras.

Pour déterminer la position du bras gauche, fig. 3, on pourra supposer que sa projection ECM, qui sur la figure 2 coïncide avec celle du bras droit tourne autour du point E jusqu'à ce que le point M soit venu se placer en M''', ce qui amènera le point C en C''; puis on amènera le point M''' en M'''', en lui faisant parcourir l'arc de cercle M'''M'''' décrit du point C'' comme centre. Cette position du bras EC''M'''', fig. 2, déterminera les hauteurs des points correspondants du bras gauche de la figure 3.

Ce que nous venons de dire pour un bras peut s'appliquer à toutes les parties du corps. Ainsi la figure 1, planche 68, est évidemment une jambe trop courte; tandis que la figure 6 est une jambe vue en raccourci et déduite des figures 5 et 2.

La tête dessinée, fig. 3, est trop courte, tandis que la figure 8 est une tête en raccourci que l'on déduira des figures 7 et 4.

La méthode que nous venons d'exposer est développée d'une manière plus complète dans l'ouvrage publié par Jean Cousin, vers le milieu du XVIe siècle. Mais, avant d'y renvoyer le lecteur, je crois qu'il ne sera pas sans intérêt d'en extraire encore un exemple.

Malgré l'aversion des artistes pour les études sérieuses, nous devons supposer qu'il y a quelques exceptions, et qu'un certain nombre d'entre eux a dû étudier l'anatomie, non-seulement pour connaître la forme et la disposition des muscles principaux, mais encore la forme, la longueur des os et les différents centres de rotation autour desquels ont lieu les mouvements de nos membres.

A l'exception de la colonne vertébrale qui possède une certaine flexibilité, les os principaux des bras et des jambes peuvent être considérés comme des droites rigides et inflexibles, et sont par conséquent les rayons des courbes parcourues par les points mobiles.

La figure 6, pl. 69, qui représente un homme couché sur le sol, contient 16 points principaux, savoir :

Les points 1, 2, 3 et 4 qui suffiront dans l'étude actuelle pour indiquer la flexibilité de la colonne vertébrale.

Les points 5 et 6, autour desquels se font les mouvements des bras.

Les points 7 et 8 indiquent les articulations des coudes.

Les points 9 et 10 sont les centres des mouvements exécutés par les poignets.

Les points 11 et 12, autour desquels ont lieu les mouvements des cuisses.

Les articulations des genoux, 13 et 14.

Enfin, les points 15 et 16 sont les centres du mouvement des pieds.

Cela étant admis, supposons que l'homme couché sur le dos, fig. 6, et projeté par des points sur la figure 2, veut prendre la position indiquée sur l'une des figures 1, 2 et 3. Nous allons tacher de suivre les mouvements divers de chacun de ses membres.

Mouvement du corps. — Pour amener la partie supérieure du corps dans la position qui est indiquée, fig. 2, nous ferons mouvoir les points 1, 2 et 3 autour de l'horizontale projetante du point 4 jusqu'à ce que les points mobiles soient venus prendre les positions 1', 2' et 3'.

Nous exprimerons la flexibilité de la colonne vertébrale avec une exactitude suffisante, en faisant tourner les points 1' et 2' autour de l'horizontale projetante du point 3' jusqu'à ce que ces points soient venus se placer en 1'' et 2''.

La courbe 1''-2''-3'-4 indiquera donc la nouvelle position de la colonne vertébrale.

Il est essentiel que la droite 1″-2″ soit verticale afin que le poids de la tête ne fatigue pas le col.

Le corps n'étant plus étendu sur la terre, nous le supposerons adossé contre une pierre ou une pièce de bois; mais, pour que la main droite puisse venir se poser sur le genou gauche, il faut que le point 5′ de l'épaule, fig. 5, vienne se placer au point 5″, parce que sans cela le bras serait trop court.

Or, le mouvement 5′-5″ du point 5′ détermine le mouvement en sens contraire du point 6′, qui alors vient se placer en 6″, de manière que la droite 5′-6′ devient 5″-6″, en tournant autour du point 2″. Ce mouvement détermine la direction de la ligne 5″-6″; et le bras gauche peut alors s'appuyer sur la pierre.

La flexibilité de la colonne vertébrale permet d'admettre que, malgré le mouvement de la partie supérieure du corps, la droite 11-12 est restée perpendiculaire au tableau. Cette hypothèse est d'ailleurs motivée par le retrait du pied droit au-dessous du genou gauche, et si, pour d'autres motifs, on jugeait à propos de faire tourner un peu la droite 11-12, comme nous l'avons fait pour la droite 5′-6′, cela ne changerait rien à ce qui nous reste à dire.

Jambe gauche. Pour amener la jambe gauche dans la position indiquée sur la figure 2, on supposera d'abord qu'elle tourne autour du point 4 jusqu'à ce que le point 16 soit venu se placer en 16′. Par suite de ce mouvement, le point 14 sera venu se placer en 14′, et par un arc de cercle décrit de ce dernier point comme centre, on ramènera le point 16′ en 16″, de manière que le talon vienne se poser sur le sol.

Par des opérations du même genre, on peut amener la jambe droite dans une position analogue. Mais si l'on voulait faire passer cette jambe au-dessous de la jambe gauche, comme cela est indiqué sur les figures 2 et 5, il faudrait étudier la longueur de la jambe sur la figure 1 où elle est à peu près parallèle au tableau.

En général, chaque partie du corps humain ne peut conserver sa longueur véritable que sur le plan de projection qui lui est parallèle. Or, le membre dont on veut avoir la longueur apparente est souvent oblique par rapport aux deux plans de projection. Ainsi, par exemple, nous avons supposé que les os de la cuisse et de la jambe gauche étaient restés dans le plan vertical qui contient les points 12 et 16 de la figure 6. Mais cette hypothèse, admise d'abord pour simplifier l'explication du principe, ne suffirait pas pour amener la jambe dans la position indiquée sur la figure 5. En effet, on voit que la jambe gauche est un peu penchée en dehors, ce qui dans ce cas diminue la hauteur du genou, fig. 2.

Pour apprécier cette diminution, on remarquera que les trois points 12, 14′ et 16″, fig. 2, sont les trois côtés d'un triangle dont la base 12-16″ peut, sans erreur sensible, être considérée comme horizontale.

D'après cela, si l'on fait la droite 12-14″ de la figure 5 égale à 12-14 de la figure 6, et 16″-14″ de la figure 5 égale à 16-14 de la figure 6, l'angle 12-14″-16″ de la figure 5 sera égal à l'angle formé par la cuisse et la jambe gauche de la figure 2.

Cet angle étant placé horizontalement, si on le projette sur un plan P perpendiculaire à la droite horizontale 12-16″, on obtiendra la droite 16″-14‴, que l'on relèvera en 16″-14ᴵᵛ, suivant l'inclinaison plus ou moins grande que l'on veut donner à la jambe gauche. Cette opération déterminera le point 14ᵛ de la figure 5, et la petite quantité 14′-c indique de combien il faut diminuer la hauteur du point 14′ sur la figure 2.

Jambe droite. La position du pied droit étant choisie à volonté, de manière, par exemple, que le point 15 de la figure 6 soit projeté par le point 15′ sur les figures 2 et 5, on remarquera que les trois points 11, 15′, 13″ de la figure 5 sont les sommets d'un triangle dont la base 11-15′, fig. 2, est sensiblement horizontale. Ce triangle, rabattu sur le plan horizontal qui contient la base 11-15′, pourra être construit dans sa véritable grandeur, en faisant les droites 11-13′ et 15′-13′ de la figure 5 égales aux droites 11-13 et 15-13 de la figure 6. Or, si l'on projette ce triangle 15′-13′-11 sur un plan P_1 perpendiculaire au côté horizontal 11-15′, il ne restera plus qu'à lui donner l'inclinaison que l'on jugera la plus convenable, en le faisant tourner autour de sa base 11-15′.

Par ce mouvement, le point 13′ décrira un arc de cercle

13''-13''', dont la projection horizontale sera la droite 13'-13''' perpendiculaire sur 11-13'; le point 13''', suivant lequel cette ligne rencontrera la perpendiculaire abaissée par le point 13'' sur 11-13', déterminera le point 13'' du genou droit, fig. 5, et la droite 13''-*n* déterminera sur la figure 2 la hauteur du point 13'' au-dessus du plan horizontal qui contient le point 15'.

Bras droit. — Nous avons déjà reconnu que par suite de la direction de la pierre ou de la pièce de bois contre laquelle le corps est adossé, la ligne des épaules ne pouvait pas conserver la position 5'-6', fig. 5, et qu'elle devait prendre une direction 5''-6''. Ce mouvement est d'ailleurs nécessaire pour rapprocher l'épaule droite du genou gauche sur lequel la main droite est appuyée; la distance de ces deux points ne pouvant, dans aucun cas, excéder la longueur totale du bras.

Pour éviter une trop grande roideur dans la pose, nous avons supposé ici que le bras n'est pas absolument en ligne droite et que l'avant-bras seul est horizontal.

Il s'ensuit que la droite 9'-7'', fig. 2, sera elle-même horizontale et que le point 7'' sera situé à la hauteur du genou. Or, supposons pour un moment que le bras droit soit resté parallèle au tableau et qu'il soit projeté, par les droites 5''-7', fig. 2 et 5. Si nous faisons mouvoir ce bras parallèlement au tableau, le point 7', fig. 2, décrira un premier arc de cercle, 7'-7'', qui amènera le point 7' en 7'', situé à la même hauteur que le genou. Puis, quand nous aurons projeté ce point en 7'', fig. 5, sur la droite 5''-7', parallèle au tableau, nous ramènerons le point 7'' en 7''' sur la droite 5''-7''' que nous pourrons choisir à volonté pour la direction du bras; enfin, l'arc de cercle décrit du point 7''' comme centre, avec le rayon 7'''-9' égal à la longueur de l'avant-bras 7-9, fig. 6, déterminera le point 9' sur les figures 5 et 2, et par suite, la position de la main qui s'appuie contre le genou gauche.

Bras gauche. — La direction du bras gauche étant exprimée, fig. 2 et 5, par ses deux projections 6''-*m*'', que l'on peut choisir à volonté, il ne reste plus qu'à déterminer sur ces droites les projections du point 8''. Pour cela, on prendra un point quelconque *m*, situé où l'on voudra sur le prolongement de la droite

6″-8″, on fera tourner ce point *m* jusqu'à ce qu'il soit projeté en *m′*, fig. 2; on en déduira sa projection *m′* sur la figure 5, on tracera la ligne 6′-*m′*, qui sera projetée en véritable grandeur, et l'on portera sur cette droite une distance 6″-8′ égale à 6-8 de la figure 6. Le point 8′ de la figure 5, étant projeté en 8′ sur la figure 2, on le ramènera en 8″, d'où on déduira le point 8″ de la figure 5.

Enfin, l'avant-bras posé sur la pierre étant horizontal et parallèle au tableau, sera projeté dans toute sa longueur sur les figures 2 et 5.

Ainsi, la position d'un membre étant donnée par les deux projections *ac*, *a′c′* de la droite qui en exprime la direction, on fera tourner cette ligne jusqu'à ce qu'elle soit parallèle au plan horizontal, fig. 8, ou au tableau, fig. 9; on portera sur cette ligne ainsi rabattue la longueur véritable du membre dont il s'agit; puis, en ramenant cette ligne à sa place, on aura la longueur apparente (*Géom. descriptive*).

Lorsque les figures 2 et 5 seront bien étudiées, on transportera la figure 5 à la place qui est indiquée, fig. 4, et l'on construira la figure 1, dont toutes les parties seront déterminées par la rencontre des perpendiculaires élevées par les points de la figure 4, avec les horizontales menées par les points correspondants de la figure 2. On obtiendra ainsi une vue de face, et si l'on veut obtenir une vue oblique, on transportera la figure 5 à la place indiquée, fig. 7, en lui donnant l'inclinaison que l'on voudra, et toutes les dimensions de la figure 3 seront alors déterminées par la rencontre des perpendiculaires élevées par les points de la figure 7, avec les horizontales menées par les points correspondants de la figure 2.

La figure 5, qui est la projection horizontale ou le *plan* de l'homme que l'on veut dessiner, est évidemment la plus importante, puisqu'elle est nécessaire pour obtenir toutes les autres figures. Or, les principes de la géométrie descriptive n'étant pas connus à l'époque où Jean Cousin publiait sa méthode, il a dû employer d'autres moyens, et voilà, je crois, ce que l'on peut conclure de la manière dont il s'exprime.

Après avoir suspendu une lampe au plafond d'une chambre *très-haute*, il faisait placer au-dessous un modèle, dans la position qu'il avait adoptée pour son dessin; puis, après avoir tracé sur le parquet le contour de l'ombre portée, il lui était facile de compléter cette étude en y ajoutant les détails nécessaires pour indiquer la place et la forme des muscles principaux.

Cette manière d'opérer ne serait évidemment praticable que pour des études aussi grandes que nature. D'ailleurs, peu d'artistes ont un local et surtout un système d'éclairage convenable pour employer cette méthode, d'autant plus que la lampe doit être très-élevée pour que l'ombre ne soit pas sensiblement élargie par la divergence des rayons lumineux; tandis que la géométrie descriptive permet de déterminer, ou au moins de vérifier facilement toutes les positions des membres, en l'absence du modèle, et quelle que soit la grandeur des études que l'on veut faire.

Il est bien entendu que l'ombre dont nous venons de parler n'a rien de commun avec celles qui sont indiquées sur la planche actuelle, dans le but de faire mieux sentir le contour des figures; tandis que l'ombre dont il est question dans l'ouvrage de Jean Cousin n'est autre chose qu'une projection horizontale, nécessaire pour construire les projections obliques des figures vues en raccourci.

On dira sans doute que les figures ainsi obtenues auraient une roideur qui n'existe pas lorsque l'on copie la nature. L'observation est certainement très-juste, mais il ne faut pas oublier que ces études n'ont pas pour but d'apprendre à *dessiner*, mais d'apprendre à *regarder*. Or, si l'élève a bien compris ce qui précède, et s'il a fait quelques épures de projections obliques, il ne sera plus égaré par des illusions d'optique, il *verra* beaucoup mieux le modèle qu'il aura sous les yeux, et ne risquera plus de confondre le trop court avec le raccourci. Il pourra déterminer avec exactitude la place des principaux centres de rotation; mais cela ne le dispensera pas d'étudier l'anatomie, et surtout d'observer sur les muscles du modèle vivant les gonflements ou les tensions produits par les déplacements divers des membres.

D'ailleurs l'artiste assez habile pour se fier à son coup d'œil, pourra commencer par copier son modèle, après quoi il emploiera comme vérification les moyens que nous venons de conseiller comme études préliminaires.

294. Équilibre du corps humain. Les positions diverses de notre corps sont le résultat de deux sortes de mouvements. Les uns dépendant de notre volonté, sont produits par une force inconnue qui paraît avoir son origine dans le cerveau. Ainsi, par exemple, si nous allongeons le bras ou la jambe, si nous relevons la tête, si nous ployons le corps, si nous le redressons, c'est qu'il nous plaît d'en agir ainsi. Mais il n'en est pas de même des mouvements déterminés par les lois de la pesanteur.

Les personnes qui ont acquis les premières notions de la mécanique savent que la terre attire tous les corps. Cette force agit sur chaque point en particulier; mais le résultat est le même que si toutes les molécules étaient réunies en un seul point que l'on nomme le *centre de gravité*, et dont la position dépend de la forme du corps attiré.

Cela étant admis, concevons, **fig. 4, pl. 70**, un poids M, suspendu à l'extrémité d'une corde ou d'une chaîne dont l'extrémité supérieure serait attachée à un point fixe A, on aura ce que l'on appelle *un pendule*. Si l'on éloigne le corps de la verticale AM, qui passe par le point A, et qu'après l'avoir amené dans la position AM', on l'abandonne à l'action de la pesanteur, cette force qui vient de la terre agira sur le corps de manière à le rapprocher du sol. La corde à laquelle le corps est attaché s'opposant à ce qu'il s'éloigne du point A, il décrira l'arc de cercle M'M. Mais, lorsqu'il sera descendu au point M, le mouvement ne s'arrêtera pas. La force d'attraction accumulée dans le corps le ferait remonter jusqu'au point M", si cette force acquise pendant la descente, n'était pas détruite en partie par la résistance de l'air, et par le frottement qui a lieu au point de suspension A. Ainsi, après avoir parcouru l'arc M'M", le corps redescend en sens inverse de M" en M', et continue à faire une suite d'oscillations, jusqu'à ce que la force d'impulsion soit complétement détruite. Alors le pendule reste immobile et la corde reprend la position verticale AM qu'elle avait avant le mouvement.

Le temps qu'un pendule emploie pour chaque oscillation est toujours le même, quel que soit l'arc parcouru. Ainsi, le pendule AM n'emploiera pas plus de temps pour décrire le grand arc M'M" que pour parcourir le petit arc m'm".

Lorsque le pendule est éloigné de la verticale AM, il reprend sa position primitive après un certain nombre d'oscillations, et l'on dit alors que *l'équilibre est stable;* mais si après avoir remplacé la corde AM par une tige rigide en bois ou en métal, on place le corps M *au-dessus* d'un point fixe comme on le voit, fig. 6, on aura un pendule renversé. Si alors on écarte ce pendule AM' de la verticale AM, il ne pourra plus y revenir, et l'on dit alors que *l'équilibre est instable*.

Dans ce cas, il y a deux manières de rétablir l'équilibre :

1° En ramenant le point d'appui au-dessous du centre de gravité.

2° En ramenant le centre de gravité au-dessus du point d'appui.

Supposons, par exemple, que l'on place sur le bout du doigt, fig. 12, un bâton vertical; on aura un pendule renversé, l'équilibre sera instable, et l'on ne pourra maintenir cet équilibre qu'en ramenant sans cesse le doigt au-dessous du centre de gravité C.

Un fait très-important, dont la démonstration se trouve dans tous les traités de mécanique, c'est que la vitesse du mouvement dépend uniquement de la longueur du pendule : c'est-à-dire, qu'un pendule très-court AN, fig. 4 et 6, se meut avec rapidité, tandis qu'un long pendule AM se meut avec lenteur.

Cela explique pourquoi il est facile de tenir en équilibre, fig. 12, une canne dont la pomme placée en haut serait très-lourde; parce que cette circonstance, en élevant le centre de gravité C, augmente par conséquent la longueur du pendule et ralentit les oscillations : tandis que, si l'on renversait la canne de manière que la pomme reposât sur le bout du doigt, le centre de gravité serait très-près du point d'appui, ce qui rendrait les oscillations trop rapides, et, dans ce cas, l'on n'aurait plus assez de temps pour amener le point d'appui au-dessous du centre de gravité.

Ce que nous venons de dire donne une explication très-simple d'un exercice que beaucoup de personnes ont vu exécuter au théâtre du Cirque. Un clown tient verticalement, fig. 8, une très-longue perche dont l'extrémité inférieure est placée dans une espèce de poche solidement fixée à sa ceinture; un deuxième clown, fig. 9, grimpe avec l'agilité d'un singe jusqu'à l'extrémité supérieure de cette perche, où il se place dans toutes sortes d'attitudes, fig. 11.

L'homme qui est en haut de la perche est d'autant plus intéressant pour le public, qu'il a plus de chances de se casser les reins; mais celui qui tient la perche est chargé d'une fonction qui n'est pas moins délicate. En effet, s'il ne veut pas trahir la confiance dont son camarade lui donne dans cette occasion un éclatant témoignage, il faut qu'il apporte la plus grande attention à maintenir constamment le pied de la perche au-dessous du centre de gravité. La tâche est d'autant plus lourde à remplir, qu'il faut porter un homme et une perche très-longue et suffisamment solide; mais, ce dont peu de spectateurs se doutent, c'est que précisément, c'est le poids de cet homme et la grande longueur de la perche qui rendent le tour plus facile. En effet, cette perche étant plus grosse par en bas, son centre de gravité C est un peu au-dessous du milieu de sa longueur. Mais aussitôt que le clown s'élève, le poids de son corps se combinant avec celui de la perche, le centre de gravité principal C' monte en s'éloignant du point d'appui, ce qui augmente la longueur du pendule, fig. 9, et rend par conséquent les oscillations plus lentes; de sorte que l'homme qui tient le pied de la perche a tout le temps qui lui est nécessaire pour venir se placer au-dessous du centre de gravité. Aussi l'on peut remarquer qu'au moment où le clown vient de descendre, son camarade éprouve beaucoup plus de difficulté pour maintenir la perche en équilibre.

Dans les exemples que je viens de citer, on obtient l'équilibre en replaçant toujours le point d'appui au-dessous du centre de gravité, mais souvent on arrive au même résultat en ramenant le centre de gravité au-dessus du point d'appui.

Quelques explications sont nécessaires pour faire comprendre ce que nous allons dire.

Supposons, fig. 1, que les deux masses égales P soient

suspendues aux extrémités d'une droite rigide AB; le centre de gravité C sera exactement au milieu de cette droite, de sorte que la pesanteur agira sur les deux masses comme si toute la matière qui les compose était réunie au point C.

Si les deux masses ne sont pas égales, fig. 3, le centre de gravité ne sera plus au milieu de la droite qui les sépare. Mais il devra partager cette droite en rapport *inverse* des poids; c'est-à-dire que, si l'on exprime ces poids par P et Q, on doit avoir la proportion P : Q = BC : AC. De sorte que le centre de gravité est toujours plus près de la plus grande masse; d'où il résulte, par conséquent, que si l'on augmentait l'un des deux poids, le centre de gravité s'approcherait de celui qui aurait augmenté; et l'on remarquera de plus, qu'en éloignant l'un des poids, cela ne changera pas le rapport des deux parties AB et BC, mais cela augmentera leurs valeurs. De sorte, par exemple, que si l'on faisait A'B' de la figure 2 égale à deux fois AB de la figure 3, on devrait avoir A'C' égale à deux fois AC; ainsi, pour déplacer le centre de gravité, il suffit de déplacer l'une des deux masses ou toutes les deux.

S'il y avait trois masses, le centre de gravité de cette troisième masse se combinerait avec celui des deux autres, et le moindre écartement de l'une d'elles entraînerait le centre de gravité principal.

Ce que nous venons de dire pour deux masses quelconques, est applicable aux diverses parties de notre corps. Ainsi, lorsque nous étendons le bras horizontalement, nous sentons aussitôt l'attraction de la terre qui agit comme si un poids égal à celui du bras était attaché en un point qui est situé dans le voisinage du coude. Si nous plaçons l'avant-bras seulement dans une position horizontale, la pesanteur agit sur un point situé entre le coude et la main, à peu près au milieu du bras. Enfin, il y a ainsi un centre de gravité particulier pour chacune des parties de notre corps, et un centre de gravité général auquel on peut supposer attachées toutes les forces particulières qui attirent nos membres vers la terre.

Ce *centre de gravité principal* n'occupe pas dans notre corps une position invariable. Lorsque nous faisons mouvoir le bras, la jambe, les doigts, la tête, la langue, il se déplace plus ou moins suivant le poids du membre déplacé, ou l'amplitude de ce déplacement.

Or, notre centre de gravité étant au-dessus des points sur lesquels s'appuient nos pieds, nous sommes constamment en *équilibre instable*, et chacun de nous n'est autre chose qu'un pendule renversé. De sorte que, si la nécessité ou le caprice déterminent un mouvement qui éloigne le centre de gravité de la verticale qui contient le point d'appui, nous faisons, instinctivement et par habitude, le mouvement nécessaire pour rétablir aussitôt l'équilibre.

Quelques exemples vont éclaircir ce qui précède :

Le danseur de corde, fig. 5, doit continuellement maintenir ou ramener le centre de gravité de son corps sur la verticale élevée par le point suivant lequel son pied s'appuie sur la corde, ce qu'il fait, fig. 7, au moyen d'un balancier que l'on peut considérer comme un double pendule placé horizontalement. Si ce balancier est très long, les oscillations seront lentes, ce qui donnera au danseur le temps de porter rapidement ce poids auxiliaire du côté opposé à celui vers lequel il se sent entraîné par la pesanteur. La longueur du balancier lui permet en outre, fig. 15, de trouver un point d'appui sur le sol, lorsqu'il ne réussit pas à rétablir l'équilibre; c'est pourquoi on donne toujours un très-long balancier aux enfants et aux danseurs peu habiles. Mais ceux qui ont une grande habitude de cet exercice se contentent souvent du mouvement des bras dont ils augmentent quelquefois l'énergie, en tenant dans chaque main une masse de plomb ou un drapeau.

1. Lorsque nous sommes en repos, notre centre de gravité est immobile et situé à peu près à la hauteur de la poitrine sur la verticale qui passe entre les deux pieds; mais si nous marchons, il faut que le centre de gravité soit constamment ramené au-dessus de nos pieds. Ainsi, par exemple, si l'on se place vis-à-vis d'un peloton de soldats que l'on exerce à la marche, fig. 1, pl. 71, on voit tous les corps se mouvoir ensemble vers la droite ou vers la gauche, afin d'amener successivement leur centre de gravité au-dessus du pied qu'ils posent sur le sol.

La roideur de ce mouvement, qui provient de la position du

soldat sous les armes, n'existe plus dans la marche indépendante et chacun prend alors l'allure qui lui plait. Ainsi :

2. Les uns, et c'est le plus grand nombre, ramènent le centre de gravité au-dessus du pied qu'ils posent sur le sol, en faisant mouvoir les bras comme des pendules oscillant dans des plans parallèles à la direction du chemin.

3. Les autres font mouvoir leurs bras devant eux dans un plan perpendiculaire à la route qu'ils parcourent. Ces derniers sont très-désagréables, parce qu'ils donnent souvent des coups de poings dans les côtes des personnes qui passent trop près d'eux ; et cela est surtout très-sensible de la part de ceux qui ont la prétention de se tenir droits parce que, pour amener le centre principal au-dessus du pied, sans déplacer le corps, il faut écarter beaucoup les centres de gravité des bras.

4. Les femmes ne voulant pas donner à leur corps et aux bras des mouvements trop prononcés, déplacent le centre de gravité en faisant mouvoir leur tête; mais, comme le poids de cette partie du corps n'est jamais bien considérable, elles y suppléent par les oscillations peu sensibles des hanches ou des épaules, et parviennent souvent, par la combinaison de tous ces mouvements à obtenir des effets très-gracieux, qu'elles sont bien loin d'attribuer aux lois sévères de la mécanique.

5. Les résultats ne sont pas aussi satisfaisants lorsque des circonstances, heureusement très-rares, forcent une femme à courir avec une grande vitesse. Dans ce cas, les moyens précédents ne suffisant plus, elle porte les coudes en arrière afin de ramener au-dessus du pied, une partie du poids, qui, entraîné par la rapidité de la course, se porte ordinairement en avant des points d'appuis.

6. Lorsqu'une personne monte un escalier, elle se penche en avant, pour amener le centre de gravité au-dessus du pied qu'elle vient de poser sur la marche qui est devant elle.

7. Tandis qu'une personne qui descend, se penche en arrière, pour faire équilibre à la jambe qu'elle avance, jusqu'au moment où elle aura posé le pied sur la marche inférieure.

8. Lorsqu'une danseuse retombe sur l'un de ses pieds, elle jette ordinairement l'autre en arrière, ce qui entraîne dans cette

direction la partie correspondante du corps; dans ce cas, pour rétablir l'équilibre, elle porte en avant les bras et le buste; puis, pour ne pas être entraînée, elle rejette la tête en arrière. Tous ces mouvements sont nécessairement commandés par un seul d'entre eux. Si la danseuse a du talent, elle fera le tout avec grâce; mais, qu'elle soit habile ou maladroite, il faut toujours qu'elle avance les bras, lorsqu'elle jette sa jambe en arrière. Elle est parfaitement libre de rester immobile; mais lorsqu'elle a jeté sa jambe en arrière, il ne dépend plus d'elle de ne pas porter les bras en avant. Le premier mouvement dépend de sa volonté; le second dépend des lois de l'équilibre.

9. Par la même raison, le mouvement du bras droit du gladiateur détermine nécessairement celui du bras gauche qui lui fait équilibre, et lorsqu'un homme lance une pierre avec la main droite, il est forcé de porter le bras gauche en arrière.

10. Un de mes amis auquel j'expliquais ces mouvements dans une promenade que nous faisions ensemble, me dit qu'il allait jeter une pierre sans remuer le bras gauche, et pour y parvenir il mit sa main gauche dans la poche de son pantalon. Mais aussitôt que pour lancer la pierre, il eut projeté en avant, le bras droit et une partie du corps, il releva la jambe gauche comme on le voit sur la figure, tant il est vrai que l'on ne peut jamais se soustraire aux lois de l'équilibre.

11. Lorsqu'un obstacle imprévu arrête le pied d'un homme qui court, son corps, entraîné par la force acquise, continue à se mouvoir en avant. Dans ce cas, il jette la jambe en arrière pour ramener le centre de gravité. Cela ne suffisant presque jamais, il faudrait aussi porter les bras dans cette direction, mais instinctivement on préfère les allonger en avant pour garantir la figure. Or, ce mouvement des deux bras en avant, accélère encore le mouvement du centre de gravité, de sorte que ne possédant plus aucun moyen de ramener son corps en arrière, l'homme qui tombe se met à courir après son centre de gravité au-dessous duquel il voudrait pouvoir placer les pieds, ce qui contribue encore à augmenter la vitesse. Ainsi, la cause primitive de la chute, le mouvement des bras en avant, la course ra-

pide qui en est la conséquence, sont autant de forces qui agissant dans la même direction entraînent le corps vers la terre avec une grande violence.

12. Lorsqu'un homme assis se penche en arrière, il sent diminuer le poids qui agit sur ses deux pieds à mesure que la verticale qui contient son centre de gravité s'approche de la droite qui joint les pieds de la chaise.

13. Mais au moment où la verticale passe au delà de la droite qui joint ces points, le corps est entraîné en arrière, et l'homme serait renversé s'il n'allongeait rapidement les bras et les jambes, dont le poids ramène aussitôt le centre principal au-dessus du quadrilatère qui a pour sommet les points d'appuis.

14. Le forgeron, l'homme qui fend du bois :

15. Le soldat qui croise la baïonnette, écartent les jambes, afin de pouvoir déplacer facilement les bras et le corps, sans sortir des limites au delà desquelles l'équilibre n'existerait plus.

16. Les positions du corps sont souvent modifiées par le poids des objets dont nous sommes chargés; ainsi le soldat qui a l'arme au bras penche un peu le corps vers la droite, afin de faire équilibre au fusil qu'il porte sur le bras gauche.

17. Tandis que le soldat en route se penche en avant pour faire équilibre au fusil et au sac qu'il porte sur le dos.

18. Le tailleur qui porte un habit à l'un de ses *clients*, peut se donner une allure dégagée, et maintenir son corps dans une position naturelle.

19 et 20. Mais il n'en est pas de même du voleur de plomb qui, quoi qu'il fasse, pour dissimuler son larcin, est forcé de s'incliner beaucoup, afin d'amener le centre de gravité dans la verticale. Les sergents de ville, qui ont de l'expérience, s'y laissent rarement tromper.

21. Je dirai la même chose de celui qui emploie une voiture à bras. Lorsque pour faire mouvoir son fardeau il est obligé de se coucher presque *ventre à terre*, on peut en conclure que l'objet transporté est très-lourd quelque peu étendu que paraisse son volume.

22. Si un commissionnaire se promène avec ses crochets sur

lesquels il ne porte rien, ou très-peu de chose, il pourra maintenir son corps presque droit.

23. Mais s'il porte un lourd fardeau il se penchera en avant jusqu'à ce que le poids de son corps fasse équilibre au poids du fardeau qui agit en arrière, et que le centre de gravité principal soit ramené au-dessus du pied. Le bâton, qui lui permet d'obtenir un point d'appui en avant, est utile, pour le cas où, par une cause imprévue, le centre de gravité prendrait un mouvement trop rapide.

24. Si le fardeau a une forme rectangulaire, il placera la plus grande dimension parallèlement aux montants des crochets, comme cela est indiqué sur la figure; parce que cette disposition rapprochera le centre de gravité de la verticale qui passe par le pied, et le porteur ne sera pas obligé de se pencher autant. Si le fardeau est plus lourd d'un côté, il faudra placer ce côté en dessus, et le plus près possible de la verticale élevée par les pieds.

25. Un porteur intelligent placera au-dessous du fardeau un tabouret ou un coffre vide, afin d'élever le centre de gravité, ce qui le rapproche encore plus de la verticale.

26. Les moines quêteurs comprenaient très-bien la question, en faisant usage de la besace qui leur permettait de recevoir beaucoup d'aumônes, sans qu'une charge trop apparente pût ralentir la charité des fidèles.

27. La bonne d'enfant se penche de côté pour faire équilibre au poids qu'elle porte sur un bras.

28. La marchande de fleurs ou de légumes se penche en arrière pour amener le centre de gravité au-dessus des pieds.

29. La blanchisseuse sans prétention qui porte son linge sur le dos peut, sans une trop grande fatigue, maintenir son centre de gravité au-dessus des points d'appui.

30. Mais la blanchisseuse coquette qui ne veut pas porter une hotte aime mieux se tordre la taille et se briser le bras pour amener au-dessus de son pied le centre de gravité résultant du poids de son corps combiné avec celui du linge qui est dans son panier.

31. Une jeune fille plus intelligente prendrait au moins deux petits paniers à la place d'un gros.

32. Ou porterait son paquet sur la tête comme cela se fait dans beaucoup de pays où les femmes ne sont pas moins gracieuses.

Puisque j'en suis aux blanchisseuses, je ne puis m'empêcher de dire à celles qui pour faire admirer leurs fines tailles lorsqu'elles rapportent le linge à Paris, se placent sur le devant de leur voiture, presque en dehors, et sans aucun appui, qu'au moindre faux pas de leur cheval, elles seraient précipitées sous les roues : malheureusement ces demoiselles ne liront pas mon traité de perspective.

33. Les conditions d'équilibre sont quelquefois modifiées par l'accroissement ou par la suppression de quelques parties de notre corps. Ainsi, lorsqu'un homme qui a un gros ventre, veut mettre les mains dans les poches de son pantalon, il renverse la tête et les épaules en arrière pour ramener le centre de gravité au-dessus des pieds.

34. Mais comme cette position est fatigante il ne la conserve pas longtemps, et préfère croiser les bras derrière le dos.

35. Tandis que l'homme maigre peut sans fatigue croiser les bras sur sa poitrine, en rejetant un peu les épaules en arrière.

36. Ce serait donc un contre-sens en peinture de faire croiser les bras sur la poitrine d'un homme chargé d'embonpoint. A moins qu'il ne soit adossé comme cela est indiqué sur la figure, parce qu'alors il n'a plus besoin de ramener le centre de gravité au-dessus de ses pieds.

37. La femme enceinte devrait aussi croiser les bras derrière son dos, ce qui probablement la soulagerait beaucoup; mais, comme ce n'est pas la mode, elle préfère rejeter en arrière les coudes et la partie supérieure du corps.

38. La *fausse* femme enceinte qui porte sous sa crinoline des objets de contrebande trop légers, ne prend pas toujours l'attitude qui conviendrait pour tromper l'œil exercé des douaniers.

39. Lorsque l'on a coupé le bras à un homme jeune il met un certain amour-propre à se tenir droit pendant quelques jours.

40. Mais les efforts musculaires qu'il fait pour empêcher l'autre

bras d'entraîner le centre de gravité ne tardant pas à le fatiguer, il incline, pendant quelque temps, le corps du côté du bras coupé afin de rétablir l'équilibre.

41. Malgré cela, l'effort continuel produit par le poids du bras qui reste, finit par faire baisser l'épaule correspondante, ce qui fait monter le moignon, de sorte qu'au bout d'un certain nombre d'années tous les manchots deviennent bossus.

Peut-être serait-il possible d'empêcher, ou de diminuer ce pénible résultat en agissant de la manière suivante : immédiatement après l'amputation, le chirurgien déterminerait exactement le poids du bras retranché, et le remplacerait dans la manche par un poids équivalent, qui faisant équilibre au bras conservé soulagerait probablement le malade, et préviendrait peut-être la déformation dont nous venons de parler. C'est aux praticiens à décider jusqu'à quel point ce moyen serait applicable.

Les considérations précédentes seraient utiles aux peintres et aux dessinateurs pour donner des positions naturelles aux diverses figures qui concourent à l'expression de leur pensée. En effet, le modèle vivant que l'on fait poser ne peut prendre et conserver qu'une attitude conforme aux lois de l'équilibre; mais beaucoup d'artistes ne font la dépense d'un modèle qu'au moment où ils peignent leur tableau, et lorsqu'ils composent, ils ne sont guidés que par le souvenir ou par le raisonnement. Or, le souvenir ne peut être d'aucun secours à celui qui n'a pas eu l'occasion d'observer la pose qu'il veut reproduire sur son tableau, et cette pose a pu se présenter vingt fois à ses yeux sans attirer son attention, tandis que le dessinateur qui se rend compte des lois par lesquelles sont déterminées les attitudes diverses du corps humain, les fixera bien plus facilement dans sa mémoire, et pourra les reproduire avec vérité, en l'absence du modèle. On sait, d'ailleurs, que pour dessiner les étoffes, pour qu'elles conservent invariablement les dispositions adoptées par le peintre, il vaut mieux les ajuster sur un mannequin dont l'immobilité est une garantie contre toute espèce de dérangement. Or, si le mannequin est mal posé, si les membres et le corps ne sont pas disposés de manière à satisfaire *en apparence* aux lois de l'équilibre, les étoffes dont il sera couvert ne pourront elle-même produire aucun effet satisfaisant. Il est donc évident, que pour composer, par l'imagination ou par le souvenir, pour disposer le mannequin, pour faire poser avec vérité le modèle vivant, pour le bien voir, pour le bien comprendre, et par suite pour le bien dessiner, il faut connaître les lois de l'équilibre, et savoir comment les moindres mouvements ou attitudes du corps humain sont nécessairement la conséquence de ces lois.

Ces études ne sont pas seulement utiles aux peintres pour disposer leurs modèles; elles sont peut-être plus indispensables encore aux sculpteurs. En effet, si l'une des figures d'un tableau est mal posée, elle n'en restera pas moins accrochée devant le mur auquel le cadre est suspendu; mais si une statue ne satisfait pas aux lois de l'équibre, elle tombera ou elle semblera prête à tomber, ce qui sera encore pis sous le rapport artistique. Il est vrai que le sculpteur a pour ressource le socle plus ou moins large auquel est fixée la statue, ou les barres de fer au moyen desquelles on peut la planter dans la masse du piédestal. Mais, je le répète, il ne suffit pas que la statue ne tombe pas, il faut encore qu'elle ne paraisse pas vouloir tomber. Quelques exemples éclairciront ce qui précède.

La tâche du sculpteur est d'autant plus difficile à remplir, que la statuaire s'accorderait mal des mouvements rapides et violents d'un personnage isolé. On s'habitue difficilement à la course d'Atalante, qui reste en place au milieu des arbres qui l'environnent. On comprend mieux le mouvement des danseurs napolitains de Duret, parce qu'un homme peut danser sans changer de place, et qu'ensuite les déplacements verticaux n'ont jamais une grande amplitude; malgré cela il faut un immense talent pour faire accepter le mouvement vif d'une statue, et l'on comprend combien l'effet serait choquant, si les lois de l'équilibre n'étaient pas observées avec la plus grande exactitude.

Le gladiateur lui-même n'est pas tout à fait dans une position irréprochable. En effet, il n'est appuyé que sur le pied droit et sur quelques doigts de la jambe gauche. Cela suffit pour l'action qu'il exécute, et qui consiste à frapper l'adversaire qu'il a devant lui. Mais il est évident qu'il est dans une position d'équilibre instable, et qu'il serait renversé par le plus petit choc latéral. Ce serait donc une faute d'introduire une position semblable dans un tableau de bataille ou de confusion; et si l'on voulait par exemple, dessiner un soldat croisant la baïonnette, il faudrait d'abord ramener le centre de gravité au-dessus de l'espace qui sépare les deux pieds, et placer le pied droit à plat, dans une direction perpendiculaire à celle du pied gauche, afin que la verticale qui contient le centre de gravité, puisse se mouvoir, sans sortir de l'espace triangulaire qui aurait pour sommets les deux pouces, et le talon du pied droit. En général, il faut tâcher d'obtenir une *base superficielle* et non une *ligne*, comme celle qui résulte du pouce gauche du gladiateur placé dans le prolongement de son pied droit.

Les anciens artistes ont souvent reculé devant ces représentations du mouvement, et presque tous ont préféré placer leur sujet dans une attitude immobile. Mais, pour éviter la monotonie qui serait résultée d'une position trop symétrique, beaucoup d'entre eux ont fait porter le poids du corps sur une seule jambe. Ainsi, l'Apollon qui vient de lancer une flèche, la Diane qui en prend une dans son carquois, ont le corps tout entier sur un pied, et l'autre jambe, un peu ployée, traîne en arrière comme une jambe paralysée. Mais il ne suffit pas que la statue soit dans une position vraie, il faut encore que l'on puisse admettre la stabilité de cette position. Or, j'éprouve malgré moi une sensation pénible lorsque je vois l'Apollon, la Diane, la Vénus de Médicis, et un grand nombre de personnages mythologiques rester ainsi éternellement sur un seul pied.

Je ne sais si je dois admettre en aussi bonne compagnie la ridicule caricature que Rude a faite de Jeanne d'Arc, dont la jambe traînante est beaucoup trop longue, et sur la figure de laquelle il a remplacé l'inspiration par l'*idiotisme*. Il est fâcheux que de semblables monstruosités soient admises dans les jardins publics, où l'on ne devrait rencontrer que des motifs gracieux d'ornementation.

Ainsi, on ne peut qu'applaudir au bon goût qui a soustrait aux regards des femmes et des enfants qui fréquentent le jardin des Tuileries, l'ignoble statue du Minotaure, et l'image plus dégoûtante encore de ce vieux homme nu et décrépit, auquel David d'Angers a donné le nom de Philopœmen. Il est possible que cette dernière statue renferme de grandes qualités artistiques, mais alors il faut la cacher dans quelque galerie réservée, comme ces pièces d'anatomie qui reproduisent avec une si grande exactitude les images repoussantes de certaines infirmités humaines.

Une statue est ordinairement mieux posée lorsque le centre de gravité est situé sur la verticale qui passe entre les deux pieds, ou au-dessus de celui qui est un peu en arrière. Cela permet d'appuyer sur le sol le pied qui se porte en avant, au lieu de le relever comme les statues qui traînent la jambe. Ainsi le Spartacus de Foyatier, l'Hercule Farnèse, **fig. 42**, sont beaucoup mieux posés que l'Apollon du Belvédère et la Diane chasseresse. Une femme, placée comme la Vénus de Médicis, ne conserverait pas sa position pendant un quart d'heure, tandis que la Vénus de Milo, **fig. 43**, est dans une attitude admirable.

Il ne suffit pas que la statue soit irréprochable, il faut encore que l'artiste se préoccupe des moyens de la maintenir à la place qu'elle doit occuper.

Un peintre pourra placer dans son tableau un ange, un oiseau, un mercure, un nuage suspendus dans l'atmosphère; mais le sculpteur, auquel il faut nécessairement un point d'appui, ne peut traiter aucun de ces sujets. S'il veut faire une statue de Mercure, **fig. 44**, il ne peut le représenter qu'au moment du départ, avec une jambe bien tendue, que l'on fortifiera par une barre de fer solidement enfoncée dans le rocher que le pied va quitter. Mais la position adoptée par l'artiste n'est pas toujours favorable à ce moyen d'attache. En effet, on comprend facilement les deux barres de fer verticales au moyen desquelles une statue équestre peut, en quelque sorte, être plantée dans la masse de son piédestal. Cela est facile à faire lorsque les points d'appui sont, par exemple, la jambe droite de derrière et la jambe gauche de devant, ou la gauche de derrière avec la droite de devant. Mais si l'artiste veut faire galoper le cheval, il n'a plus d'autres points d'appui que les pieds de derrière, et dans ce cas, les deux jambes correspondantes étant trop faibles pour supporter le poids de la statue, il ne reste plus que la ressource de placer sous le ventre du cheval un tronc d'arbre ou un rocher, qui bien certainement ajouteront peu de chose à l'illusion.

Quelques artistes, ne pouvant se résoudre à employer ce singulier moyen de faire galoper un cheval, préfèrent le faire cabrer, fig. 1, pl. 72, afin de trouver dans la queue un troisième point d'appui, au-dessus duquel ils tâchent de ramener le centre de gravité du cheval et du cavalier qui, dans cette position indéfiniment prolongée, ne paraît pas être à son aise.

On pourrait conclure de ce qui précède qu'une statue équestre ne peut être convenablement placée que de trois manières : savoir, au repos absolu, sur les quatre pieds; au repos sur trois jambes et piaffant avec la quatrième, fig. 3; ou en marche, en levant deux jambes de côtés différents.

Nous avons dit plus haut que les sculpteurs devaient renoncer à traiter des sujets aériens, par suite de la difficulté où ils se trouvent, dans ce cas, de se procurer un point d'appui qui paraisse naturel. Nous citerons cependant un exemple dans lequel cette difficulté est surmontée de la manière la plus heureuse.

Un grand nombre de personnes ont éprouvé la sensation suivante. Au milieu de la nuit, au moment du plus profond sommeil, elles se sont senties soulevées doucement et entraînées dans l'espace sans faire aucun mouvement; et ce qu'il y a de plus curieux, c'est qu'au moment où l'on croit se mouvoir ainsi, on ne manque jamais de se dire que ce n'est point un rêve et que l'on est bien sûr, *pour cette fois*, de ne pas se tromper. C'est ce phénomène singulier que M. Pollet a reproduit par la sculpture. Il a supposé qu'une jeune fille glissait ainsi dans l'air, en conservant la position d'une personne qui dort, et il a nommé sa statue *Une heure de la nuit*. Or, les génies, les renommées, Mercure, peuvent allonger les bras, la trompette, le caducée, les jambes, et prendre ainsi l'attitude qui paraît la conséquence naturelle des lois de l'équilibre. Mais ici le cas est bien différent, la statue sort de son lit, les jambes rapprochées, les bras rejetés gracieusement au-dessus de la tête, et le corps penché en avant, dans une position très-inclinée.

Tout point d'appui d'une partie quelconque du corps aurait complétement détruit l'illusion. L'artiste a eu l'ingénieuse idée de supposer que, dans son vol aérien, la jeune fille entraînait le drap qui la couvrait pendant son sommeil. Ce drap, touchant encore la terre par son extrémité inférieure, forme le point d'appui qui était nécessaire pour supporter la dormeuse.

La statue était en plâtre et le drap formant une masse pleine, fortifiée en outre par une armature, pouvait facilement supporter le corps moulé en creux. Cette circonstance, en diminuant le poids de la partie supérieure du corps, rapprochait le centre de gravité du point d'appui formé par le drap qui traînait sur une plate-forme elliptique figurant la terre. L'auteur de cette charmante statue en fit une réduction qui fut tirée, et par conséquent vendue à un si grand nombre d'exemplaires, que la description précédente sera sans doute inutile pour la plupart des lecteurs. Le succès si mérité de cette œuvre remarquable exigeait, dans l'intérêt de sa conservation, qu'elle fût reproduite avec des chances de durée que l'on ne pouvait attendre du plâtre employé pour la statue primitive. L'auteur dut la reproduire en marbre; mais alors il rencontra une difficulté nouvelle. En effet, il n'y avait plus moyen de creuser le corps et la tête, ce qui produisait le triple inconvénient d'augmenter considérablement le poids de la partie supérieure de la statue, de faire monter le centre de gravité vers la tête, et d'augmenter par conséquent la force qui tendait à briser le soutien formé uniquement par la draperie que la dormeuse entraîne dans son vol. Pour combattre cette force, l'auteur a redressé un peu le buste et la tête, afin de rapprocher le centre de gravité de la verticale qui contient le point d'appui; et ce moyen ne lui paraissant pas suffisant, il a augmenté la force du support, en plaçant deux ou trois figures d'anges ou de chérubins entre la plate-forme et les pieds, qui alors ne sont plus isolés de la terre comme dans le modèle en plâtre.

Ces changements ne sont pas heureux, et je les ai entendus blâmer par des artistes, sans doute très-habiles, mais qui ne connaissant pas les lois de l'équilibre, ne paraissaient pas comprendre la nécessité de ces modifications.

Je n'ai pas l'honneur de connaître M. Pollet, et je ne puis affirmer, par conséquent, que les choses se soient passées absolument comme je viens de le dire. Mais les raisons qui précèdent m'ont paru être les seules causes des changements que l'auteur a fait subir à son œuvre, d'ailleurs si remarquable : et les réflexions que je me suis permises, loin d'être une critique du travail de l'auteur, seront je l'espère considérées comme un éloge, et comme une appréciation des connaissances que doit posséder un grand artiste pour surmonter les difficultés imprévues qu'il rencontre quelquefois dans la pratique de son art.

295. Forces vives. Il arrive souvent que la pesanteur se combine avec d'autres forces provenant de l'action des animaux, du vent, de la vapeur, etc. Or, si en un point A, appartenant à un corps quelconque, **fig.** 5 et 7, on applique deux forces F et F_1 telle que la première, si elle agissait seule, ferait parcourir au point A l'espace AF dans un temps donné, et que la seconde, dans le même temps, ferait parcourir au point A l'espace AF_1 on démontre que les deux forces agissant ensemble, feraient dans le même temps parcourir au point A la diagonale AF_2 du parallélogramme qui aurait pour côté les droites AF et AF_1 Ce principe a reçu le nom de *parallélogramme des forces.*

D'après cela, **fig.** 4, un écuyer qui décrit avec rapidité une courbe circulaire acquiert une force vive qui tend à l'éloigner du centre du manége et à le rejeter en dehors. Cette force, que l'on nomme *centrifuge*, est horizontale et agit comme si elle était appliquée au centre de gravité du corps. D'un autre côté, la pesanteur a pour direction la verticale; et les deux forces combinées se réduisent à une seule, dirigée suivant la diagonale du rectangle construit sur les deux composantes. Toute l'adresse de l'écuyer consiste à incliner toujours son corps jusqu'à ce que cette diagonale passe par le pied qui s'appuie sur la croupe du cheval. Ce que je viens dire pour l'écuyer s'applique également au cheval, et les deux résultantes doivent toujours se réduire en une seule qui contient le centre de gravité principal, et qui malgré les oscillations produites par le mouvement, ne doit jamais sortir du quadrilatère qui a pour sommets les points suivant lesquéls le cheval pose à chaque instant ses pieds sur le sol.

La figure 8 indique la position que peut prendre un écuyer en donnant au cheval un mouvement assez rapide, pour que la résultante provenant de la pesanteur et de la force centrifuge contienne le point suivant lequel le pied est appuyé sur le cheval.

Pour exécuter l'exercice qui est indiqué par la figure 6, l'écuyer doit commencer par mettre son cheval au galop jusqu'à ce qu'il ait acquis une grande vitesse. Puis, il ralentit brusquement l'allure du cheval et peut alors, sans danger, se pencher en arrière. En effet, le ralentissement de la vitesse étant produit par l'action musculaire du cheval; il ne se fait pas immédiatement sentir à l'écuyer, qui conserve encore pendant quelque temps la vitesse acquise par la course précédente. Cette force horizontale et la pesanteur composent une résultante qui, passant par le pied de l'écuyer, lui permet de se pencher en arrière jusqu'à ce qu'il ait perdu l'excédant de vitesse qu'il possédait au moment où il a ralenti celle de son cheval.

Cela explique pourquoi lorsqu'on descend d'un omnibus, il faut se pencher en arrière, jusqu'à ce que l'on ait perdu l'excédant de vitesse acquise pendant que l'on était dans la voiture.

On comprendra également pourquoi il est si dangereux de descendre d'un wagon de chemin de fer, avant d'avoir perdu la vitesse acquise, égale à celle dont le convoi est encore animé au moment où on croit pouvoir le quitter. C'est encore à la vitesse acquise qu'il faut attribuer la violence avec laquelle les voyageurs placés sur l'impériale sont lancés en avant, lorsqu'un train de chemin de fer est arrêté brusquement; et puisque je me suis laissé entraîner à parler de ces effets, je ne crois pas inutile de donner un conseil aux personnes qui voyagent souvent. Beaucoup d'entre elles, lorsqu'elles vont en avant, ont la mauvaise habitude d'allonger leurs jambes comme la personne qui est placée en A, fig. 2. Or, si dans ce moment il survient un choc assez fort pour causer un arrêt brusque, le voyageur A, entraîné par la vitesse acquise, est lancé en avant; ses pieds commencent par s'enfoncer sous la banquette qui est devant lui, son corps vient frapper la cloison et ses deux jambes sont immanquablement brisées par l'arête de la banquette. Cela explique pourquoi, dans les accidents de chemins de fer, il y a un si grand nombre de jambes cassées. Dans tous les cas, il serait utile lorsque l'on va en avant de ne pas allonger les jambes, et si l'on ne peut pas renoncer à cette habitude, il faudrait alors aller en arrière. Mais beaucoup de personnes diront que cela leur fait mal au cœur, que cela leur donne le mal de mer. En cela je crois qu'il y a beaucoup d'imagination; ainsi quelques petites maîtresses, habituées à occuper dans leur voiture ce qu'elles regardent comme la place d'honneur, se décident difficilement à accepter une position qui leur paraît secondaire. Quelques personnes éprouvent une sensation agréable lorsque l'air extérieur frappe leur figure; d'autres aiment que les objets intéressants paraissent venir à leur rencontre plutôt que de les voir s'éloigner. Tout cela est concevable jusqu'à un certain point; mais la nuit, lorsque les fenêtres de la voiture sont fermées, il est souvent impossible de savoir dans quel sens marche le convoi; et je citerai un cas dans lequel on éprouve une impression directement contraire à la vérité.

Ainsi, par exemple, lorsqu'on voyage en reculant, comme le voyageur placé en B; si l'on ferme les yeux au moment où le mécanicien ralentit la vitesse en approchant d'une station, on éprouvera exactement la même sensation que si l'on marchait en avant. Cela provient de ce qu'au moment où la voiture se ralentit, le voyageur qui va en arrière, conservant pendant quelques instants la vitesse acquise, presse avec son dos la cloison moins rapide qui est derrière lui, ce qui produit exactement le même effet que si cette cloison lui poussait le dos; or, cette dernière sensation étant précisément ce que l'on éprouve lorsque l'on va en avant, cela produit une illusion complète pour le voyageur qui va en arrière.

Je terminerai ici ces questions d'équilibre; je crains même que l'on ne m'accuse de m'y être arrêté trop longtemps. On me demandera peut-être ce que tout cela peut avoir de commun avec la perspective; mais je l'ai déjà dit, l'attitude est la perspective du corps humain. Or, l'attitude est la conséquence de nos mouvements, et le moindre de nos mouvements dépend des lois de l'équilibre. J'ai donc pensé qu'avant de faire des applications, il fallait compléter la perspective de l'architecture par la perspective des figures humaines; et d'ailleurs, j'ai voulu combattre cette opinion qui est adoptée par un trop grand nombre d'artistes modernes, que les études géométriques ne sont d'aucune utilité dans la pratique des beaux arts.

Or, je crois qu'il sera évident pour toute personne de bonne foi :

Que le dessin des monuments est une application de la *Géométrie*.

La théorie des ombres, des reflets et des points brillants est de la *Géométrie*.

La perspective est de la *Géométrie*.

Les raccourcis sont de la *Géométrie*.

Les attitudes et tous les mouvements du corps humain dépendent des lois de la mécanique, et par conséquent de la *Géométrie*; d'où il faut conclure que les artistes ne font autre chose que de la *Géométrie*.

Seulement, ils font de la géométrie sans s'en douter, comme M. Jourdain faisait de la prose; et l'on conviendra, sans doute, que s'ils avaient commencé par ces études, ils auraient gagné tout le temps pendant lequel ils ont attendu que le *hasard* leur procurât l'occasion d'observer les effets qu'ils cherchent à reproduire sur la toile.

CHAPITRE II.

Considérations pratiques.

296. Résumé des méthodes. Nous avons dit au commencement de cet ouvrage que, pour obtenir la perspective d'un point, il fallait déterminer l'intersection de la surface du tableau par la droite ou rayon visuel qui joindrait l'œil du spectateur avec le point dont il s'agit.

Or, cette définition étant admise, on pourra résoudre ce problème d'un grand nombre de manières. Mais, quelque intéressantes que soient ces méthodes sous le rapport de la théorie, nous ne devons rappeler ici que celles qui, à diverses époques, ont reçu la consécration de la pratique.

297. Méthode de la glace. Cette méthode, que nous avons exposée au n° 5, consiste à considérer le tableau comme une vitre à travers laquelle on regarderait les objets que l'on veut mettre en perspective.

Le moyen de trouver les points suivant lesquels cette vitre serait percée par les rayons visuels est une des applications les plus élémentaires de la géométrie descriptive. Il consiste à projeter le spectateur, le tableau et l'objet, sur un plan vertical perpendiculaire au tableau.

Mais il est évident que cette méthode ne peut convenir qu'à des objets peu composés, et d'une très-petite dimension, puisque le plan et l'élévation de ces objets doivent être dessinés à l'échelle qui correspond à la grandeur des personnages figurés sur le tableau; ce qui devient impraticable lorsqu'il s'agit de monuments de quelque importance.

298. Points de concours. La méthode des *points de concours* peut être regardée comme le principe fondamental de la perspective, elle est la base et l'origine de toutes les méthodes particulières employées dans les applications; et l'usage fréquent que nous en avons fait pourrait nous dispenser d'en parler de nouveau. Je me contenterai donc de rappeler, que *si plusieurs lignes droites sont parallèles dans l'espace, leurs perspectives concourent en un point du tableau.*

Ce point a reçu les noms de *point terrestre* ou *point aérien*, selon qu'il est situé au-dessous ou au-dessus de la ligne d'horizon.

On le nomme *point accidentel* ou *point de fuite* quand il est situé sur la ligne d'horizon, ce qui a lieu toutes les fois que les lignes concourantes sont horizontales.

On le nomme *point de distance*, lorsque les concourantes horizontales font avec le tableau un angle de 45° ; et *point de vue*, lorsque les concourantes sont perpendiculaires au tableau.

299. Points de distance. La méthode des *points de distance* est encore employée par quelques artistes pour déterminer l'éloignement ou la fuite des points dont ils veulent obtenir la perspective; mais, la grande distance à laquelle ces points doivent souvent être placés sur la ligne d'horizon, lorsque l'on veut obtenir de bons résultats, le défaut de place nécessaire, la longueur et, par suite, le fouettement des règles qu'il faut employer dans ce cas, la difficulté de bien ajuster ces règles, etc., ont dû faire chercher les moyens de remplacer les points de distance par d'autres points plus commodes. Ainsi, au lieu de placer ces points à une distance du point de vue égale à l'espace qui sépare le spectateur du tableau, on les a éloignés seulement de quantités égales à la *moitié*, au *tiers*, ou au *quart* de la distance réelle. C'est ce que l'on appelle *distance réduite.* Mais alors on est obligé de diviser par *deux*, par *trois*, ou par *quatre* les distances du tableau aux différents points dont on veut obtenir la perspective.

300. Points accidentels de fuite. Les embarras produits

par l'éloignement des points de distance sont encore plus grands, lorsqu'il s'agit des points accidentels de fuite. En effet, lorsque l'on veut mettre en perspective un monument rectangulaire, il ne faut jamais placer le point de vue dans le plan bissecteur de l'un des angles du monument, parce que, dans ce cas, la position trop symétrique des deux faces vues produirait un mauvais effet en peinture. Or, dès que l'on incline quelque peu le plan bissecteur par rapport au tableau, le point de concours des horizontales situées dans l'une des deux faces de l'édifice vient se placer entre le point de vue et le point de distance; mais le point accidentel de fuite des horizontales situées dans la seconde face se porte aussitôt au delà du second point de distance, et souvent si loin, qu'il est presque toujours impossible d'avoir l'espace suffisant, ou les règles assez longues pour que ce point puisse être utilisé.

301. Il me paraît utile, à cette occasion, de faire remarquer que beaucoup de personnes ne se préoccupent que des points accidentels de fuite des lignes principales des monuments. Ces points, lorsqu'ils sont à la portée du dessinateur, sont certainement très-utiles; mais, ce qui est bien autrement important, c'est de savoir choisir avec intelligence les points de concours auxiliaires les plus favorablement placés pour simplifier le travail, et c'est une étude sur laquelle j'ai appelé l'attention du lecteur au n° 87 de ce traité.

302. Méthode générale. C'est pour éviter tous ces points de concours en dehors du cadre, et les réductions ou amplifications nécessaires pour ramener les dimensions du programme à celles qui sont déterminées par l'échelle du tableau que j'ai publié, en 1836, la méthode exposée au numéro 34. J'ai dit, à la page VIII de la préface, à quelle occasion j'ai cru devoir entreprendre cette étude, et l'on a pu reconnaître, par les nombreuses applications que nous avons faites de ce principe, que tout consiste à déterminer la position de chaque point par ses coordonnées parallèles aux trois axes rectangulaires, considérées comme échelles de *fuite*, des *largeurs* et des *hauteurs*.

Autrefois, on prenait les bords du cadre pour échelles des largeurs et des hauteurs; et, dans ce cas, toutes les dimensions des monuments dessinés ou gravés que l'on avait sous les yeux, devaient être multipliées par le rapport entier ou fractionnaire qui existait entre les échelles du monument et celles du tableau. Or, il est évident que tous ces calculs souvent très-laborieux disparaissent complétement si, comme je l'ai fait, on éloigne le plan des deux échelles des largeurs et des hauteurs, jusqu'à la distance où une longueur quelconque, un *mètre*, par exemple, évalué sur l'une de ces deux échelles, serait exactement égale à un *mètre* pris sur l'échelle du dessin ou de la gravure que l'on a sous les yeux. Quant au point de distance, il est remplacé par le point F, dont la distance au point de vue est prise directement sur le plan du monument, sans qu'il soit nécessaire de la multiplier par le rapport qui existe entre les dimensions du programme et celles du tableau.

Par toutes les études que nous avons faites jusqu'ici, on a pu reconnaître que cette méthode est générale et *indépendante du rapport qui existe entre le tableau que l'on exécute et sa projection sur le plan géométral.* J'ai voulu surtout, lorsque j'ai proposé ce principe, que l'on pût prendre dans son portefeuille les plans, élévations et détails du premier monument venu, et en tracer immédiatement la perspective, sans se préoccuper du rapport qui existe entre les échelles de ces dessins ou gravures et les dimensions du tableau ou de la planche à dessiner sur laquelle on veut tracer la perspective.

Je rappellerai cependant, qu'avant de tracer la perspective intérieure ou extérieure d'un monument, il faut *étudier le sujet* avec le plus grand soin. Il faut essayer plusieurs points de vue jusqu'à ce que l'on ait trouvé celui qui doit donner les meilleurs résultats.

Ainsi, lorsque l'on voudra mettre en perspective un monument connu, on devra d'abord se procurer les plans, coupes et détails très-exacts et dessinés à la plus grande échelle qu'il sera possible; puis, après avoir choisi la place qui parait convenir le mieux au spectateur, on tracera le rayon principal, l'angle optique et la projection du tableau. On attachera un fil à une épingle piquée à la place adoptée pour le spectateur, et l'on fera mouvoir ce fil dans toute l'étendue de l'angle optique, afin de reconnaître, comme nous l'avons dit au n° 24, quels sont les objets vus et quels sont ceux qui seront cachés. Pour mieux juger de l'effet que doit produire le tableau lorsque la perspective sera tracée, on fera rapidement, et sans employer le compas, une esquisse ou croquis aussi exact qu'il sera possible. Si le résultat obtenu de cette manière n'est pas convenable, on effacera toutes les lignes que l'on n'aura dû tracer qu'au crayon et très-légèrement; puis, après avoir choisi un autre point de vue, une autre direction du rayon principal, un autre tableau, et l'angle optique correspondant, on dessinera une seconde esquisse du sujet tel qu'on le verrait si l'on était placé au nouveau point de vue. Si le croquis provenant de cette seconde étude ne convient pas, on essayera un troisième point de vue, et ainsi de suite, jusqu'à ce que l'on ait obtenu un résultat satisfaisant.

Dans ce cas, on pourra commencer le travail graphique; mais, dans le cas contraire, il faudra essayer de nouveaux points de vue, et d'autres angles optiques; et si l'on n'en trouve aucun qui soit convenable, on remettra les plans du monument dans le portefeuille et l'on choisira un autre sujet.

Les esquisses ou croquis dont nous venons de parler font supposer que l'on possède déjà une certaine habitude de la perspective, et ce que nous disons ici se rapporte à la pratique plutôt qu'à l'étude de cette science. En effet, il ne suffit pas de savoir tracer la perspective d'un objet isolé, comme une table, une chaise, une base ou un chapiteau de colonne; il faut encore que toutes les parties du tableau concourent à l'effet général. Il faut surtout savoir choisir convenablement le point de vue, l'angle optique et la distance qui conviennent le mieux au sujet que l'on veut dessiner.

303. Je terminerai ici l'exposé des considérations théoriques et pratiques utiles pour faire de la bonne perspective; mais avant de passer aux applications, je rappellerai au lecteur que toutes les opérations dépendent du petit nombre de principes suivants :

1° *Le principe des points de concours* (8);

2° *La méthode générale exposée au* (34);

3° *La construction d'une horizontale à* 45° (45);

4° *La méthode des carreaux* (64);

5° *La division des lignes en parties égales ou proportionnelles* (65);

6° *Le principe des hauteurs* (112);

7° *La construction des profils ou directrices auxiliaires* (208);

8° *Enfin, la perspective des* **objets éloignés** *que nous allons exposer dans le chapitre suivant.*

CHAPITRE III.

Perspective des objets éloignés.

304. Si le lecteur a bien compris tout ce qui précède, s'il a fait un nombre suffisant d'épures, il a dû reconnaître combien il est difficile d'exprimer sur la perspective du plan les détails des objets qui sont très-éloignés du tableau. Quand même on ne tracerait sur l'épure que les lignes principales, il serait toujours impossible d'indiquer avec exactitude le contour des figures horizontales qui sont à une grande distance du point de vue.

Je ne veux pas effrayer les artistes en employant sans nécessité un langage trop géométrique; mais, il serait facile de démontrer que la hauteur perspective d'une figure horizontale varie à très-peu de chose près en rapport inverse du quarré de la distance au tableau; de sorte, par exemple, qu'à une distance double, la hauteur perspective est quatre fois moindre, et, à une distance décuple, elle n'est plus que le centième, etc. Cela explique pourquoi les plus grandes figures horizontales se réduisent presque à de simples lignes lorsqu'elles sont très-éloignées du point de vue.

Cet effet est rendu sensible par un exemple de la planche 73. Ainsi le quadrilatère 1-2-3-4 de la figure 2 est la perspective du rectangle 1-2-3-4 de la figure 3; on peut supposer que ce rectangle est le plan d'un monument vu du point *o*, et quoique la distance du spectateur à l'objet soit tout au plus égale à cinq fois la plus grande longueur de cet objet, on voit combien les lignes se rapprochent en perspective; et l'on comprend l'impossibilité où l'on se trouve alors d'exprimer exactement les parties essentielles du plan pour les objets éloignés.

Dans les vues d'intérieur, les objets visibles étant moins nombreux, à mesure qu'ils sont plus loin, on peut n'indiquer sur le plan que ceux de ces objets qui doivent être vus. Mais ce moyen, en diminuant le nombre des figures à tracer, ne fait pas disparaître la difficulté pour celles qui restent.

On peut, il est vrai, dans la pratique, éviter une partie de la confusion en n'opérant que partiellement, c'est-à-dire qu'après avoir construit la perspective d'un rang de colonnes ou de la travée d'une galerie, on pourra effacer les lignes d'opérations, et les remplacer par les lignes nécessaires pour la construction d'objets nouveaux, en conservant toutefois à l'encre les lignes principales, sans lesquelles il serait impossible d'obtenir la moindre exactitude dans l'ensemble.

On peut aussi, en élevant le point de vue du plan augmenter un peu l'écartement des lignes. Mais tous ces moyens qui diminuent la confusion pour les objets qui sont peu éloignés de l'œil, ne produisent aucun effet sensible sur les figures horizontales qui, étant très-loin, n'ont pas même souvent une hauteur perspective égale à la largeur de la ligne que l'on pourrait tracer avec le crayon le plus fin.

Cette difficulté m'a préoccupé longtemps et j'ai successivement employé plusieurs méthodes qui, malgré leur exactitude, ne m'ont pas paru assez simples pour la pratique. Je ne pense pas que l'on puisse faire le même reproche au principe que je vais exposer, et qui, je le crois du moins, fera disparaître toutes difficultés de l'application.

305. Nous rappellerons d'abord que, pour projeter un objet

quelconque, fig. 4, un monument rectangulaire B, par exemple, sur un plan horizontal *p*, il faut concevoir une verticale par chacun des points essentiels du monument dont il s'agit, que la surface ou l'ensemble des surfaces qui contiennent toutes ces perpendiculaires se nomment surfaces projetantes, et que la figure qui résulte de l'intersection de ces surfaces projetantes par le plan *p*, forme la projection de l'objet sur ce plan.

Or, si au lieu de construire l'intersection des surfaces projetantes par le plan horizontal *p*, on cherchait l'intersection des mêmes surfaces par le plan incliné *p'*, on aurait une figure de même largeur que la première dans le sens de l'intersection des deux plans *p* et *p'*, mais beaucoup plus étendue dans le sens perpendiculaire au premier; de sorte que, pour un spectateur dont les pieds seraient situés en *o*, et supposant que le tableau soit représenté par la verticale *at* la hauteur perspective de la projection horizontale CU serait *cu*, tandis que la figure SZ provenant de l'intersection des surfaces projetantes du monumen par le plan *p'*, aurait pour le spectateur une hauteur perspective égale à *sz*.

306. Il est donc évident qu'en donnant au plan *p'* une inclinaison plus grande, on pourra toujours augmenter autant qu'on voudra, dans le sens vertical, la hauteur perspective des sections par le plan *p'*; ce qui, je le répète, ne changera rien aux largeurs, car les deux figures ayant une projection horizontale commune, les points correspondants seront évidemment sur les mêmes verticales.

307. L'application du principe que nous venons d'exposer est extrêmement simple. Ainsi, par exemple : le rectangle 1-2-3-4, fig. 5, étant le plan d'un monument dont il s'agit de construire la perspective, fig. 5, nous supposerons que les surfaces projetantes de toutes les lignes de ce monument sont coupées par un plan incliné *p'*, fig. 4, et nous remplacerons la perspective de la projection horizontale 1-3, par la perspective de la figure 1'-3' provenant de la section par le plan incliné *p'*. Pour y parvenir nous tracerons à volonté, fig. 5, les deux droites *cm*, *un* parallèles au plan du tableau *ax*, et contenant entre elles la projection horizontale du monument. Nous construirons ensuite sur la figure 5 les perspectives des droites *cm*, *un*, en employant la méthode générale du numéro 34, et le rectangle *c' m' u' n'*, fig. 5, sera la perspective du trapèze *c m u n*, fig. 3.

Il ne faut pas oublier (119) que nous supposons la projection 1-2-3-4, fig. 3, située dans le plan horizontal qui contient la droite Z'N', fig. 5, et que le point V' de la fig. 5 représente le point *v'* de la fig. 1. On se rappellera enfin que le point V' est le point de vue du plan, tandis que V est le point de vue du tableau (120).

308. Si actuellement, par les droites *cm* et *un*, fig. 3, on conçoit deux plans verticaux et parallèles au plan du tableau *ax*, ces deux plans seront coupés par le plan *p'*, fig. 1, suivant deux droites horizontales projetées en S et en Z. Par conséquent, si l'on remplace le plan horizontal *p* par le plan incliné *p'*, l'horizontale projetée en C sera remplacée par celle qui est projetée en S, et l'horizontale du point U par celle du point Z, de sorte que le trapèze horizontal *cmnu* de la fig. 3, se trouve remplacé par un trapèze incliné dont on peut augmenter la hauteur perspective autant que l'on voudra. Dans cette hypothèse, toutes les figures tracées dans le trapèze *cmnu*, fig. 3, seront allongées proportionnellement dans le sens perpendiculaire au tableau sans qu'aucune d'elles ait changé de largeur.

Or, en choisissant convenablement *l'inclinaison* du plan *p'*, on peut toujours faire coïncider la perspective de l'horizontale S, fig. 1 avec S'M', fig. 5, et la perspective de l'horizontale du point Z, fig. 1, avec une autre horizontale quelconque Z'N', de sorte que l'on pourra toujours étendre à volonté l'espace S'M'Z'N' destiné à la perspective de la section par le plan incliné *p'*, fig. 1.

309. Il sera utile aussi, pour la construction de la fig. 5, que le tableau *at*, fig. 1, soit provisoirement remplacé par le tableau AT; car si l'on conservait le premier tableau il faudrait construire la perspective du trapèze incliné compris entre les plans *ax* et *un*, fig. 3, ce qui ferait descendre le cadre de l'épure jusqu'à l'intersection du plan *at* par le plan *p'*, fig. 1, et l'espace libre qui existerait alors entre la base du cadre et la section du monument par le plan *p'*, éloignerait, comme dans la figure 2, la perspective de cette section; de sorte que l'on perdrait tout l'avantage qui résulte de la méthode proposée.

310. Le plan *ax* du tableau, fig. 3, étant, comme nous venons de le dire, remplacé momentanément par le plan *un*, il s'ensuit que la nouvelle échelle de fuite sera la droite *uy'* dont on obtiendra la perspective *u'V'*, fig. 5, en faisant A'U' égal à la distance *a'u*, fig. 3.

Lorsque l'on remplace, fig. 5, le rectangle horizontal *c'm'u'n'*, perspective du trapèze *cmun*, fig. 3, par le rectangle S'M'Z'N', situé dans le plan incliné *p'*, fig. 1, il est évident que le point *e'* de la figure 5 s'élève en *e"*, tandis que le point *u'* descend jusqu'en Z', de sorte que l'échelle de fuite horizontale *u'e'* se trouve remplacée par la droite Z'*e"*, située dans le plan incliné *p'*, fig. 1.

La droite Z'*e"* suffisamment prolongée rencontre la verticale V'V en un point V" qui remplace le point V'. On tracera ensuite l'horizontale V"F", que l'on fera égale à *ov* de la figure 3, et le point F' de la figure 5 sera remplacé par F". Enfin la verticale du point U' coupera la nouvelle échelle de fuite Z'V" en un point U", par lequel on tracera l'horizontale U"X", qui remplacera l'échelle de largeur primitive A'X'. Ainsi les points V' et F' sont remplacés par V" et F", et les échelles A'Z' et A'X' par U"Z' et U"X".

311. Lorsque l'épure sera préparée de cette manière, on opérera exactement comme par la méthode du numéro 34, en n'oubliant pas toutefois que le tableau *ax*, fig. 3, est remplacé provisoirement par *un*, c'est-à-dire que les distances se compteront à partir de *un* et les largeurs à partir de *uy'*.

Ainsi, pour obtenir le point 2, fig. 5, on prendra, fig. 3, la distance 2-*u*, que l'on portera de Z' en 2', fig. 5, on tracera la droite 2''-F'', ce qui déterminera le point 2' et l'horizontale 2'-2, fig. 5.

On prendra ensuite sur la figure 3 la distance 2'-2, que l'on portera de U'' en 2'', fig. 5, et l'on tracera la droite V''-2'', dont l'intersection avec 2'-2 déterminera le point 2. On obtiendra de la même manière tous les sommets du quadrilatère 1-2-3-4, fig. 5. Enfin on peut déterminer les côtés, ou les vérifier en construisant quelque autre de leurs points.

Ainsi pour déterminer le point 6' sur l'échelle de fuite Z'V'', fig. 5, on prendra, fig. 3, la distance *u*-6', que l'on portera de Z' en 6'' sur la figure 5, et l'on tracera la droite 6''-F'', qui déterminera 6' sur l'échelle de fuite Z'V''.

Pour obtenir le point 5 sur le bord du cadre, on tracera sur la figure 3 l'horizontale 5-5', ce qui donnera le point 5' sur *uy'*. On prendra la distance *u*-5', que l'on portera de Z' en 5'', fig. 5; on tracera la droite 5''-F'', qui déterminera le point 5' sur l'échelle de fuite Z'U''; puis on tracera l'horizontale 5'-5, qui donnera le point 5 sur le bord du cadre.

Pour obtenir le point 7'' sur le bord horizontal du cadre, on prendra, fig. 3, la distance *u*-7'', que l'on portera de U'' en 7''' sur l'échelle de largeur U''X'', fig. 5; on joindra le point 7''' avec V'' par une droite V''-7''' qui étant prolongée donnera 7'' sur la droite Z'N'.

Ainsi on voit que les opérations nécessaires pour construire sur la figure 5, la perspective 1-2-3-4 de la section des surfaces projetantes du monument D par le plan oblique *p'*, fig. 1, sont tout aussi simples que celles qu'il faudrait faire pour obtenir sur la figure 2 la perspective de la projection horizontale du même monument par le plan *p*.

312. Échelle des hauteurs. La droite M'K, tracée comme l'on voudra, pourra toujours être considérée comme l'intersection du plan horizontal *p*, fig. 1, par le plan vertical qui doit contenir l'échelle des hauteurs.

Or, lorsque l'on remplace le plan horizontal *p* par le plan incliné *p'*, fig. 1, le point *i*, fig. 5, s'abaisse jusqu'en I, tandis que le point *r* vient se placer en R; de sorte que la droite *ir* se trouve remplacée par IR, dirigée vers le point G' situé à la rencontre de N'T' avec F''V''.

313. La perspective de l'élévation devant être faite pour le tableau *ax*, fig. 3, il faut revenir à l'échelle des largeurs A'X', que l'on prolongera jusqu'à ce qu'elle coupe la droite M'K en un point A''. Puis on élèvera par ce point la verticale A''Q qui sera l'échelle des hauteurs.

Les dimensions S'M', M'T' du cadre étant proportionnelles aux droites *ax*, *at*, fig. 3 et 1, on partagera la hauteur M'T', fig. 5, dans le rapport des parties *ac*, *ct*, fig. 1, de sorte que l'on aura la proportion

$$\underset{\text{fig. 5.}}{M'C : CT'} = \underset{\text{fig. 1.}}{ac : ct}$$

La droite VH sera la ligne d'horizon du tableau.

Cela étant fait, on prendra, fig. 1, la distance *ac*, qui exprime la hauteur de la ligne d'horizon au-dessus du sol, et l'on portera cette distance de H en A''' sur la droite A''Q.

On obtiendra par ce moyen un point A''' par lequel on tracera la droite CA''', qui est l'intersection du plan horizontal qui contient les pieds du spectateur, fig. 1, par le plan vertical qui contient l'échelle des hauteurs.

On fera A'''L', fig. 5, égal à la hauteur EL du monument, fig. 1, et tout le reste se fera comme à l'ordinaire.

Ainsi, pour obtenir les deux points 1^{vi}, 1^{vii}, fig. 5, on tracera :

1° L'horizontale 1-1'';

2° La verticale 1''-1^{v};

3° Les deux horizontales 1^{iv}-1^{vi} et 1^{v}-1^{vii}, qui détermineront les points demandés 1^{vi} et 1^{vii} sur la verticale élevée par le point 1.

La direction presque verticale de la droite IR ne nuit en rien à l'exactitude du résultat, puisque les points 1'', 2'', etc., sont déterminés par deux lignes horizontales 1-1'', 2-2'' qui coupent IR suivant des angles presque droits.

On se rappelle d'ailleurs que la droite M'K peut être tracée à volonté (115) ce qui permet d'incliner comme l'on veut la direction de IR.

Tout ce que nous venons de dire est applicable dans tous les cas, et pour exercices, nous allons construire par cette méthode la perspective de quelques sujets composés.

CHAPITRE IV.

Études diverses.

---

314. Vue intérieure de la halle aux blés de Paris. Ce monument, représenté en perspective sur la planche 76, se compose de deux voûtes annulaires concentriques, pénétrées par vingt-cinq voûtes conoïdes; ce qui donne pour résultat cinquante voûtes d'arêtes en tour ronde.

La figure 280, pl. 74, représente à peu près la moitié du plan, et contient de plus la projection *v* du point occupé par l'œil du spectateur, ainsi que les côtés *va*, *vx* de l'angle optique.

En opérant, fig. 281, comme nous l'avons dit au n° 169, on déterminera sur les projections des arêtiers, autant de points intermédiaires que l'on voudra.

La figure 282 est la projection *ts* du tableau sur un plan parallèle au rayon principal; on remarquera que la base *t'* du cadre n'est pas dans le plan horizontal qui contient les pieds du spectateur dont la hauteur est indiquée par la petite verticale *oo'* ou *th*.

La figure 283 est une partie de la section méridienne passant par l'axe de l'une des voûtes conoïdes. L'arc *us* est la section de l'intrados de la coupole qui couvre l'espace circulaire du milieu.

La figure 284 est une partie du développement du cylindre intérieur.

Enfin, les figures 285 et 286 sont les détails des bases et chapiteaux des colonnes.

L'échelle de 20 mètres fait voir quelles sont les dimensions réelles.

315. Le plan, la coupe et les détails du monument étant donnés sur la planche 74, il s'agit d'en construire une perspective intérieure.

On commencera par étudier le sujet en opérant comme nous l'avons dit au n° 24, et l'on choisira le point de vue *v*, le rayon principal *vv'* et la place *ax* du tableau. On fera bien aussi de construire en élévation, fig. 282, quelques-unes des colonnes les plus rapprochées, afin de pouvoir apprécier l'effet qu'elles doivent produire en perspective, et faire d'avance un croquis de l'ensemble du tableau. Puis, lorsque ces opérations préliminaires seront achevées, on commencera la construction de l'épure.

316. La figure 8 de la planche 75 fait bien sentir la nature des difficultés dont nous avons parlé précédemment (304). Ainsi, on a pu dessiner avec assez de précision par la méthode du n° 34 les perspectives des bases des trois ou quatre premières colonnes, ainsi que celles des deux premiers pilastres; mais, on voit en même temps, combien le plan de la quatrième colonne est déjà resserré, et le rapprochement excessif des courbes ponctuées qui représentent les cercles principaux, met en évidence l'impossibilité d'indiquer en perspective sur le plan, les détails des objets qui sont très-éloignés du spectateur. Le principe que je viens d'exposer fera disparaître complétement la difficulté dont il s'agit.

317. Nous remarquerons d'abord, que pour appliquer cette méthode à la construction de la perspective des colonnes, il suffit de remplacer, fig. 1, pl. 75, la projection horizontale *cu* de chacune d'elles par l'ensemble des lignes suivant lesquelles les surfaces projetantes de toutes les lignes principales de la base ou du chapiteau seraient coupées par un plan *p'*, auquel on pourra toujours supposer l'inclinaison que l'on voudra.

Ainsi, par exemple, supposons que toute la partie de plan comprise dans l'angle optique déterminé précédemment sur la planche 74, soit partagée en quatre bandes ou trapèzes d'égale largeur par les droites 1-1, 2-2, 3-3, 4-4 parallèles au plan du tableau *ax*. La figure 8, pl. 75, sera la perspective du trapèze *ax*-1-1 de la planche 74. Cette première partie du plan étant suffisamment près de l'œil, on a pu, sans craindre la confusion, employer la méthode générale du n° 34, mais pour les trois autres parties du plan, on a employé le principe précédent.

Ainsi, en supposant que la figure 2, pl. 75, soit une section par le plan vertical qui contient le rayon visuel principal, les largeur des quatre parties du plan seraient représentées par les droites égales 0-1, 1-2, 2-3, 3-4.

Cela étant admis, on a remplacé la bande horizontale projetée par 1-2 sur la figure 2, par les lignes suivant lesquelles les surfaces projetantes de tous les objets correspondants sont coupées par le plan incliné *p'*. On a remplacé ensuite la bande horizontale 2-3 de la figure 2, par les lignes suivant lesquelles les surfaces projetantes sont coupées par le plan *p''*. Enfin, on a remplacé la bande 3-4 par les intersections des surfaces projetantes par le plan *p'''*.

Tout cela revient évidemment à concevoir la projection horizontale ou le plan 0-4 du monument remplacé par l'ensemble des lignes suivant lesquelles toutes les surfaces projetantes des bases, chapiteaux, corniches, etc., sont coupées par la surface prismatique 0-1-2'-3'-4'. De sorte que : la figure 7 de la planche 75 est la perspective de toutes les lignes suivant lesquelles le plan 1-2', fig. 2, coupe les surfaces projetantes de toutes les lignes situées dans l'intérieur du trapèze 1-1-2-2, pl. 74.

La figure 6, pl. 75, est la perspective de toutes les lignes suivant lesquelles le plan 2'-3', fig. 2, coupe les surfaces projetantes de toutes les lignes situées dans l'intérieur du trapèze 2-2-3-3, pl. 74. Enfin la figure 5, pl. 75, est la perspective de toutes les lignes suivant lesquelles le plan 3'-4' de la figure 2 coupe les surfaces projetantes de toutes les lignes situées dans l'intérieur du trapèze 3-3-4-4 de la planche 74.

318. On a supposé ici, que les plans 1-2', 2'-3', 3'-4', fig. 2, étaient inclinés de manière que les perspectives 1"-2", 2"-3" et 3"-4" eussent des hauteurs égales sur le tableau O-T. Mais cette condition n'était nullement indispensable, et l'on conçoit, au contraire, que l'on pourra toujours incliner davantage celui des plans 1-2', 2'-3', etc., qui devra contenir les détails les plus plus nombreux ou les plus importants.

319. Si le lecteur a bien compris tout ce qui précède, la construction de l'épure ne lui présentera plus aucune difficulté.

Ainsi, les quatre droites 1-1, 2-2, 3-3, 4-4 étant construites en perspective sur la figure 8, et par la méthode générale du n° 34, il ne restera plus qu'à remplacer les bandes horizontales 1-2, 2-3 et 3-4, fig. 2, par les bandes inclinées correspondantes 1-2', 2'-3' et 3'-4'.

Pour y parvenir, on choisira d'abord à volonté la hauteur perspective que l'on veut donner à chacune de ces trois bandes, ce qui déterminera les droites 1'-1', 2'-2', 3'-3' et 4'-4', fig. 8, 7, 6 et 5. Le tableau pour la figure 7, ayant pour base la droite 1-1, pl. 74, l'échelle de fuite *ay* sera remplacée par la droite 1-*y'*, dont la perspective 1'-V" s'obtiendra sur la planche 75, en élevant la verticale *ee'* qui déterminera le point *e'*.

La droite 1'-*e'*, prolongée jusqu'à sa rencontre avec la verticale du point V, déterminera le point V". L'horizontale du point V" devra contenir le point F", que l'on obtiendra en faisant V"F", pl. 75, égale à la distance *v-v"* de la planche 74. Enfin, la droite *v"*-1, moitié de 1-1, pl. 74, étant portée sur la figure 8, pl. 75, de V' en 1" sur 1'-1', on tracera la verticale 1"-A"; ce qui déterminera le point A" et l'horizontale A"-X" qui sera l'échelle de largeur pour la figure 7. Ainsi, les points V', F' et A' de la figure 8 seront remplacés sur la figure 7 par les points V‴, F″ et A″ situés dans le plan 1-2′ de la figure 2; l'échelle de fuite A′-o sera remplacée par A″-1′, et l'échelle de largeur A′X′ par A″X″.

Cela étant fait, chaque point de la figure 7 pourra être obtenu ou vérifié par la méthode générale du n° 34. Il faudra seulement se rappeler que le tableau s'est avancé jusqu'à la ligne 1-1 de la planche 74, et que, par conséquent, c'est à partir de cette ligne qu'il faut prendre les distances. Quant aux largeurs, elles se compteront sur la planche 74, à partir de la nouvelle échelle de fuite 1-y′.

Si nous supposons, par exemple, que l'on veut déterminer le point m de la figure 7, pl. 75, on prendra sur la planche 74 la distance 1-m′ du point m au nouveau tableau 1-1. On portera cette distance sur la planche 75, de 1′ en m″, et l'on tracera la droite m″F″ dirigée vers le point F″. Cette opération déterminera le point m′, par lequel on tracera la droite horizontale m′m. On prendra ensuite, sur la planche 74, la distance mm′ du point m à la nouvelle échelle de fuite 1-y′, on portera cette distance de A″ en m″ sur la nouvelle échelle de largeur A″X″, et l'on tracera la droite V″m″, dont l'intersection avec l'horizontale m′m déterminera le point demandé m.

320. Sur la figure 6, située dans le plan 2′-3′ de la figure 2, l'échelle de fuite sera 2′-V‴, que l'on obtiendra en traçant la verticale ss′. Ce qui déterminera le point s′. La droite 2′-s′, prolongée jusqu'à la verticale V′V, déterminera le point V‴ et l'horizontale V‴F‴, sur laquelle on placera le point F‴, en faisant V‴F‴, pl. 75, égale à la distance vv‴ de la planche 74.

Le nouveau tableau étant avancé jusqu'à la droite 2-2, pl. 74, on prendra la moitié v‴-2 de cette ligne; on portera cette distance de V′ en 2″ sur la droite 1′-1′, fig. 8, et l'on tracera la verticale du point 2″; ce qui déterminera le point A‴. Sur la droite 2′-V‴, échelle de fuite de la figure 6, l'horizontale A‴X‴ sera l'échelle de largeur pour tous les points de cette figure, sur laquelle on pourra opérer comme dans tous les exemples précédents. Ainsi, pour obtenir le point n, on prendra sur la planche 74, la distance 2-n′, et l'on portera cette quantité de

2' en n'', fig. 6, puis on tracera la droite $n''F'''$, ce qui déterminera le point n' et l'horizontale $n'n$; on prendra ensuite, sur la planche 74, la distance $n'n$ que l'on portera sur la planche 75, de A''' en n'', et l'on tracera la droite $V'''n''$ dont l'intersection avec $n'n$ déterminera le point n.

321. Sur la figure 5, l'échelle de fuite sera la droite $3'$-r', que l'on obtiendra en traçant la verticale rr'. L'échelle de largeur sera déterminée en portant v'''-3 de la planche 74, de V' en 3'', fig. 8, et traçant la verticale 3'-A'', ce qui donnera le point A'' de l'échelle de largeur A''X''. Quant aux points V'' et F'' de la figure 5, ils seraient ici un peu au-dessus du cadre, et par conséquent sur la planche à dessin. Mais on conçoit qu'il serait facile de rentrer dans les limites de l'épure, en donnant un peu moins de hauteur aux figures 5, 6 ou 7. Je répète, d'ailleurs, qu'il n'y a aucune raison pour que ces trois figures aient des hauteurs égales, et qu'il vaut mieux, au contraire, augmenter l'espace pour celle qui contient les détails les plus intéressants.

322. On pourrait encore, si l'on avait peu de place, faire successivement les perspectives des différentes parties du tableau qui correspondraient à chacune des bandes. Ainsi, après avoir construit sur la figure 3 la perspective de tous les objets indiqués sur la figure 7, on remplacerait cette figure par une bande de papier blanc, sur laquelle on construirait la figure 6; et quand la perspective des objets correspondants à cette dernière figure serait terminée, on la remplacerait par une nouvelle bande de papier sur laquelle on construirait la figure 5, et ainsi de suite. Il suffirait, pour conserver à l'ensemble du tableau l'harmonie convenable, que les lignes principales, courbes ou droites, fussent tracées sur la figure 3 ou sur la figure 8, qui contient la perspective générale du plan.

323. Méthode des carreaux. Je compléterai cet article par l'exposé d'une méthode d'abréviation qui est extrêmement commode, surtout lorsque les objets que l'on veut mettre en perspective contiennent beaucoup de lignes courbes.

Après avoir, comme nous l'avons déjà dit, partagé le plan en un certain nombre de bandes par des droites parallèles au tableau, on couvrira chacune de ces bandes par un treillis de carreaux; on concevra les plans verticaux qui auraient pour traces tous les côtés de ces carreaux, et l'on construira, fig. 5, 6 et 7, les perspectives des lignes suivant lesquelles ces plans coupent les plans inclinés 1-2', 2-'3', 3'-4', fig. 2. Les trapèzes que l'on obtiendra sur les figures 5, 6 et 7 seront les perspectives des rectangles suivant lesquels les plans inclinés 1-2', 2'-3' et 3'-4' de la figure 2 coupent les prismes verticaux qui ont pour base les quarrés de la planche 74. En dessinant dans chacun des trapèzes des figures 5, 6 et 7, pl. 75, les lignes tracées dans les carreaux correspondants de la planche 74, on aura très-promptement les détails les plus composés. Il est évident qu'en augmentant le nombre des carreaux, on aura autant d'exactitude que l'on voudra.

Cette méthode, analogue à celle qui est employée par les géographes, n'exclut pas l'emploi des principes exposés pendant tout le cours de cet ouvrage. En effet, les lignes droites du plan deviendront encore droites sur les figures auxiliaires inclinées, et tous les détails des ornements et des corniches pourront s'établir après coup par le principe des divisions en parties proportionnelles (65).

324. Pour construire les trapèzes des figures 5, 6 et 7, on tracera les verticales des points 5, 6, 7, et 8, suivant lesquels la droite *o*—V', fig. 8, coupe les lignes 1-1, 2-2, 3-3 et 4-4. On obtiendra par ce moyen la ligne brisée 5'-6'-7' et 8', qui est la perspective de l'intersection des plans inclinés 1-2', 2'-3' et 3'-4 de la figure 2 par le plan vertical qui contient la droite *ay*, pl. 74.

La distance 7-8, pl. 74, étant partagée en huit parties égales, on portera cette distance de A' en M sur la figure 8, planche 75, et l'on tracera la droite V'M, que l'on prolongera jusqu'au point 9 sur la ligne 1-1. Le trapèze 8-10-5-9 sera la perspective d'un rectangle dont la largeur 8-10 sera égale à celle de 8 carreaux de la planche 74. De sorte que le trapèze 8-10-7-11 de la planche 75 sera la perspective du quarré 8-10-7-11 de la planche 74. Cela étant fait, on tracera sur la planche 75, les verticales des points 10 et 11, ce qui donnera les points 10' et 11' de la figure 5.

Chacune des distances 8'-10' et 7'-11' étant partagée en huit parties égales, on joindra les points correspondants par des droites, et l'on obtiendra par ce moyen les intersections du plan incliné 3'-4' de la figure 2 par les plans verticaux qui, sur la planche 74, contiennent les côtés des quarrés qui sont perpendiculaires au plan du tableau. La droite 10'-11', fig. 5, pl. 75, sera l'intersection du plan incliné 3'-4' de la figure 2, par le plan vertical, qui aurait pour trace la droite 10-11 de la planche 74. Enfin, la droite 8'-11' de la figure 5, pl. 75, sera l'intersection du plan 3'-4' de la figure 2, par le plan vertical qui contient la ligne à 45° (8-11), pl. 74.

Il ne restera donc plus qu'à construire une horizontale par chacun des points, suivant lesquels la droite 8'-11', fig. 5, pl. 75, coupe l'une des lignes qui joignent les points correspondants des deux droites 8'-10' et 7'-11'. On déterminera de la même manière les trapèzes des figures 6 et 7. Après quoi, on dessinera, dans chacun d'eux, les lignes situées dans le quarré correspondant de la planche 74.

*325. On peut vérifier les points les plus essentiels, en construisant leur perspective sur la figure 8, ou bien en opérant comme nous l'avons dit précédemment aux n°s 319 et 320.

326. On fera bien, dans l'exemple qui nous occupe, de déterminer sur les figures 5, 6, 7, 8 les points suivant lesquels les plans 0-1, 1-2', 2'-3' et 3'-4', fig. 2, sont percés par la droite verticale qui forme l'axe du monument. Pour y parvenir on déterminera d'abord sur la figure 8, et par la méthode générale, le point *e* qui est la perspective du centre planche 74.

La droite *e*V' sera la perspective du rayon perpendiculaire au plan du tableau. Les verticales des points *b*, *k*, *d* détermineront la ligne brisée *b'*-*k'*-*d'*, suivant laquelle les plans 2'-3' et 3'-4' de la figure 2 sont coupés par le plan vertical qui contient le rayon cV' du monument, fig. 8.

On joindra le point b' avec V'' par la droite $V''c'$ qui sera l'intersection du plan 1-2' par le plan vertical qui contient le rayon cV', fig. 8. Le point c' provenant de la rencontre de bV'' avec la verticale du point c, sera l'intersection du plan 1'-2', fig. 2, par l'axe du monument. Le point c'' provenant de l'intersection de $V''b'$ avec la verticale du point c, sera l'intersection du plan 2'-3', fig. 2, par l'axe du monument. Enfin le point c''', qui provient de la rencontre de $d'k'$ avec la verticale du point c, sera l'intersection du plan 3'-4', fig. 2, par l'axe du monument.

Les points c, c', c'', c''', fig. 8, 7, 6 et 5, pourront servir à vérifier la direction des côtés des pilastres, des chapitaux et des bases de colonnes, ainsi que les projections des arcs-doubleaux.

327. L'ordre dans lequel ces points sont situés sur la verticale du point c dépend de l'inclinaison plus ou moins grande des plans 0-1, 1-2', 2'-3', etc., fig. 2. On concevra facilement, par exemple, que si l'axe du monument était représenté sur la figure 2 par la droite mn, les intersections de cette droite avec les plans 0-1, 1-2', 2'-3', etc., se feraient dans le même ordre que sur les figures 8, 7, 6, 5, et les perspectives de ces quatre points seraient par conséquent disposées sur le tableau o-T, fig. 2, comme elles le sont sur la droite $c'''c$ qui représente l'axe du monument sur les figures 8, 7, 6, 5 et 3.

328. *Cadre du tableau.* Les dimensions du tableau doivent être entre elles comme les lignes ax et $a'z$ des figures 280 et 282, pl. 74; c'est-à-dire que la première de ces deux lignes exprimant la largeur du cadre, la seconde sera la hauteur. Or la largeur AX du tableau de la planche 75 ayant été prise à volonté, on obtiendra la hauteur en cherchant le quatrième terme de la proposition,

$$\left(\begin{array}{c} ax : a'z \\ \text{pl. 74} \end{array}\right) = \left(\begin{array}{c} AX : XZ \\ \text{pl. 75} \end{array}\right),$$

ou, ce qui revient au même,

$$\frac{ax}{2} : az = \frac{AX}{2} : XZ.$$

Ainsi, on fera $v'a'$ de la figure 3, planche 75, égal à va de la planche 74, on tracera la verticale az, pl. 75, égale à la hauteur $a'z$ du tableau sur la planche 74, et la droite $v'z'$ étant prolongée jusqu'à ce qu'elle rencontre en Z la verticale du point X, on obtiendra ZX pour la hauteur du cadre. Faisant ensuite $a'h'$ de la planche 75 égal à $a'h$ de la planche 74, on tracera la droite $v'h'$, qui déterminera le point C sur la verticale ZX, de sorte que la droite H'C sera la ligne d'horizon de la figure 3, planche 75; car cette ligne partage la hauteur ZX du cadre en deux parties CX et CZ, qui sont entre elles comme les parties correspondantes ha' et hz de la figure 282, planche 74.

329. *Échelle des hauteurs.* La droite C'-12, tracée à volonté, fig. 8, pl. 75, peut être considérée comme la trace du plan vertical qui doit contenir l'échelle des hauteurs. Les verticales des points 12, 13, 14 et 15 détermineront la ligne brisée 12'-13'-14'-15', suivant laquelle ce plan coupe la surface prismatique 1-2'-3'-4', fig. 2.

Pour construire la figure 4, il faut se rappeler d'abord que le point C, vers lequel doivent concourir toutes les lignes des hauteurs, doit être situé sur la ligne d'horizon et sur la verticale du point C', qui est ici au bord du cadre, mais que l'on aurait pu prendre partout ailleurs (115). La droite A'X', qui représente l'échelle de largeur sur la figure 8 de la planche 75, étant prolongée jusqu'au point O, suivant lequel elle coupe la droite C'-12, on tracera la verticale OK, qui sera l'échelle des hauteurs.

On prendra sur la figure 282, planche 74, la distance th, que l'on portera de H en O'' sur la verticale O''K, et l'on tracera la droite CO'', qui sera l'intersection du plan horizontal formant le sol du monument, par le plan vertical qui contient l'échelle des hauteurs. On fera O''I égal à la hauteur d'une colonne des figure 283 ou 282, planche 74, et la droite CI déterminera les hauteurs de toutes les colonnes et pilastres.

Pour plus d'exactitude, on reconstruira, comme nous l'avons fait dans tous les exemples précédents, un profil ou une coupe dans un plan plus rapproché de l'œil. Le profil de la figure 4 est fait dans le plan qui contiendrait l'axe du monument, et qui serait parallèle au tableau. Il suffit, pour construire ce nouveau profil, de connaître la hauteur d'une colonne, et cette hauteur est donnée par la partie pq de verticale comprise entre les deux droites CO", CI. Lorsque la coupe sera dessinée avec exactitude sur la figure 4, on ramènera tous les points essentiels sur la verticale pq, et l'on tracera les lignes de hauteurs dirigées vers le point C.

L'épure étant disposée comme nous venons de le dire, il ne restera plus qu'à opérer comme dans tous les exemples précédents. Ainsi, pour déterminer sur la figure 3 l'angle supérieur à droite du tailloir de la première colonne, on tracera :

1° La verticale hh''', fig. 8 et 3;

2° L'horizontale hh', fig. 8;

3° La verticale $h'h''$, fig. 8 et 4;

4° L'horizontale $h''h'''$, fig. 4 et 3;

Pour obtenir la hauteur de la colonne D''D^{v}, fig. 3, on déterminera exactement, fig. 6, le point D, suivant lequel l'axe de cette colonne perce le plan incliné 2'-3', fig. 2; puis on tracera :

1° La verticale DD^{v}, fig. 6 et 3;

2° L'horizontale DD' fig. 6;

3° La verticale D'D'', fig. 6 et 4;

4° Les deux horizontales D''D''' et D'''D^{v}, fig. 4 et 3.

La grosseur de la colonne et les angles du tailloir seront déterminés par les verticales élevées de la figure 6, ce qui suffira pour dessiner la colonne, pourvu cependant que l'on ait fait les études du chapitre VI, livre II.

On continuera de la même manière pour tous les points essentiels; en commençant toujours par déterminer les lignes principales du monument, telles, par exemple, que les cercles qui passent par les points correspondants des bases et chapitaux des colonnes ou pilastres. On fera bien aussi de construire les points suivant lesquels l'axe du monument est rencontré par les prolongements des lignes qui forment les arêtes des bases et des chapitaux ou les lignes de joints des voûtes conoïdes.

On vérifiera avec soin le point le plus élevé de chaque voûte d'arête, et l'on fera bien, en opérant comme nous l'avons dit au n° 180, et comme on peut le voir sur la figure 281, planche 74, de déterminer sur chaque arêtier la perspective de quelques points intermédiaires.

Pour mieux faire comprendre la disposition de l'épure, je n'ai indiqué sur la figure 3 que la construction des lignes principales; mais la planche 76, exécutée sur une plus grande échelle, contient le résultat débarrassé de toutes les lignes d'opération.

---

330. **Vue extérieure de l'église Notre-Dame de Paris.** Pour deuxième exemple d'application du principe exposé au n° 304, nous proposerons de construire la perspective de l'église Notre-Dame de Paris. La planche 77 contient les plans, élévations et coupes du monument. Tous ces détails sont réduits aux dimensions nécessaires pour qu'ils puissent être contenus dans l'une des planches de l'atlas; mais il est évident, que si l'on peut se procurer des dessins ou gravures sur une plus grande échelle, on obtiendra plus d'exactitude dans le résultat. La figure 5 est le plan général de l'église, à la hauteur de la ligne GG de la figure 1.

Le but que l'on se propose étant d'obtenir une vue extérieure, il était inutile de tracer sur ce plan les bases ou chapiteaux des colonnes qui soutiennent les chapelles et les voûtes intérieures; on s'est contenté d'indiquer avec le plus d'exactitude possible le plan des portes, des fenêtres et des contre-forts.

331. En visitant le monument on remarquera sans doute,

que les deux faces latérales ne sont pas symétriques. Cette irrégularité n'a pas ici d'importance, puisque l'on ne peut voir que l'une des façades. Il n'en est pas de même de l'inégalité qui existe entre les grosseurs des deux tours ; j'ai cru devoir dissimuler cette différence, qui aurait produit un mauvais effet en perspective. Cela provient de ce que, dans les arts, il ne suffit pas de faire quelque chose de vrai, il faut encore que ce que l'on fait soit vraisemblable.

Il y a par exemple, certains effets extraordinaires de lumière qui, s'ils étaient représentés par la peinture avec la plus rigoureuse fidélité, ne produiraient cependant aucune illusion, parce qu'ils ne seraient reconnus par personne. En copiant la tour penchée de Pise, on peut faire un dessin curieux et intéressant pour un architecte, ou pour un voyageur, mais on n'en fera jamais un bon tableau, parce que le sujet quoique vrai, ne paraîtra pas vraisemblable.

Dans l'église de Notre-Dame, la tour qui est du côté de la rivière, est moins grosse que l'autre; eh bien, il est évident, que si l'on tient compte de cette différence, la plus grosse étant précisément celle qui est la plus éloignée du point auquel nous supposons placé le spectateur, il en résultera que les grosseurs perspectives des deux tours seront à peu près égales, et qu'alors, elles paraîtront à la même distance de l'œil.

De plus, la tour qui est la plus éloignée, devant être plus courte en perspective, elle paraîtra trop grosse. On ne saurait croire combien une irrégularité, si peu grande en apparence, peut cependant détruire l'illusion en changeant les rapports de grandeur qui doivent résulter des distances relatives.

332. La figure 1 de la planche 77 est la façade latérale de l'église, et les figures 3 et 4 contiennent deux coupes transversales.

La figure 4 est une coupe par le plan p, et la figure 3 est la coupe par le plan p'; la première de ces deux coupes donnera les dimensions de l'un des contre-forts de la nef, et la figure 3 contient l'un des contre-forts de l'abside.

La figure 6 est un plan de l'église et de ses abords, tels qu'ils existent actuellement.

L'espace désigné sur ce plan par le n° 11 est la place du Parvis;

12 est l'Hôtel-Dieu;

13 est le bâtiment affecté à la pharmacie centrale;

14 sont les massifs de maisons dépendantes de la Cité;

15 est la Seine partagée au point 16 en deux branches qui enveloppent toute l'île de la Cité;

17 est le pont de l'Archevêché;

18 le pont aux Doubles;

19 le pont Saint-Charles;

20 l'ancien jardin de l'archevêché, converti en promenade publique et entouré d'une grille;

21 sont les maisons du quartier Saint-Victor.

333. L'examen attentif de ce plan fera parfaitement comprendre au lecteur l'impossibilité d'obtenir de bons résultats en perspective, sans le secours de la géométrie. Il reconnaîtra que l'église de Notre-Dame fait partie du petit nombre des monuments de Paris que l'on peut dessiner à la vue. En effet, l'église étant située au bord de la rivière, il existe au coin de la rue des Bernardins un point *v* qui est assez éloigné du monument pour que l'on puisse en voir l'ensemble d'un seul coup d'œil.

Il résulte de là que les dessinateurs qui ont choisi ce point de vue ont obtenu des effets très-satisfaisants. Mais ceux qui ont voulu dessiner la façade ont complétement échoué. Les uns, placés à l'extrémité de la rue qui est en face de l'église, ont obtenu un dessin trop symétrique, et peu favorable par conséquent aux effets de la perspective. D'autres, pour éviter cet inconvénient, et pour voir une partie de la face 22-23, sont venus se placer au point *u* situé à l'un des angles du parvis : mais alors ils étaient trop près, et l'impossibilité de voir l'ensemble d'un seul coup d'œil, les a nécessairement conduits aux déformations ridicules dont nous avons parlé bien des fois.

334. Les principes exposés dans ce traité nous permettant de faire abstraction des obstacles qui empêchent de voir le monument, il est évident que nous aurions pu supposer le spectateur placé partout ailleurs qu'au point *v* de la figure 6; et si nous avons adopté cette place, c'est parce que, par une heureuse exception, le seul point d'où l'on puisse regarder l'église coïncide précisément avec celui où il faudrait se placer pour obtenir en perspective le résultat le plus satisfaisant.

En effet, si nous attachons un fil au point *v*, et que nous lui fassions prendre toutes les directions dans l'angle optique, nous remarquons qu'entre le bord vertical à gauche du tableau et l'arête de la tour la plus voisine, on verra une partie de l'Hôtel-Dieu et du bâtiment situé sur la place du Parvis.

Le rayon visuel *v*-4 nous apprend qu'il y aura un peu d'espace libre entre les deux tours, ce qui produira un meilleur effet que si l'une d'elles se projetait sur l'autre.

Par le rayon *v*-5, nous voyons sur quelle partie de la tour de droite viendra se projeter le clocheton qui est à gauche du transsept; et le rayon *v*-6 nous apprend que le clocheton à droite se projettera sur le ciel.

Enfin, les deux rayons *v*-7, *v*-8 détermineront quelles sont les maisons ou les arbres que l'on verra entre l'abside et le bord vertical à droite du cadre.

La place choisie pour le tableau nous permettra de voir une partie de la rivière et des bateaux de blanchisseuses qui existent à cette place.

335. La figure 7 a pour but de déterminer la hauteur du cadre, et la ligne d'horizon. On a supposé ici, que l'œil du spectateur était situé au point *v'* élevé de 5 mètres au-dessus du plan horizontal *tl* qui forme le sol.

Si la base du cadre était située dans le plan *tl*, le rayon visuel *v'*-9 couperait au point 9' le mur qui forme le quai du côté de l'église, et, dans ce cas, on ne verrait pas la rivière; tandis que si l'on abaisse le bord inférieur du cadre jusqu'au point *a'*, on pourra voir non-seulement la rivière dans toute sa largeur, mais encore une partie du rivage sur lequel le spectateur est placé.

On fera sur la figure 7 une projection de la masse du monument, et le rayon visuel s'-10 déterminant le point le plus élevé du dessin, il sera facile alors de choisir la hauteur que l'on devra donner au cadre pour obtenir l'effet le plus satisfaisant.

336. Toutes les données de la question étant déterminées comme nous venons de le dire, on pourra commencer l'exécution de l'épure.

L'importance de l'étude proposée m'a engagé à lui consacrer un espace quatre fois aussi grand que les planches ordinaires de l'atlas. Mais comme une aussi grande planche aurait été incommode, par suite de la nécessité de la plier en quatre, je me suis décidé à la faire graver sur deux cuivres différents. Ainsi, le lecteur qui voudrait avoir l'épure complète sous les yeux, devra détacher de l'atlas les deux planches 78 et 79, et les coller ensemble de manière à faire coïncider la droite MM de la première avec la droite MM de la seconde.

Mais il ne sera pas nécessaire de prendre cette précaution pour comprendre l'épure, parce que la planche 78 devant être terminée entièrement avant que l'on ne commence la planche 79, on pourra se contenter de dessiner les deux épures sur une même planche à dessin, sans qu'il soit nécessaire de couper et de coller ensemble les feuilles de l'atlas.

337. *Construction de l'épure.* La largeur du tableau étant choisie et déterminée sur les deux planches 78 et 79, on commencera par construire sur la figure 1 la perspective du plan donné par la figure 6 de la planche 77.

La méthode générale du n° 34 sera évidemment suffisante pour la construction des lignes qui déterminent la rivière, la place des bateaux, le quai et la grille qui entoure l'église. Mais lorsqu'il s'agira du monument principal, il est évident que les lignes obtenues pour la perspective du plan, fig. 1, seront trop rapprochées pour qu'il soit possible de bien faire sentir tous les détails. Il sera donc utile alors d'employer le principe du n° 304.

Pour atteindre ce but, on partagera le plan représenté sur la figure 6 de la planche 77 en trois parties, par des droites parallèles au tableau.

La première partie *ax*-1-1 contient les objets compris entre l'église et le tableau.

La seconde partie 1-1-2-2 contient le plan de l'église, et la troisième partie 2-2-3-3 contient tout ce qui peut être vu au delà du monument.

Les objets compris dans le premier trapèze *ax*-1-1 étant suffisamment rapprochés de l'œil, on pourra construire la perspective de toute cette partie du plan par le principe général du n° 34.

Mais, pour la perspective de l'église, nous remplacerons le plan horizontal du trapèze 1-1-2-2, fig. 6, pl. 77, par un plan que nous pourrons supposer incliné autant que nous voudrons (306). Ainsi, par exemple, après avoir tracé à volonté la droite horizontale 2'-2' sur la planche 78, nous pouvons supposer que le rectangle 1'-1'-2'-2', fig. 2, est la perspective du quadrilatère suivant lequel les plans projetants des quatre côtés du trapèze 1-1-2-2, fig. 6, pl. 77, seraient coupés par un plan incliné qui contiendrait la droite 1-1; de sorte que la figure dessinée dans l'intérieur du rectangle 1'-1'-2'-2', fig 2, pl. 78, proviendrait de la section des surfaces projetantes de toutes les parties du monument, par le plan incliné auxiliaire dont nous venons de parler.

338. Le meilleur moyen pour construire la figure 2 sera d'employer la méthode des carreaux indiquée au n° 323. Pour cela, on tracera sur le plan, fig. 5, pl. 77, la droite MN qui représente l'axe longitudinal du monument, et l'on tracera la même droite *mn* sur le plan de la figure 6.

On déterminera le point U, qui partage la droite MN, fig. 5, en deux parties MU, UN, qui soient entre elles comme les deux parties *mu*, *un* de la droite *mn*, fig. 6. Enfin, on fera l'angle NUR, fig. 5, égal à l'angle *nur* de la figure 6, de sorte que la droite ER sera placée sur la première de ces deux figures, comme l'échelle de fuite *oy* était placée sur la seconde.

On déterminera le point R sur la figure 5, de manière que l'on ait cette proportion :

$$\binom{un : ur}{\text{fig. } 6} = \binom{\text{UN : UR}}{\text{fig. } 5}$$

On déterminera également le point E sur la figure 5, de manière que l'on ait cette proportion :

$$\binom{um : ue}{\text{fig. } 6} = \binom{\text{UM : UE}}{\text{fig. } 5}.$$

Enfin, on tracera les deux droites E-2, R-1 perpendiculaires sur ER, de sorte que le plan de l'église sera placé entre les deux droites parallèles E-2, R-1, fig. 5, comme le même plan est placé entre les droites *e*-2, *r*-1 de la figure 6.

Cela étant fait, on partagera la droite ER, fig. 5, en 64, 32 ou 16 parties égales, suivant que l'on voudra obtenir plus ou moins d'exactitude, et l'on portera sur les droites E-2, R-1, autant de ces mêmes parties qu'il sera nécessaire pour que le plan du monument soit entièrement couvert de carreaux.

On remarquera ici que la droite BD contient 16 parties telles que ER en contient 32; de sorte que l'on a BD égal à la moitié de ER. Par conséquent, si l'on fait sur la figure 6, planche 77, *rd* égal à la moitié de *re*, la droite *dk*, parallèle à *er*, sera placée sur la figure 6, comme la droite DK était placée sur la figure 5.

Cela étant fait, on prendra sur la figure 6 la distance *rd*, que l'on portera de A en *d* sur la droite AX, fig. 78. On tracera la droite V*d* qui, étant prolongée, déterminera les points K et D, de manière que le trapèze EKDR de la figure 1, planche 78, sera la perspective du rectangle *ekdr* de la figure 6, planche 77.

On tracera les deux verticales DD', KK' ainsi que la droite K'D'. On partagera la droite E'K' en 16 parties égales, et l'on portera 11 de ces parties de E' en I', ce qui donnera le point I' de la droite IT, fig. 5, pl. 77. On partagera ensuite, sur la figure 2, planche 78, H'D' en 16 parties égales, et l'on portera 11 de ces

parties égales, et l'on portera 11 de ces parties de R' en T'. Enfin, on joindra les 27 points de division de la droite I'K' avec les 27 points correspondants de T'D', par des lignes qui seront les intersections du plan incliné auxiliaire (305), par les plans projetants des droites qui joignent les points des deux lignes E-2, R-1, fig. 5, pl. 77.

On fera sur la figure 2, planche 78, E'L' égale à E'K', et l'on tracera la droite L'D', qui sera l'intersection du plan incliné auxiliaire par le plan projetant de la ligne à 45, qui passerait par le point *d* de la figure 6, planche 77. Les intersections de la diagonale L'D', fig. 2, pl. 78, avec les droites qui joignent entre eux les points de division des deux lignes I'K' et T'D', détermineront un point de chacune des droites parallèles au tableau; et quand ces lignes seront tracées, il ne restera plus qu'à dessiner dans chacun des petits trapèzes de la figure 2, planche 78, toutes les lignes qui existent dans le quarré correspondant de la figure 5, planche 77.

La ligne L'D' n'a pas été conservée sur la figure 2, parce que cette droite étant presque parallèle aux lignes principales du monument, il aurait pu en résulter quelque confusion.

339. La méthode que nous venons d'employer est extrêmement simple, et pour peu que l'on ait quelque habitude du dessin, on obtiendra promptement un résultat très-exact. Si, cependant, on voulait vérifier quelques-uns des points principaux, on pourra le faire en opérant comme nous l'avons dit aux n°s 319 et 320.

Ainsi, en supposant que le tableau soit avancé jusqu'à la droite 1-1 de la figure 6, planche 77, on remplacera l'échelle de fuite *ay* par la droite 1-*y'*, qui, sur la figure 1, planche 78, sera 1-V. On tracera la verticale PP', et la droite 1'-P' sera l'échelle de fuite pour la figure 2.

En prolongeant 1'-P' jusqu'à sa rencontre avec la verticale du point V, on obtiendra, sur la planche 79, un point V' qui remplacera le point V de la figure 2. On n'a pas conservé les lignes dont nous allons parler pour ne pas nuire à l'effet du résultat, mais le dessinateur peut les tracer au crayon, et les effacer ensuite. On prendra sur la figure 6, planche 77, la distance vv', qui étant portée sur l'horizontale du point V', fig. 12, pl. 79, donnera le point F', qui sera pour la figure 2, ce que le point F était pour la figure 1; enfin, la distance v'-1 de la figure 6, planche 77, étant portée à gauche du point V, sur la droite CC de la figure 1, planche 78, on tracera par le point 1 une verticale dont l'intersection avec la droite 1'-P' déterminera un point A', par lequel on tracera une horizontale A'X', qui sera l'échelle de largeur de la figure 2. Ainsi, les points V, F et la droite AX, de la figure 1, seront remplacés pour la figure 2, par les points V' A', et par la droite A'X'.

Cette disposition qui ne présente aucune difficulté, puisque le dessinateur fera les deux épures 78 et 79, sur une seule feuille de papier, lui permettra de vérifier ou d'obtenir chaque point par la méthode générale du n° 34. En effet, les points V', F', et la droite A'X' étant tracés au crayon sur la planche 79, supposons que l'on veut vérifier le point de la figure 2. On prendra sur la figure 6, de la planche 77, la distance 1-s' que l'on portera de 1' en s' sur la droite 1'-1', pl. 78, on joindra le point s' avec F' par une droite dont l'intersection avec 1'-P' déterminera le point s'' par lequel on tracera l'horizontale s''-S.

On prendra ensuite sur la figure 6 de la planche 77, la distance s-s' que l'on portera de A' en s, sur la planche 79. La droite V's déterminera le point S, sur l'horizontale s'S de la figure 2. Il est évident que l'on pourra de cette manière obtenir ou vérifier autant de points que l'on voudra.

340. *Hauteur du cadre.* La largeur OO du cadre, fig. 12, pl. 79, étant la conséquence des opérations précédentes, il s'agit de déterminer la hauteur, et pour cela, on cherchera le quatrième terme de la proportion suivante :

$$ax : a'z \quad = \quad OO : OZ$$

(fig. 6 et 7, pl. 77) (fig. 12, pl. 79).

On partagera ensuite la hauteur OZ, pl. 79, en deux parties C'O, C'Z, qui soient entre elles comme $a'h$: hz, fig. 7, pl. 77, et le point C', que l'on obtiendra par cette opération, déterminera la ligne d'horizon CC', au milieu de laquelle est situé le point de vue de la figure 12.

341. *Échelles des hauteurs.* L'importance de la question qui nous occupe a déterminé l'emploi de deux échelles des hauteurs. Les droites CN tracées à volonté, **fig. 4** et **5**, **pl. 77**, seront les intersections des plans verticaux, qui contiennent ces deux échelles, par le plan horizontal qui contient la droite *o-o*, **fig. 1**. Les verticales 1''-1''', 2''-2''', détermineront les points 1''', 2''', **fig. 6** et **7**, et les droites 1'''-2''', seront les intersections des plans des échelles de hauteurs, par le plan incliné qui contient la figure **9**.

La droite AX, **fig. 1**, prolongée jusqu'à ce qu'elle rencontre les deux droites CN, déterminera les points *a*, *a* par lesquels on tracera les deux verticales *at'*; ces lignes seront les échelles de hauteur, pour les objets qui sont projetés sur les figures **6** et **7**, **pl. 77**, c'est-à-dire qu'en portant sur les droites *at'*, de la planche **79**, une grandeur *ht* égale à la quantité *v't* de la figure **7**, **pl. 77**, on déterminera la droite CT pour la ligne de hauteur de tous les points qui sont au niveau du sol. Par la même raison, en faisant les hauteurs *he*, de la planche **79**, égales à la hauteur *h'e'* de la figure **7**, **pl. 77**, on aura les droites CE, pour les lignes de hauteurs de tous les points qui sont à la surface de l'eau.

Les élévations et coupe des figures **1**, **3** et **4**, **pl. 77**, étant construites à la même échelle que la figure **5**, on ne doit pas porter, **pl. 79**, les hauteurs correspondantes sur les droites *tt'* qui sont les échelles de hauteurs des figures **6** et **7**, **pl. 77**. On pourrait, comme nous l'avons fait dans tous les exemples précédents, construire d'autres coupes ou profils à une échelle quelconque, située dans un plan qui serait plus rapproché du tableau. Mais on pourra aussi opérer de la manière suivante.

Les horizontales passant par tous les points essentiels des figures **1**, **3** et **4**, **pl. 77**, couperont une verticale quelconque TT', suivant des points que l'on désignera par des numéros.

Il sera essentiel de marquer sur cette droite la hauteur de la ligne d'horizon HH, que l'on obtiendra en faisant la proportion :

$$\underset{(\text{fig. 5})}{mn} : \underset{(\text{fig. 5})}{MN} = \underset{(\text{fig. 7})}{v't} : \underset{(\text{fig. 2})}{TH}.$$

Cela étant fait, on prendra sur la droite TT', **pl. 77**, la distance TH, que l'on portera de H en o' sur les deux bords verticaux de l'épure, pl. 79.

L'horizontale passant par les points o', o' coupera les droites CT suivant les deux points T, T par lesquels on tracera les deux verticales TT'. On pourra vérifier cette construction en établissant la proposition suivante :

$$mn : MN = C'h : C'H'$$

(fig. 6 et 5, pl. 78) (fig. 10 et 11, pl. 79).

On portera sur les deux verticales TT', pl. 79, tous les points obtenus sur la droite TT', pl. 77, et joignant tous ces points avec les deux points C' et C' on aura les lignes de hauteur de toutes les parties du monument.

Ainsi, par exemple, la droite C'-1 déterminera la hauteur des tours.

C'-5 donnera la hauteur des clochetons du transsept.

C'-7 est la ligne de hauteur de l'arête supérieure du comble.

C'-9 détermine la hauteur de la balustrade qui entoure l'église à la naissance du comble.

C'-10 donne la hauteur des clochetons, des contre-forts, de l'abside, etc.

On n'a laissé ici que les lignes de hauteur correspondantes aux points principaux, mais il est évident que, dans l'application, on pourra en tracer autant que cela sera nécessaire, et les effacer ensuite lorsqu'elles ne seront plus utiles. On fera bien aussi de réserver plus de place à droite et à gauche du cadre afin de pouvoir prolonger les droites CN, et les lignes de hauteur, autant que cela sera nécessaire pour déterminer la perspective des bateaux et des personnages qui sont sur les premiers plans du tableau.

342. L'épure étant disposée comme nous venons de le dire, la perspective de l'élévation ne présentera plus de difficulté. Ainsi, par exemple, si l'on veut déterminer le sommet du demi-cône circulaire qui forme le comble de l'abside, on tracera :

1° La verticale du point S, fig. 2, pl. 78;

2° L'horizontale SS', qui déterminera le point S' sur la droite 1''-2'', fig. 7;

3° La verticale S'S'', qui donnera le point S'' sur la droite C'-7, fig. 11 pl. 79;

4° L'horizontale du point S'', qui déterminera le point cherché sur la verticale du point S.

L'emploi de deux échelles de hauteur permet d'obtenir une grande exactitude en déterminant deux points très-éloignés pour chacune des lignes principales du monument. Ainsi, par exemple, si l'on veut construire l'arête supérieur du grand comble, on prolongera sur la figure 2 la droite MN', jusqu'à ce qu'elle rencontre les droites 1''-2'', ce qui déterminera les deux points M'', N'', fig. 8 et 5.

On tracera les deux verticales M''M''', N''N''' jusqu'à ce qu'elles rencontrent les lignes de hauteur C'-7, fig. 10 et 11, pl. 79, et la droite qui joindra les deux points M''' et N''' sera la ligne demandée.

Pour obtenir l'arête du comble du transept, on prolongera la droite G'B', fig. 2, pl. 78, jusqu'à cequ'elle rencontre les deux lignes 1''-2'', fig. 4 et 9, ce qui donnera les points G'' et B''.

On tracera les deux verticales G''G''' et B''B''' jusqu'à leur rencontre avec les droites C'-7, fig. 10 et 11, pl. 79, et la droite G'''B''' sera la ligne demandée.

On déterminera de la même manière toutes les lignes horizontales qui forment les moulures des balustrades et des entablements, ainsi que toutes celles qui déterminent les hauteurs des clochetons, leurs lignes de naissance, les angles et les points d'attache des contre-forts, les hauteurs des fenêtres, les centres et les points de tangence des cercles et des rosaces, etc.

343. La figure 2, pl. 78, ne contient que les principales lignes du plan, mais il est évident qu'il faudra y indiquer successivement les contours des différents étages des tours et du transept, à mesure que l'on construira sur la planche 79 les perspectives de ces différentes parties.

344. Pour obtenir la ligne suivant laquelle le mur du quai est rencontré par le plan qui forme la surface de l'eau, on

prolongera sur la figure **1, pl. 78** la droite *ee* jusqu'à ce qu'elle rencontre les deux droites CN, **fig. 4** et **5**, aux points *e'*; on tracera les deux verticales *e'e"* jusqu'à leur rencontre avec les lignes de hauteur C'E, **fig. 10** et **11, pl. 79**, et la droite *e"e"* sera la ligne demandée.

345. Pour les arbres et les maisons qui sont à la droite du monument, on pourra établir sur la figure **1, pl. 78**, la ligne 7'-8' perspective de 7-8, **fig. 6, pl. 77**; ce qui, avec les lignes de hauteur des maisons et des arbres, suffira pour en construire les perspectives. On fera de même pour déterminer la perspective des bâtiments qui sont désignés par le nombre 12 sur la figure **6, pl. 77**.

346. Quant aux maisons à gauche du monument, on établira sur la figure **6, pl. 77**, les carreaux qui couvriraient seulement les parties que l'on peut voir du point *v*. Ainsi : on construira sur la figure **1, pl. 78**, les deux droites PQ, HO, perspectives des lignes *pq*, *ho*, **fig. 6, pl. 77**; on élèvera ensuite les verticales PP', QQ', HH', OO', **pl. 78**, et l'on obtiendra par ce moyen, sur la figure **3**, le quadrilatère P'Q', H'O', que l'on partagera en 16 trapèzes, dans chacun desquels on dessinera les lignes contenues dans les carreaux correspondants du quadrilatère *pqho*, **fig. 6, pl. 77**.

---

347. Étude d'escaliers. La planche **81** contient la perspective des escaliers, bâtiments et orangerie déterminés en plans et en élévation sur la planche **80**. Après les épures qui précèdent, cette nouvelle étude ne peut offrir aucune difficulté.

FIN DU TRAITÉ DE PERSPECTIVE.

TABLE DES MATIÈRES.

LIVRE IV.

APPLICATIONS.

FIN DE LA TABLE.

Paris. — Imprimé par E. Thunot et Cᵉ, 26, rue Racine

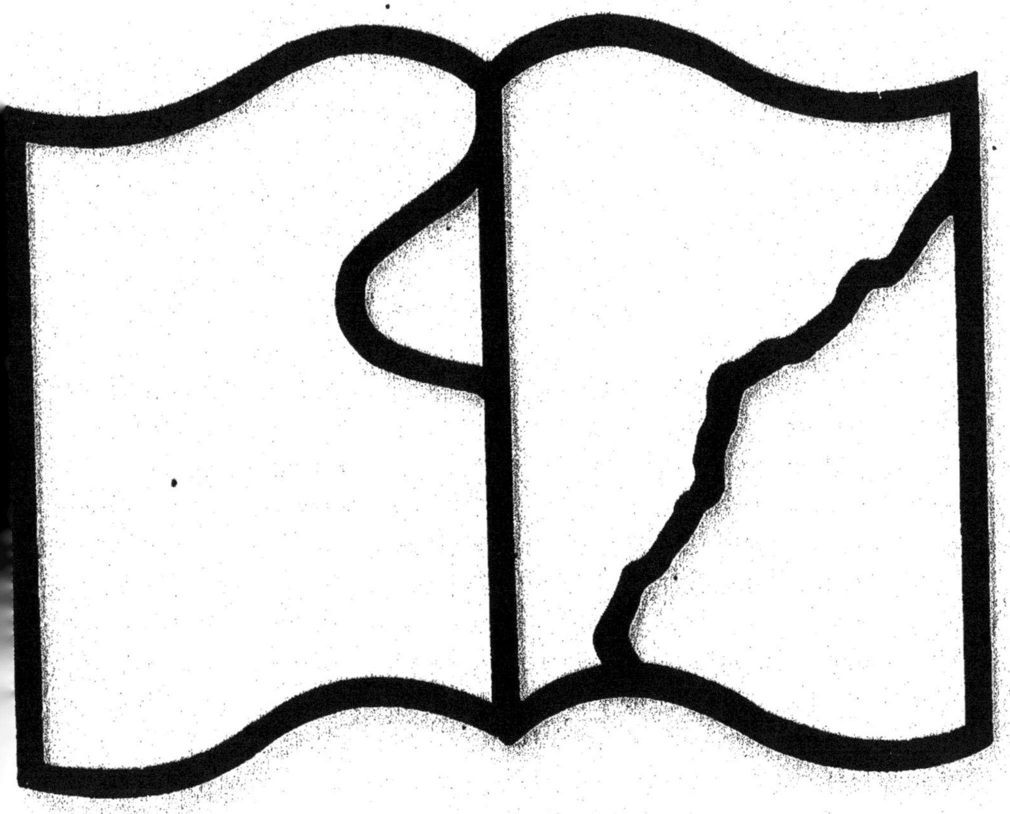

Texte détérioré — reliure défectueuse

NF Z 43-120-11

A
B

www.ingramcontent.com/pod-product-compliance
Ingram Content Group UK Ltd.
Pitfield, Milton Keynes, MK11 3LW, UK
UKHW020436200726
13857UKWH00002B/448